科学版学习指导系列

基础化学学习指导

王金玲　主编

科学出版社
北京

内 容 简 介

本书是《基础化学》的配套辅助教材；是学习基础化学、无机化学、分析化学、大学化学等大学一年级学生的良师益友。其重点内容提要与学习指导覆盖了各章重点，并对学生易出现的问题、难点、注意事项交待较细致，便于学生理解和掌握有关知识。本书言语朴实、通俗易懂，便于学生自学。

本书不仅适用于学习以上各门化学的本科生，也适用于学习以上各门化学的电大、夜大、函授、高职等各类学生。本书可作为刚刚走上教学第一线的青年教师的参考书。

图书在版编目（CIP）数据

基础化学学习指导/王金玲主编.—北京：科学出版社，2004
（科学版学习指导系列）

ISBN 978-7-03-012125-7

Ⅰ.基… Ⅱ.王… Ⅲ.化学-高等学校-教学参考资料 Ⅳ.O6

中国版本图书馆 CIP 数据核字（2003）第 076632 号

策划编辑：刘俊来 / 文案编辑：吴伶伶 / 责任校对：宋玲玲
责任印制：徐晓晨 / 封面设计：陈 敬

科学出版社出版
北京东黄城根北街 16 号
邮政编码：100717
http://www.sciencep.com

北京虎彩文化传播有限公司印刷

科学出版社发行 各地新华书店经销

*

2004 年 2 月第 一 版 开本：720×1000 1/16
2020 年12月第十次印刷 印张：14 1/2
字数：273 000

定价：39.00 元

（如有印装质量问题，我社负责调换）

前　　言

从高中到大学是一个质的飞跃,无论从教学内容,教学方法以及老师的讲课速度,大学一年级学生都有一个从不适应到适应的过渡阶段。为了帮助学生顺利完成这个过渡,并能很好地、牢固地掌握进入大学后的第一门化学课的知识,特编写本学习指导。

本书是大学一年级学生学习《基础化学》的入门指导,良师益友。

(1) 本书内容符合"基础化学课程教学基本要求",是编写教师多年教学实践经验的结晶。

(2) 本书重点内容覆盖了各章的重点。对学生学习中易出现的问题、难点、注意事项交待较细致,便于学生理解、掌握有关知识。例题覆盖面宽,少而精,概括了解题类型、规范了解题格式。

(3) 本书的综合练习部分着眼于学生系统地、扎实地、灵活地掌握当代化学的基本知识,并着眼于基本理论和基本技能的培养,同时注意强化学生素质和能力的培养。这部分内容是在编写教师多年教学实践经验的基础上,并广泛参阅各种同类参考书的基础上编写而成。它包括选择题、填空题、是非题、综合应用题,同时每章均有 1~2 题为英文原题。

(4) 元素化学部分根据其特点,简述元素及化合物的重要性质,着重归纳总结重要的化学反应,并结合性质和反应选编综合应用题。

本书可以作为大四考研学生的复习指导书。本书也可作为学习无机化学、基础化学、分析化学、大学化学等各专业的电大、夜大、函授、高职等各类学生的学习指导书。本书又可作为青年教师的教学参考书。

本书共 13 章。参加本书编写的有:王金玲(第三章、第四章、第六章、第八章以及第五章的第一部分);董淑莲(第十二章、第十三章及第十一章的第一部分);王桂花(第一章及第五章、第七章、第十一章三章中的第二部分);韩春英(第二章、第十章、第七章的第一部分);陈咏梅(第九章)。全书由王金玲统稿并修改。

本书得到了"北京化工大学化新教材建设基金"的资助,在此表示感谢。

本书已在本校试用两年。在试用期间深受大学一年级学生、考研学生及青年教师的好评。试用老师及学生对其中的某些错误和不当之处提出了修改意见,从而使本书得以进一步完善,在此表示感谢。

本书在编写过程中,曾参阅了某些公开出版的教材和书,在此向有关作者一并表示感谢。

由于编写人员水平有限，加之时间仓促，错误及不当之处再所难免，希望各位同行、参阅教师及学生多提宝贵意见，以便再版时修改。

编　者

2003 年 9 月于北京化工大学

目　　录

第一章　实验数据的误差与结果处理 …………………………………………… (1)
第二章　气体和溶液 ……………………………………………………………… (10)
第三章　化学热力学基础 ………………………………………………………… (18)
第四章　化学反应速率与化学平衡 ……………………………………………… (34)
第五章　酸碱平衡 ………………………………………………………………… (52)
第六章　沉淀溶解平衡 …………………………………………………………… (77)
第七章　氧化还原反应 …………………………………………………………… (95)
第八章　原子结构 ………………………………………………………………… (119)
第九章　分子结构 ………………………………………………………………… (138)
第十章　晶体结构 ………………………………………………………………… (150)
第十一章　配位化合物及配位平衡 ……………………………………………… (158)
第十二章　主族元素 ……………………………………………………………… (181)
第十三章　过渡元素 ……………………………………………………………… (194)
综合练习参考答案 ………………………………………………………………… (212)

第一章 实验数据的误差与结果处理

基本要求

（1）掌握以下基本概念：误差、偏差、准确度和精密度及其相互关系、系统误差、系统误差的分类及其减免方法、随机误差及其减免方法。

（2）会计算中位数、极差、绝对误差、相对误差、绝对偏差、相对偏差、平均偏差、相对平均偏差、标准偏差、相对标准偏差、平均值的标准偏差、置信区间。

（3）掌握 t 检验、Q 检验。

（4）掌握有效数字的修约及其运算规则。

重点内容与学习指导

一、分析结果的表示方法

1．用 n 次测定数据的算术平均值（$\overline{x}$）表示

$$\overline{x} = \frac{1}{n}(x_1 + x_2 + \cdots + x_n) = \frac{1}{n}\sum_{i=1}^{n} x_i$$

2．用中位数（$\widetilde{x}$）表示

首先将数据由大到小顺序排列，当 n 为奇数时，居中者即为中位数，而当 n 为偶数时，则正中间的两个数的平均值为中位数。

二、准确度与精密度

1．准确度

测定结果与被测组分的真实值的接近程度。用误差来衡量。分析结果与真实值之间差别越小，则分析结果的准确度越高。

2．精密度

几次平行测定结果相互接近的程度。用偏差来衡量。平行测定所得数据越接近，则分析的精密度越高。

3．准确度与精密度之间的关系

（1）精密度是保证准确度的先决条件。精密度差，所得结果不可靠，就失去了衡量准确度的前提。

(2) 精密度高准确度不一定高。

三、误差的分类

误差按其性质的不同可分为两大类:系统误差和随机误差。

1. 系统误差

系统误差是由某种固定的原因造成的,它具有单向性,即正负、大小都有一定的规律性,当重复进行测定时会重复出现。若能找出产生的原因并加以测定,就可以消除,所以又称为可测误差。系统误差的大小决定分析结果的准确度,而对精密度的影响不大。

系统误差的分类及其减免的方法如下。

(1) 方法误差。可通过方法的选择或做对照试验的方法加以减免。

(2) 仪器误差。可通过仪器的校准加以减免。

(3) 试剂误差。可通过空白试验及使用纯度高的水等方法加以减免。

(4) 操作误差。可通过加强训练的方法加以减免。

2. 随机误差

随机误差是由某些难以控制、无法避免的偶然因素造成的,其大小、正负都不固定。粗看似乎没有规律性,但经过大量实践发现,当测量次数很多时,随机误差的分布满足正态分布。

随机误差的规律性如下。

(1) 大小相近的正误差和负误差出现的概率相等。

(2) 小误差出现的频率较高,而大误差出现的频率较低。

随机误差的大小决定分析结果的精密度。

随机误差的减免方法为多次测定取平均值。

四、误差的表示方法

(1) 极差 R 表示一组平行测定的数据中最大值与最小值之差,即

$$R = x_{\max} - x_{\min}$$

$$相对极差 = \frac{R}{\bar{x}} \times 100\%$$

(2) 绝对误差(E_a)表示测定值(x)与真实值(T)之差,即

$$E_a = x - T$$

相对误差(E_r)表示绝对误差在真实值中所占的百分率,即

$$E_r = \frac{E_a}{T} \times 100\%$$

误差大，表示准确度低；反之，误差小，则准确度高。

(3) 绝对偏差(d)表示个别测定值与平均值之差，即

$$d_i = x_i - \overline{x}$$

相对偏差(d_r)表示个别偏差在平均值中所占的百分率，即

$$d_r = \frac{d_i}{\overline{x}} \times 100\%$$

偏差大，表示精密度低；反之，偏差小，则精密度高。

(4) 平均偏差和相对平均偏差

平均偏差为

$$\overline{d} = \frac{|d_1| + |d_2| + \cdots + |d_n|}{n} = \frac{1}{n}\sum_{i=1}^{n}|d_i|$$

相对平均偏差为

$$\overline{d}_r = \frac{\overline{d}}{\overline{x}} \times 100\%$$

(5) 标准偏差和相对标准偏差

标准偏差为

$$s = \sqrt{\frac{\sum_{i=1}^{n}(x_i - \overline{x})^2}{n-1}} = \sqrt{\frac{\sum_{i=1}^{n} d_i^2}{n-1}}$$

式中，$f = n-1$ 表示自由度。

相对标准偏差(或称变异系数)，以 CV 或 RSD 表示

$$CV = \frac{s}{\overline{x}} \times 100\%$$

标准偏差比平均偏差更灵敏地反映出较大偏差的存在，而且比极差更充分地引用了全部的数据，因此标准偏差能较好地反映测定结果的精密度。

【例 1-1】 用草酸钠标定高锰酸钾标准溶液的浓度，4 次标定结果(单位：$mol \cdot L^{-1}$)为：0.2041，0.2049，0.2039，0.2043，计算测定结果的平均值，平均偏差，相对平均偏差，标准偏差，相对标准偏差。

解 平均值 $\overline{x} = \frac{\sum x_i}{n} = 0.2043(mol \cdot L^{-1})$

平均偏差 $\overline{d} = \frac{\sum |x_i - \overline{x}|}{n} = \frac{0.0002 + 0.0006 + 0.0004 + 0}{4}$

$= 0.0003(mol \cdot L^{-1})$

相对平均偏差 $\overline{d}_r = \frac{\overline{d}}{\overline{x}} \times 100\% = \frac{0.0003}{0.2043} \times 100\% = 0.2\%$

标准偏差　$s=\sqrt{\dfrac{\sum_{i=1}^{n}(x_i-\overline{x})^2}{n-1}}=4.3\times10^{-4}(\text{mol·L}^{-1})$

相对标准偏差 $CV=\dfrac{s}{\overline{x}}\times100\%=\dfrac{4.3\times10^{-4}}{0.2043}\times100\%=0.2\%$

(6) 平均值的标准偏差，以 $s_{\overline{x}}$表示。平均值的精密度要比单次测定的精密度更好。统计学已证明，对于有限次测定，平均值的标准偏差为

$$s_{\overline{x}}=\frac{s}{\sqrt{n}}$$

上式表明，平均值的标准偏差与测定次数的平方根成反比，增加测定次数可以提高测定的精密度，但增加测定次数所取得的效果是有限的。当 $n<5$ 时 $s_{\overline{x}}/s$ 随着 n 的增加而很快减少，当 $n>5$ 时变化就很慢了，而当 $n>10$ 后变化已经很小了。因此实际工作中测定次数无需太多，通常 4～6 次已足够了。

【例 1-2】 用 Karl-Fischer 法测定冰醋酸中的微量水分。其结果(单位:%)是:0.762,0.746,0.738,0.738,0.753,0.747,计算测定结果的平均值、标准偏差、平均值的标准偏差各是多少?

解　平均值　$\overline{x}=\dfrac{\sum x_i}{n}=0.747\%$

标准偏差　$s=\sqrt{\dfrac{\sum_{i=1}^{n}(x_i-\overline{x})^2}{n-1}}=9.2\times10^{-3}\%$

平均值的标准偏差　$s_{\overline{x}}=\dfrac{s}{\sqrt{n}}=3.8\times10^{-3}\%$

五、平均值的置信区间

在选定的置信度下，总体平均值(μ)在以测定平均值为中心的多大范围内出现，这个范围就是平均值的置信区间。总体平均值的计算公式如下

$$\mu=\overline{x}\pm\frac{ts}{\sqrt{n}}$$

若置信水平固定，测定次数越多，测定精密度越高，求得的置信区间越窄，即测定的平均值与总体平均值越接近。

【例 1-3】 分析某矿石中钨的质量分数，得如下数据:25.01%,25.03%,25.05%,25.04%,估计在 90%和 95%的置信度时平均值的置信区间。

解　平均值　$\overline{x}=\dfrac{\sum x_i}{n}=25.03\%$

标准偏差
$$s=\sqrt{\frac{\sum_{i=1}^{n}(x_i-\overline{x})^2}{n-1}}=0.017\%$$
查表,置信度为 90%，$n=4$ 时,$t=2.353$
$$\mu=\overline{x}\pm\frac{ts}{\sqrt{n}}=25.03\pm\frac{2.353\times0.017}{\sqrt{4}}=25.03\pm0.020(\%)$$
查表,置信度为 95%，$n=4$ 时,$t=3.182$
$$\mu=\overline{x}\pm\frac{ts}{\sqrt{n}}=25.03\pm\frac{3.182\times0.017}{\sqrt{4}}=25.03\pm0.027(\%)$$
通过此题可以看出置信度越高,真值所在的范围越大。

六、t 检验

t 检验时,计算值 $t_{计}$ 为
$$t_{计}=\frac{|\overline{x}-\mu|}{s}\sqrt{n}$$
若 $t_{计}>t_{表}$,则 $\overline{x}$ 与 μ 之间存在显著性差异。

【例 1-4】 某药厂生产维生素片,要求铁含量为 4.800%，分析人员进行 5 次抽样测定,其结果(单位:%)为 4.744，4.790，4.790，4.798，4.822,试问此产品是否合格?(置信度为 95%)

解　$\overline{x}=4.789\%$,$s=0.028\%$
$$t_{计}=\frac{|\overline{x}-\mu|}{s}\sqrt{n}=\frac{|4.789\%-4.800\%|}{0.028\%}\times\sqrt{5}=0.87$$
查表 95%置信度,$n=5$ 时,$t_{表}=2.776$,有
$$t_{计}<t_{表}$$
所以,维生素片的含铁量的平均值与要求值无显著性差异,产品合格。

七、测定结果离群值(异常值)的取舍

Q 检验时,计算值 $Q_{计}$ 为
$$Q_{计}=\frac{离群值-相邻值}{最大值-最小值}$$
【例 1-5】 用络合滴定法测定水泥中铁的质量分数,测定结果(单位:%) 如下:6.12，6.82，6.32，6.22，6.02，6.32。试用 Q 检验法判断 6.82 是否应当舍弃?(置信度 90%)。

解
$$Q_{计}=\frac{6.82-6.32}{6.82-6.02}=0.625$$

查表，置信度 90%，$n=6$ 时，$Q_{0.90}=0.56$，有

$$Q_{计}>Q_{0.90}$$

则 6.82 是离群值，应当舍弃。

应该指出，离群值的取舍是一项十分重要的工作。在实验过程中得到一组数据后，如果不能确定个别离群值确系由于“过失”引起的，则不能轻易地舍弃这些数据，而要用上述统计检验方法进行判断之后，才能确定其取舍。如果测定次数比较少，如 $n=3$，而且 $Q_{计}$ 值与 $Q_{表}$ 值相近，这时为了慎重起见，最好再补做一两个数据，然后确定离群值的取舍。

八、有效数字及运算规则

所谓有效数字，就是实际能测到的数字。有效数字保留的位数，取决于分析方法和测量仪器的准确度，应使数值中只有最后一位是可疑的。

1. 有效数字的修约

(1) 有效数字的修约多采用“四舍六入五留双”原则，即尾数≤4，舍去；尾数≥6，进位；尾数＝5$\begin{cases}\text{前一位是偶数，则舍去}\\\text{前一位是奇数，则进位}\end{cases}$；若 5 不是尾数，均进位。

(2) 在计算中若遇首位数≥8，可多计一位有效数字，如 0.0987，可按四位有效数字计算。

(3) 对 pH、pM、lg$K$ 等对数数值，其有效数字的位数仅取决于小数部分数字的位数，如 pH＝11.20，即$[H^+]=6.3\times10^{-12}mol\cdot L^{-1}$，其有效数字为两位。

2. 有效数字的修约规则

分析结果计算时，对数据要先修约再计算。

(1) 有效数字的加减法运算中，以小数点后位数最少的(即绝对误差最大的)那个数为根据，来修约其他各个数据的位数，然后再计算。

(2) 有效数字的乘除法运算中，以有效数字位数最少的(即相对误差最大的)那个数为根据，来修约其他数据的位数，然后再计算。

综 合 练 习

一、选择题

1. 减少分析测定中的随机误差的方法是______。

　A. 进行对照试验　　　　B. 进行空白试验

　C. 进行仪器校正　　　　D. 增加平行测定次数

2. 下述正确的叙述是______。

A. 精密度高,测定的准确度一定高

B. 精密度高的测定结果,不一定是正确的

C. 准确度是表示测定结果相互接近的程度

D. 系统误差是影响精密度的主要因素

3. 测定试样中CaO的质量分数,称取试样0.908g,滴定消耗EDTA标准溶液20.50mL,以下结果表示正确的是______。

A.10%　　B.10.1%　　C.10.08%　　D.10.077%

二、填空题

1. 系统误差按其产生的原因,可分为__________,__________,__________,__________。

2. 下列数据包含几位有效数字:pH=10.76 __________位,5.380×10^{-5} __________位。

3. 平均值的置信区间(一定置信度下)用公式__________表示,其中 t 随实验测定次数 n 的增大而__________; t 随置信度 P 的增大而__________。s 称为__________,$s=$__________。

4. 系统误差消除后,多次测定发现,随机误差遵从一般的__________规律,这一规律可用__________曲线表示。

5. 分析某物质含量时,10次测量得的质量分数为:15.42%,15.51%,15.52%,15.52%,15.53%,15.53%,15.54%,15.56%,15.56%,15.68%。置信度90%时(1)检验15.42%是否可舍去时,$Q=$__________,故15.42%应__________;(2)检验15.68%是否可舍去时,$Q=$__________,故15.68%应__________;(3)在(2)的情况下再检验15.42%时 $Q=$__________,故15.42%应__________。

三、是非题

1. (　　)随机误差是由某些难以控制,无法避免的偶然原因造成的,因而又称为偶然误差。

2. (　　)系统误差是由某些固定的原因造成的。

3. (　　)由操作者粗心大意或违反操作规程所引起的误差称为偶然误差。

4. (　　)测量值与测量平均值之差称为绝对误差。

5. (　　)置信度可以认为是真值 μ 落在置信区间 $\bar{x}\pm\frac{ts}{\sqrt{n}}$ 内的概率。

6. (　　)pH=8.34,其有效数字的位数为三位。

7．(　　)若 pH＝2.87，则根据有效数字的概念和运算，$[H^+]=1.349$ $mol\cdot L^{-1}$。

8．(　　)若滴定管的刻度最小单位是 0.1mL，某测定结果可记作 20.1mL。

9．(　　)t 检验法，是检验测量的平均值与标准值或两种分析方法的平均值是否有显著性差异的方法。

10．(　　)有效数字的位数与实验过程中仪器的准确度有关。

四、计算题

1．分析铁矿石中铁的质量分数，分析结果(单位：%)为：37.45，37.20，37.50，37.30，37.25，试计算分析结果的平均值、中位数、极差、平均偏差、相对平均偏差、标准偏差、相对标准偏差。

2．测定试样中的 CaO 的质量分数，得到如下结果(单位：%)：20.01，20.05，20.03，20.04，问：(1)分析结果应如何表示？(2)计算置信度为 95%、90%时的置信区间。

3．分析某患者血糖含量，其结果(单位：$mmol\cdot L^{-1}$)为：7.5，7.4，7.7，7.6，7.5，7.6，7.6，7.5，7.6，7.6，计算相对标准偏差及置信度为 95%时平均值的置信区间，此结果与正常人血糖含量 $6.7mmol\cdot L^{-1}$是否存在显著性差异？

4．标定某一标准溶液，结果(单位：$mol\cdot L^{-1}$)为：0.1016，0.1025，0.1014，0.1012，当置信度为 90%时，问 0.1025 可否舍去？

5．将下列数据修约为两位有效数字：4.148，1.353，6.3611，22.5102，27.5，16.5

6．计算：(1)0.213＋32.24＋3.061 61　　(2)0.0332×21.77×2.056 33

7．确定下列数值的有效数字的位数

(1)pH＝11.40　(2)1000　(3)0.003 160　(4) $w_{SiO_2}=12.40\%$

8．A student obtained the following results for the concentration of a solution: 0.1031，0.1033，0.1032 and $0.1040mol\cdot L^{-1}$.

(1) Can the last result be rejected according to the **Q**-test(90% confidence level)?

(2) What value should be used for the concentration?

(3) Calculate the 99% confidence interval of the mean.

9．称取样品 A 的质量为 1.4567g，该样品的真实值为 1.4566g；称取样品 B 的质量为 0.1432g，该样品的真实值为 0.1431g，试比较哪一个准确度高？

10．测定铜合金中铜含量，5 次测得数据为 72.32%、72.30%、72.25%、72.22%、72.21%，求其平均值及相对平均偏差？

11. 已知铁矿石标样含 Fe_2O_3 为 50.36%，现由甲、乙、丙 3 位化验员同时测定此铁矿石，各测 4 次，测得结果如下：

甲　50.20%、50.20%、50.18%、50.17%

乙　50.40%、50.30%、50.20%、50.10%

丙　50.36%、50.33%、50.34%、50.35%

试比较甲、乙、丙 3 人的分析结果如何？并指出他们实验中存在的问题。

12. 甲乙两人同时分析一矿样中的硫含量，每次取样均称 3.5g，两人的分析结果分别报告如下：

甲报告的结果为 0.042%、0.041%；乙报告的结果为 0.041 99%、0.042 01%，问何者报告的结果正确。

13. 重量法测定某样品中水分含量，测得的结果为 1.61%、1.53%、1.54%、1.83%。问 1.83%是否应该舍去？（置信度为 95%）

14. 用紫外分光光度法测定某样品中抗生素的质量分数，测定结果（单位：%）如下：60.72，60.81，60.70，60.78，60.56，60.84，求：(1)上述结果的平均值、标准偏差和相对标准偏差，并指出上述结果中有无离群值；(2)若本样品的准确含量为 60.75%，问此方法是否可靠？（置信度为 95%）

15. 某分析人员测定一试样中血铅含量，得到以下结果：6 次测得的平均值为 16.82μg/100g，标准偏差为 0.08 μg/100g，此样品的标准血铅含量为 16.62 μg/100g，这些结果有无显著性差异（置信度为 95%）？

第二章　气体和溶液

基 本 要 求

（1）掌握理想气体模型及状态方程。

（2）掌握气体的分压定律和分体积定律以及相关计算。

（3）理解实际气体与理想气体的区别，了解实际气体状态方程式，气体分子运动的速率分布和能量分布曲线。

（4）掌握溶液浓度的表示方法及相关计算。

（5）理解对基准物质的要求及标准溶液的配制方法。

（6）理解非电解质溶液的依数性及定量关系式，了解电解质溶液的依数性质。

（7）理解胶体溶液的概念及性质。

本章内容主要包括两大部分。第一部分是气体；第二部分为溶液及其性质。

重点内容与学习指导

第一部分　气　　体

一、理想气体状态方程

1．理想气体模型

分子之间没有相互作用、分子本身体积为零的气体，实际上并不存在，常将低压、高温下的气体近似看成理想气体。

2．理想气体状态方程式

$$pV = nRT$$

式中：p——气体的压力，Pa；

V——气体的体积，m^3；

n——气体的物质的量，mol；

T——热力学温度，K；

R——摩尔气体常量（8.314 $J\cdot mol^{-1}\cdot K^{-1}$）。

由于 $n = \dfrac{m}{M}$，代入上式可得

$$pV = \frac{m}{M}RT \Rightarrow pM = \frac{m}{V}RT = \rho RT$$

式中：M——气体的摩尔质量，$kg \cdot mol^{-1}$；

ρ——气体的密度，$kg \cdot m^{-3}$。

【例 2-1】 淡蓝色氧气钢瓶体积一般为 50L，在室温 25℃，当其压力为 1.0 MPa 时，估算钢瓶中所剩氧气的质量。

解　由理想气体状态方程 $pV = nRT$ 可得

$$n = \frac{pV}{RT} = \frac{1.0 \times 10^{6}\text{Pa} \times 50 \times 10^{-3}\text{m}^{3}}{8.314\text{J} \cdot \text{mol}^{-1} \cdot \text{K}^{-1} \times (273.15 + 25)\text{K}} = 20.2\text{mol}$$

故估算得钢瓶中所剩氧气的质量为

$$m = M \times n = 32\text{g} \cdot \text{mol}^{-1} \times 20.2\text{mol} = 646.4\text{g}$$

二、理想气体的分压定律和分体积定律

1. 气体分压定律

分压定律：温度、体积一定时，混合气体的总压力（p）等于各组分气体的分压力（p_B）之和；某组分气体的分压力大小与其在气体混合物中的摩尔分数（x_B）成正比。

$$p = \sum_B p_B \qquad p_B = x_B p$$

分压力：在相同温度下，该组分单独存在且占有与混合气体相同体积时所具有的压力。

$$p_B = \frac{n_B}{V}RT$$

摩尔分数：组分气体的物质的量与混合气体的总的物质的量之比。

$$x_B = \frac{n_B}{n}$$

2. 气体的分体积定律

分体积定律：温度、压力一定时，混合气体的总体积（V）等于各组分气体的分体积（V_B）之和；某组分气体的分体积大小与其在气体混合物中的摩尔分数（x_B）成正比。

$$V = \sum_B V_B \qquad V_B = x_B V$$

分体积：在相同温度下，该组分单独存在且具有与混合气体相同压力时所具有的体积。

$$V_B = \frac{n_B}{p}RT$$

【例 2-2】 在室温 25℃和 101kPa 压力下，已知氨气中含 5.00%（质量）的氮

气,求二者的分压和分体积。

解 设现有 100g 氨气,则

$$n_{NH_3} = \frac{100g \times (1 - 5.00\%)}{17g \cdot mol^{-1}} = 5.59mol$$

$$n_{N_2} = \frac{100g \times 5.00\%}{28g \cdot mol^{-1}} = 0.179mol$$

$$n_{总} = 5.59 + 0.179 = 5.77\ mol$$

$$x_{NH_3} = \frac{n_{NH_3}}{n} = \frac{5.59}{5.77} = 0.969$$

$$x_{N_2} = \frac{n_{N_2}}{n} = \frac{0.179}{5.77} = 0.031$$

故氨气和氮气的分压分别为

$$p_{NH_3} = x_{NH_3} p = 101kPa \times 0.969 = 97.9kPa$$

$$p_{N_2} = x_{N_2} p = 101kPa \times 0.031 = 3.13kPa$$

由理想气体状态方程式可求出

$$V_{总} = \frac{n_{总} RT}{p_{总}} = \frac{5.77 \times 8.314 \times (273.15 + 25)}{101} = 141.6L$$

故氨气和氮气的分体积分别为

$$V_{NH_3} = x_{NH_3} V = 141.6 \times 0.969 = 137.2L$$

$$V_{N_2} = x_{N_2} V = 141.6 \times 0.031 = 4.39L$$

三、实际气体

1. 实际气体状态方程式

实际气体与理想气体产生偏差的两个主要原因:实际气体分子自身的体积和分子间作用力。

1873 年,荷兰科学家范德华对理想气体状态方程进行了修正,得出实际气体状态方程式(即范德华方程式)

$$(p + \frac{n^2 a}{V^2})(V - nb) = nRT$$

式中,a 和 b 称为范德华常数。常数 a 用于校正压力,b 用于修正体积,均由实验确定。

2. 气体分子运动的速率分布和能量分布

速率分布:由于气体分子在容器内不断地做无规则地运动,并且分子间频繁碰撞，使分子的运动速率随时在改变。对某一分子来说，在某一瞬间的运动速率是随机的，但是大量分子总体的速率分布却遵循一定的统计规律——Maxwell-Boltzmann 速率分布，即中间多两头少的不对称峰形分布规律。

能量分布：分子运动的动能与速率有关，故分子的能量分布也呈中间多两头少的不对称峰形分布规律。

第二部分　溶液及其性质

溶液：由两种或两种以上不同的物质混合形成的均匀、稳定的体系。

一、基本单元及溶液的浓度

1．基本单元的选择

系统中的基本组分，它既可以是分子、原子、离子、电子及其他粒子，也可以是这些粒子的特定组合，还可以是某一特定的过程或反应。

2．溶液浓度的表示方法及计算

(1) 溶质 B 的物质的量的浓度

单位体积的溶液中所含溶质基本单元 B 的物质的量。

$$c_B = \frac{n_B}{V} \qquad 单位:\text{mol} \cdot \text{L}^{-1}$$

(2) 质量摩尔浓度

单位质量的溶剂中含有溶质 B 的物质的量。

$$b_B = \frac{n_B}{m_A} \qquad 单位:\text{mol} \cdot \text{kg}^{-1}$$

(3) 摩尔分数

溶液中某一组分 B 的物质的量占全部溶液的物质的量的分数。

$$x_B = \frac{n_B}{n} \qquad 无单位$$

【例 2-3】 市售浓硫酸密度为 $1.84\text{g} \cdot \text{mL}^{-1}$，浓度为 98%，计算其物质的量的浓度、质量摩尔浓度和摩尔分数。

解　以 1L 浓硫酸溶液为例，其物质的量的浓度为

$$c = \frac{n}{V} = \frac{1.84 \times 1000 \times 98\%/98}{1} = 18.4\text{mol} \cdot \text{L}^{-1}$$

质量摩尔浓度为

$$b_B = \frac{n_B}{m_A} = \frac{1.84 \times 1000 \times 98\%/98}{1.84 \times 1000 \times (1 - 98\%) \times 10^{-3}} = 500\text{mol} \cdot \text{kg}^{-1}$$

摩尔分数为

$$x_B = \frac{n_B}{n} = \frac{1.84 \times 1000 \times 98\%/98}{1.84 \times 1000 \times 98\%/98 + 1.84 \times 1000 \times 2\%/18} = 0.9$$

二、基准物质的选择与标准溶液的配制

1．基准物质的选择

基准物质：能用于直接配制或标定标准溶液的化学试剂。

基准物质必须满足下列要求：①实际组成应与其化学式完全相符；②高纯度、杂质含量不超过 0.01%；③性质稳定、不分解、不吸潮、不吸收空气中的 CO_2、不失去结晶水；④基准物质应尽可能有较大的摩尔质量，以减少称量误差。

2．标准溶液的配制

标准溶液：已知准确浓度的溶液。

标准溶液的配制有直接法和间接法两种。

直接法：准确称取一定量的基准物质，溶解后用容量瓶定容并计算出准确浓度。

间接法(标定法)：对于非基准物质，不能直接配制成标准溶液。可将试剂配制成近似所需浓度的溶液，再用基准物质或其他已知准确浓度的标准溶液，通过滴定来确定其准确浓度。

【例 2－4】 为标定 HCl 溶液，称取硼砂($Na_2B_4O_7 \cdot 10H_2O$)0.4709g，用 HCl 溶液滴定至终点，消耗 25.20mL，求 HCl 溶液的浓度。

解 硼砂和 HCl 的反应为

$$Na_2B_4O_7 + 2HCl + 5H_2O = 4H_3BO_3 + 2NaCl$$

可见 1mol 硼砂与 2mol HCl 反应，故 HCl 溶液的浓度为

$$c_{HCl} = \frac{2 \times n_{Na_2B_4O_7}}{V_{HCl}} = \frac{2 \times 0.4709/381.37}{25.20 \times 10^{-3}} = 0.098\,00 \text{mol} \cdot \text{L}^{-1}$$

三、稀溶液的依数性

稀溶液的依数性：稀溶液的性质主要取决于溶液中所含溶质粒子的数目，而与溶质粒子的特性无关。

1．非电解质溶液的依数性

(1) 蒸气压下降。一定温度下，难挥发非电解质稀溶液的蒸气压下降值 Δp 和溶质 B 的浓度 x_B 成正比

$$\Delta p = p_A^0 - p = p_A^0 x_B$$

式中：p_A^0——纯溶剂的蒸气压；

p——稀溶液的蒸气压。

【例 2-5】 已知在 20℃时，苯的蒸气压为 9.99kPa。现称取 1.07g 苯甲酸乙酯溶于 10.0g 苯中，则得溶液蒸气压为 9.49kPa，试求苯甲酸乙酯的摩尔质量。

解 由 $\Delta p = p_A^0 - p = p_A^0 x_B$，得

$$x_B = \frac{\Delta p}{p_A^0} = \frac{9.99 - 9.49}{9.99} = 0.05005 = \frac{1.07/M_B}{1.07/M_B + 10.0/78}$$

可求得苯甲酸乙酯的摩尔质量 $M_B = 156\text{g}\cdot\text{mol}^{-1}$。

(2) 沸点升高及凝固点下降。难挥发非电解质稀溶液的沸点总是高于纯溶剂的沸点，且沸点升高值 ΔT_b 与溶液中溶质的质量摩尔浓度 b_B 成正比，即

$$\Delta T_b = K_b b_B$$

式中，K_b 为沸点升高常数，只与溶剂有关，而与溶质无关，可由实验测定，单位为 $\text{K}\cdot\text{mol}^{-1}\cdot\text{kg}$。

难挥发非电解质稀溶液的凝固点总是低于纯溶剂的凝固点，且凝固点的下降值 ΔT_f 与溶液中溶质的质量摩尔浓度 b_B 成正比，即

$$\Delta T_f = K_f b_B$$

式中，K_f 为凝固点下降常数，也只与溶剂有关，单位为 $\text{K}\cdot\text{mol}^{-1}\cdot\text{kg}$。

【例 2-6】 已知纯苯的沸点是 80.2℃，取 2.67g 萘($C_{10}H_8$)溶于 100g 苯中，测得该溶液的沸点升高了 0.531K，试求苯的沸点升高常数。

解 由 $\Delta T_b = K_b b_B$ 可得

$$0.531 = K_b \times \frac{2.67/128}{100 \times 10^{-3}} \Rightarrow K_b = 2.55\text{K}\cdot\text{kg}\cdot\text{mol}^{-1}$$

(3) 渗透压

渗透压：为维持被半透膜隔开的溶液与纯溶剂之间的渗透平衡而施加的额外压力。

渗透压与溶液浓度和温度的关系如下

$$\pi V = n_B RT \qquad \pi = c_B RT$$

式中：π——渗透压，kPa；

V——溶液的体积，L。

2. 电解质溶液的依数性

电解质溶液中，由于电解质解离，离子之间发生相互作用，使得稀溶液定律所表达的依数性与溶质浓度的定量关系发生了偏差。

沸点升高及凝固点降低的计算式分别为

$$\Delta T_b = iK_b b_B$$

$$\Delta T_f = iK_f b_B$$

式中，i 为范特霍夫因数，它与溶液的浓度和离子的电荷有关。$i=1$ 表明为非电解质。

四、胶体溶液

1．分散体系

一种物质以极小的颗粒（称为分散质）分散在另一种物质（称为分散介质）中所组成的体系，根据分散质颗粒的大小或分散程度的不同大致可以分为三类。

（1）分子或离子分散系。分散质颗粒平均直径约为 10^{-9}m，分散程度达到分子或离子状态。

（2）粗分散体系。分散质颗粒平均直径为 10^{-7}～10^{-5}m。

（3）胶体分散体系。分散质颗粒平均直径为 10^{-9}～10^{-7}m，每个颗粒由多个分子或离子聚集而成，简称胶体。

2．胶体溶液的性质

（1）光学性质——丁达尔效应。当用一束强光从侧面照射胶体溶液时，在与光路垂直的方向上可以观察到一发亮的光柱。

（2）动力学性质。在显微镜下观察胶体溶液，可发现胶体颗粒在不停地做无规则运动，这种运动称为布朗运动，这是由于不断热运动的介质分子对胶粒的撞击的结果。

（3）电学性质。在外加电场作用下，胶体颗粒在分散介质中发生定向移动的现象称为电泳，电泳现象表明胶体颗粒本身带电荷。

3．溶胶粒子的结构——胶团

实验证明胶团具有吸附和扩散双电层结构，整个胶团显电中性，当电流通过时发生分裂。

$Fe(OH)_3$ 胶团的结构如下

$$\underbrace{\underbrace{\{\underbrace{[Fe(OH)_3]_m}_{\text{胶核}} \cdot nFeO^+ \cdot (n-x)Cl^-\}^{x+}}_{\text{胶粒}} \cdot xCl^-}_{\text{胶团}}$$

4．溶胶的稳定性与聚沉

1）稳定性

热力学的不稳定性：胶体是多相分散系，具有很大的表面能，有自发聚集成较大颗粒以降低表面能的趋势。

动力学的稳定性：不停的布朗运动阻止了由于重力作用引起的下沉，同种电荷的胶粒间的排斥作用阻碍了相互接近。

2）聚沉作用

定义：在分散体系中，粒子聚集成更大颗粒沉淀出来的过程。

促使胶体聚沉的因素如下：①电解质的聚沉作用。起聚沉作用的是与溶胶带相反电荷的离子，离子的价态越高，聚沉能力越大。②相互聚沉作用。起聚沉作用的是与溶胶带相反电荷的胶粒。

综合练习

1. 一个体积为 40.0L 的氮气钢瓶，在 22.5℃时，使用前压力为 12.6MPa，使用后压力降为 10.1MPa，估计总共用了多少千克氮气？

2. 实验测定在 310℃、101kPa 时单质气态磷的密度是 $2.64g\cdot L^{-1}$，求磷的分子式。

3. 在恒温条件下，将 250Pa 的 N_2 50mL、350Pa 的 O_2 75mL、750Pa 的 H_2 150mL 三种气体混合装入 250mL 的真空瓶中，求混合气体的总压力、分压力各是多少？

4. 在 27.0℃，将电解水所得到的氢、氧混合气干燥后储于 60.0L 容器中，混合气体的总质量为 40.0g，求氢气、氧气的分压力。

5. 使 32mL 的 CH_4、H_2 和 N_2 的气体混合物与 61mL 的 O_2 充分燃烧，残余气体的体积为 34.5mL，其中 24.1mL 被烧碱溶液吸收，试确定混合气体中三者的体积分数（所有体积都是在相同室温和压力条件下测得的）。

6. 下列几种商品溶液都是常用试剂，分别计算它们的物质的量浓度和摩尔分数：

(1) 浓盐酸：含 HCl 37%，密度 $1.19\ g\cdot mL^{-1}$；

(2) 浓硝酸：含 HNO_3 70%，密度 $1.42\ g\cdot mL^{-1}$；

(3) 浓氨水：含 NH_3 28%，密度 $0.90\ g\cdot mL^{-1}$。

7. 现需 2.2L、浓度为 $2.0\ mol\cdot L^{-1}$ 的盐酸，问应该取多少 mL 20%、密度为 $1.10\ g\cdot mL^{-1}$ 的浓盐酸来配制？

8. 在 100g 苯中加入 13.76g 联苯（$C_6H_5C_6H_5$），所形成溶液的沸点比苯高了 2.3K，若加入 21.9g 某种纯富勒烯后形成的溶液的沸点升高了 0.785K，求该富勒烯的相对分子质量。

9. 101mg 胰岛素溶于 10.0mL 水，该溶液在 25.0℃时的渗透压是 4.34kPa，求胰岛素的摩尔质量。

第三章　化学热力学基础

基本要求

(1) 掌握状态函数的概念及特征。

(2) 理解热力学第一定律、恒压反应热与焓变的关系。

(3) 理解标准摩尔生成焓 $\Delta_f H_m^\ominus$、标准摩尔生成自由能 $\Delta_f G_m^\ominus$ 及标准摩尔熵 $S_m^\ominus$ 的概念。

(4) 会用 $\Delta_f H_m^\ominus$ 计算反应的标准摩尔焓变 $\Delta_r H_m^\ominus$；会用$\Delta_f G_m^\ominus$计算反应的标准摩尔自由能变 $\Delta_r G_m^\ominus$；会用 $S_m^\ominus$ 计算反应的标准摩尔熵变 $\Delta_r S_m^\ominus$。

(5) 掌握计算 $\Delta_r G_m^\ominus$ 和 $\Delta_r G_m$ 的几种方法(公式)及 $\Delta_r G_m$ 和 $\Delta_r G_m^\ominus$ 的关系式；会用 $\Delta_r G_m$ 判断恒温恒压条件下化学反应自发进行的方向。

(6) 掌握黑斯定律和多重平衡规则。

重点内容与学习指导

一、状态函数的概念

(1) 状态函数的定义：确定体系状态的物理量。

例如，我们大家在中学阶段就熟知的理想气体状态方程：$pV=nRT$，其中的 p(压强)、V(体积)、n(理想气体物质的量)以及 T(热力学温度)，均为状态函数，所以 $pV=nRT$ 称为理想气体状态方程式。有了上面状态函数的感性认识，我们对状态函数的定义就不难理解了，而且我们也容易接受状态函数的特征。

(2) 状态函数的特征：状态函数的改变量，只与体系的始态和终态有关，与变化途径无关。

在无机化学和基础化学中，我们遇到的状态函数除了 p、V、n、T 外，还有 U 热力学能(内能)、H(焓)、S(熵)、G(自由能)。

【例 3-1】 体系经一系列变化，又恢复到初始状态，则体系的 ΔU ______ 0；ΔH ______ 0(填入＝或≠)。

解　$\Delta U=0$，$\Delta H=0$

分析　因为它们都是状态函数，它们的改变量只与始态和终态有关，由于始态和终态一致，故 $\Delta U=0$，$\Delta H=0$，即由于状态没变，所以热力学能和焓没变。

【例 3－2】 若体系经过一系列变化后，又回到初始状态，则体系______。

A. $Q=0$，$W=0$，$\Delta U=0$，$\Delta H=0$

B. $Q>0$，$W<0$，$\Delta U=0$，$\Delta H=0$

C. $Q=-W$，$\Delta U=Q+W$，$\Delta H=0$

D. $Q>W$，$\Delta U=Q-W$，$\Delta H=0$

解　C 为正确答案。

分析　由于功 W 和热 Q 不是状态函数、U 和 H 是状态函数，故体系经一系列变化又恢复到初始状态时，体系的 $Q\neq 0$，$W\neq 0$，而 $\Delta U=0$，$\Delta H=0$。又根据热力学第一定律 $\Delta U=Q+W$，由于 $\Delta U=0$，所以 $Q=-W$。

二、热力学第一定律

热力学第一定律实质上就是能量守恒定律。

对于一个封闭体系来说，体系由一种状态变为另一种状态时，体系热力学能的增加值 ΔU 等于体系与环境之间交换的各种功和热之和，这就是热力学第一定律，它的数学表达式为

$$\Delta U = Q + W$$ ①

热力学上规定：体系吸热，Q 为正值，体系放热，Q 为负值；体系对环境做功，W 为负值，环境对体系做功，W 为正值。即凡体系得到的 Q 和 W 值均为正值，失去的为负值。Q 和 W 的单位均以 kJ(千焦)表示。

功可以有两种：一是体积功，另一是非体积功(如表面功、电功等)。在恒压条件下的化学反应，如有体积变化，且一般只做体积功，这时不管体系对环境做功($\Delta V>0$)，还是环境对体系做功($\Delta V<0$)，均 $W=-p\cdot\Delta V=-\Delta nRT$。在这种情况下，由热力学第一定律 $\Delta U=Q+W$，得

$$Q = \Delta U - W = \Delta U + p\Delta V = \Delta U + \Delta nRT$$

功和热都随途径而变化，功和热均不是状态函数。

三、恒压反应热 Q_p

反应热：发生化学反应时，体系吸收或放出的热量(条件是：①温度可以发生变化，但最终还恢复到始态温度，即 $T_1\to T_1$；②不做非体积功)。

恒压反应热：顾名思义，恒压条件下的反应热(条件是：①恒压；② $T_1\to T_1$；③不做非体积功)。

① 现在新发布的国家标准中规定热力学第一定律的数学表达式为 $\Delta U = Q + W$。注意过去的表示式为 $\Delta U = Q - W$，其中体系从环境吸热 Q 值为正，体系对环境做功 W 值为正。

根据热力学第一定律,恒压反应热可写作

$$\begin{aligned} Q_p &= \Delta U + p\Delta V \\ &= (U_2 - U_1) + p(V_2 - V_1) \\ &= (U_2 - U_1) + (p_2 V_2 - p_1 V_1) \quad (\text{恒压 } p = p_1 = p_2) \\ &= (U_2 + p_2 V_2) - (U_1 + p_1 V_1) \\ &= H_2 - H_1 \quad (\text{令 } H = U + pV) \\ &= \Delta H \end{aligned}$$

即 $Q_p=\Delta H$,含义:恒压反应热等于体系的焓变。

注意:①由于 $H=U+pV$,所以任何引起 H 变化的过程(比如 U、p、V 任何一项改变)都能引起焓变;②体系与环境之间有温差,就会有热传递;③只有恒压和不做非体积功条件下的反应热才等于焓变,即 $Q_p=\Delta H$。

$\Delta H>0$,表示反应为吸热反应;$\Delta H<0$,表示反应为放热反应。ΔH 的单位为 $kJ \cdot mol^{-1}$。

由于"焓"由"火"+"含"组成,故有人说焓可以认为是物质的热含量,即物质内部可以转变为热的能量。焓是状态函数。

四、恒容反应热 Q_V

根据热力学第一定律,恒容不做非体积功时,有

$$Q_V = \Delta U$$

Q_V和 Q_p分别与状态函数增量 ΔU 和 ΔH 相等,即虽然热 Q 不是状态函数,但 Q_V和 Q_p具有状态函数增量的性质:Q_p和 Q_V的数值只与体系的始末状态有关,与变化途径无关。

五、标准摩尔生成焓 $\Delta_f H_m^\ominus$、标准摩尔生成自由能 $\Delta_f G_m^\ominus$、标准摩尔熵 $S_m^\ominus$

1. 标准摩尔生成焓的定义

恒温,标准态下,由最稳定的纯态单质生成单位物质量的某物质的焓变,记作 $\Delta_f H_{m,T}^\ominus$(符号说明:ΔH 表示焓变,"$\ominus$"表示标准态,"f"表示生成(formation),"m"表示 mol,"T"表示反应温度),单位:$kJ \cdot mol^{-1}$。通常使用的是 298.15K 时测定的标准摩尔生成焓,故一般简写为 $\Delta_f H_m^\ominus$(有的教科书上称为标准生成焓,并用 $\Delta H_f^\ominus$ 表示)。

下面对组成标准摩尔生成焓定义的各个条件进行逐一说明。

(1) 恒温。就是恒温条件,通常使用的数据为 298.15K 时测定的。

(2) 标准态。压力为标准压力,过去 $p=p^\ominus=101\ 325Pa$,现国家规定 $p^\ominus=$

100kPa；标准压力下溶液中溶质浓度为标准浓度，即 $c=c^{\ominus}=1\text{mol}\cdot\text{L}^{-1}$，标准压力下固态和液态均为纯的。

标准(状)态和标准状况的区别与联系如表 3-1 所示。

表 3-1　标准(状)态和标准状况的区别和联系

	区别		联系
	适用范围	温度	
标准状况	气态	0℃	压力均为 $p^{\ominus}$
标准(状)态	气态、液态、固态	未规定温度	

(3) 最稳定的纯态单质。其中纯态就是不含杂质，大家都很清楚，关键是最稳定的单质如何理解和记忆？这要从两方面去分析：①物质有气、液、固三态，最稳定的单质就是在常温(298.15K)、常压($p^{\ominus}$)条件下最稳定的那种状态。比如 $N_2(s)$、$N_2(l)$、$N_2(g)$，最稳定的单质应是 $N_2(g)$；还比如 Hg(s)、Hg(l)、Hg(g)，当然最稳定的单质是 Hg(l)。②同一物质的同素异形体中，只有一种被认为是最稳定的。在这里，有的客观上这种同素异形体就是最稳定的，如 C(石墨)和 C(金刚石)，石墨是最稳定的；氧 $O_2(g)$和臭氧 $O_3(g)$，$O_2(g)$是最稳定的；有的则是人为地规定某一物质是稳定的，比如磷单质中最稳定的是红磷，但热力学上却规定白磷为最稳定的单质(有的教科书称最稳定单质为指定单质)。

(4) 单位物质量，即 1mol。

在搞清楚以上四点的基础上，再根据标准摩尔生成焓的定义，我们不难得出最稳定的纯态单质的标准摩尔生成焓为零的结论。因而

$\Delta_f H^{\ominus}_{m(C,\text{石墨})}=0$　　$\Delta_f H^{\ominus}_{m(C,\text{金刚石})}\neq 0$

$\Delta_f H^{\ominus}_{m(Cu,s)}=0$　　$\Delta_f H^{\ominus}_{m(Cu,g)}\neq 0$

$\Delta_f H^{\ominus}_{m(N_2,g)}=0$　　$\Delta_f H^{\ominus}_{m(N_2,s)}\neq 0$

$\Delta_f H^{\ominus}_{m(P,\text{白磷})}=0$　　$\Delta_f H^{\ominus}_{m(P,\text{红磷})}\neq 0$

$\Delta_f H^{\ominus}_{m(O_2,g)}=0$　　$\Delta_f H^{\ominus}_{m(O_3,g)}\neq 0$

$\Delta_f H^{\ominus}_{m(Br_2,l)}=0$　　$\Delta_f H^{\ominus}_{m(Br_2,g)}\neq 0$

$\Delta_f H^{\ominus}_{m(Hg,l)}=0$　　$\Delta_f H^{\ominus}_{m(Hg,s)}\neq 0$

2. 标准摩尔生成自由能 $\Delta_f G^{\ominus}_m$(定义与 $\Delta_f H^{\ominus}_m$ 相似)

恒温、标准态由最稳定的纯态单质，生成单位物质量的某物质时的自由能变，以 $\Delta_f G^{\ominus}_{m,T}$表示，若 $T=298.15$K，则简写为 $\Delta_f G^{\ominus}_m$(有的教科书上称为标准自由能，记作 $\Delta G^{\ominus}_f$)。

与标准摩尔生成焓相似,最稳定的纯态单质的标准摩尔生成自由能为零的结论如下

$\Delta_f G^{\ominus}_{m(C,\text{石墨})}=0$	$\Delta_f G^{\ominus}_{m(C,\text{金刚石})}\neq 0$
$\Delta_f G^{\ominus}_{m(Cu,s)}=0$	$\Delta_f G^{\ominus}_{m(Cu,g)}\neq 0$
$\Delta_f G^{\ominus}_{m(N_2,g)}=0$	$\Delta_f G^{\ominus}_{m(N_2,s)}\neq 0$
$\Delta_f G^{\ominus}_{m(P,\text{白磷})}=0$	$\Delta_f G^{\ominus}_{m(P,\text{红磷})}\neq 0$
$\Delta_f G^{\ominus}_{m(O_2,g)}=0$	$\Delta_f G^{\ominus}_{m(O_3,g)}\neq 0$
$\Delta_f G^{\ominus}_{m(Br_2,l)}=0$	$\Delta_f G^{\ominus}_{m(Br_2,g)}\neq 0$
$\Delta_f G^{\ominus}_{m(Hg,l)}=0$	$\Delta_f G^{\ominus}_{m(Hg,s)}\neq 0$

$\Delta_f G^{\ominus}_m$ 单位同 $\Delta_f H^{\ominus}_m$ 为 $kJ\cdot mol^{-1}$。

3. 标准摩尔熵 $S^{\ominus}_m$

(1) 熵是描述物质混乱程度的物理量,符号 S,单位为 $J\cdot mol^{-1}\cdot K^{-1}$。

混乱程度越大,熵值越高。一般地,同一物质为 $S^{\ominus}_{m(g)} > S^{\ominus}_{m(l)} > S^{\ominus}_{m(s)}$,如 $S^{\ominus}_{m(H_2O,g)} > S^{\ominus}_{m(H_2O,l)} > S^{\ominus}_{m(H_2O,s)}$。

摩尔质量相同的物质 $S^{\ominus}_{m\,\text{结构复杂的}} > S^{\ominus}_{m\,\text{结构简单的}}$,如 $S^{\ominus}_{m(CH_3CH_2OH,l)} > S^{\ominus}_{m(CH_3OCH_3,l)}$。

同类物质 $S^{\ominus}_{m\,\text{摩尔质量大的}} > S^{\ominus}_{m\,\text{摩尔质量小的}}$,如 $S^{\ominus}_{m(I_2,g)} > S^{\ominus}_{m(Br_2,g)} > S^{\ominus}_{m(Cl_2,g)} > S^{\ominus}_{m(F_2,g)}$。

同一物质 $S^{\ominus}_{m\,\text{高温}} > S^{\ominus}_{m\,\text{低温}}$,如 $S^{\ominus}_{m(H_2O,g,373K)} > S^{\ominus}_{m(H_2O,g,273K)}$。

同一气体 $S^{\ominus}_{m\,\text{低压}} > S^{\ominus}_{m\,\text{高压}}$,如 $S^{\ominus}_{m(NH_3,g,100kPa)} > S^{\ominus}_{m(NH_3,g,200kPa)}$。

(2) 规定熵 S_0 是把任何纯净的、完整晶态物质在 0K 时的熵值规定为零,记作 $S_0=0$,下标"0"表示 0K。这就是热力学第三定律。

(3) 标准摩尔熵 $S^{\ominus}_m$ 是标准态时某单位物质的量的纯物质的熵值(有时简称为标准熵,符号 $S^{\ominus}$)

注意:标准摩尔熵 $S^{\ominus}_m$ 和标准摩尔生成焓 $\Delta_f H^{\ominus}_m$ 以及标准摩尔生成自由能 $\Delta_f G^{\ominus}_m$ 的区别有三点:①标准摩尔熵 $S^{\ominus}_m$ 为绝对值,而 $\Delta_f H^{\ominus}_m$ 和 $\Delta_f G^{\ominus}_m$ 为相对值(相对于标准态时最稳定的纯态单质),所以 $S^{\ominus}_m$ 前面无增量符号"Δ",而后两者有;②单位不同:$S^{\ominus}_m$ 单位为 $J\cdot mol^{-1}\cdot K^{-1}$,$\Delta_f H^{\ominus}_m$ 和 $\Delta_f G^{\ominus}_m$ 为 $kJ\cdot mol^{-1}$;③298.15K、标准态时,任何最稳定纯态单质的 $S^{\ominus}_m>0$(为什么?),而此条件下 $\Delta_f H^{\ominus}_m=0$,$\Delta_f G^{\ominus}_m=0$。

六、由 $\Delta_f H_m^\ominus$ 计算反应的标准摩尔焓变 $\Delta_r H_m^\ominus$，由 $\Delta_f G_m^\ominus$ 计算反应的标准摩尔自由能变 $\Delta_r G_m^\ominus$；由 $S_m^\ominus$ 计算反应的标准摩尔熵变 $\Delta_r S_m^\ominus$

对于任意反应 $mA + nB \longrightarrow pC + qD$，若已知 298K 时 A、B、C、D 的 $\Delta_f H_m^\ominus$、$\Delta_f G_m^\ominus$ 和 $S_m^\ominus$，就可根据配平的方程式计算 $\Delta_r H_m^\ominus$、$\Delta_r G_m^\ominus$ 和 $\Delta_r S_m^\ominus$。

$$\Delta_r H_m^\ominus = (p\cdot\Delta_f H_{m(C)}^\ominus + q\cdot\Delta_f H_{m(D)}^\ominus) - (m\cdot\Delta_f H_{m(A)}^\ominus + n\cdot\Delta_f H_{m(B)}^\ominus)$$

$$\Delta_r G_m^\ominus = (p\cdot\Delta_f G_{m(C)}^\ominus + q\cdot\Delta_f G_{m(D)}^\ominus) - (m\cdot\Delta_f G_{m(A)}^\ominus + n\cdot\Delta_f G_{m(B)}^\ominus)$$

$$\Delta_r S_m^\ominus = (p\cdot S_{m(C)}^\ominus + q\cdot S_{m(D)}^\ominus) - (m\cdot S_{m(A)}^\ominus + n\cdot S_{m(B)}^\ominus)$$

【例 3-3】 求反应 $4NH_3(g) + 5O_2(g) \longrightarrow 4NO(g) + 6H_2O(g)$ 在 298.15K、$p^\ominus$ 时的 $\Delta_r H_m^\ominus$、$\Delta_r G_m^\ominus$ 和 $\Delta_r S_m^\ominus$。

解

	$4NH_3(g)$ +	$5O_2(g)$ =	$4NO(g)$ +	$6H_2O(g)$
$\Delta_f H_m^\ominus/kJ\cdot mol^{-1}$	−46.11	0	90.25	−241.82
$\Delta_f G_m^\ominus/kJ\cdot mol^{-1}$	−16.5	0	86.57	−228.59
$S_m^\ominus/J\cdot mol^{-1}\cdot K^{-1}$	192.3	205.03	210.65	188.72

$$\Delta_r H_m^\ominus = [4\times 90.25 + 6\times(-241.82)] - [4\times(-46.11) + 5\times 0] = -905.48\ kJ\cdot mol^{-1}$$

$$\Delta_r G_m^\ominus = [4\times 86.57 + 6\times(-228.59)] - [4\times(-16.5) + 5\times 0] = -959.26\ kJ\cdot mol^{-1}$$

$$\Delta_r S_m^\ominus = [4\times 210.65 + 6\times 188.72] - [4\times 192.3 + 5\times 205.03] = 180.57\ J\cdot mol^{-1}\cdot K^{-1}$$

解此类题要注意的问题是：①方程式要配平；②各数据和分子式一一对应；③别忘了乘系数；④$\Delta_r S_m^\ominus$ 与 $\Delta_r H_m^\ominus$、$\Delta_r G_m^\ominus$ 单位不同；⑤$\Delta_r H_m^\ominus$、$\Delta_r G_m^\ominus$、$\Delta_r S_m^\ominus$ 的含义是在标准态时，反应进度 $\xi = 1mol$ 时，即各反应物、生成物按方程式所示的物质的量进行时反应的焓变，自由能变和熵变。

解此类题关键要细心。

七、恒温、恒压条件下化学反应自发进行的普遍判据——$\Delta_r G_m$

1. 恒温、恒压条件下化学反应自发进行的普遍判据——$\Delta_r G_m$

(1) 焓变判据。人们在研究化学反应的自发性时发现，很多放热反应，即 $\Delta_r H_m < 0$ 的反应是自发进行的，如铁在潮湿空气中易生锈；甲烷和碳经点燃易燃烧等，反应如下

$$3Fe(s) + 2O_2(g) \longrightarrow Fe_3O_4(s) \qquad \Delta_r H_m^\ominus = -1118kJ\cdot mol^{-1}$$

$$C(s) + O_2(g) \longrightarrow CO_2(g) \qquad \Delta_r H_m^\ominus = -393.5kJ\cdot mol^{-1}$$

$CH_4(g)+2O_2(g) \longrightarrow CO_2(g)+2H_2O(g) \qquad \Delta_r H_m^{\ominus}=-890.31kJ \cdot mol^{-1}$

放热反应自发进行符合能量最低原理，是可以理解的。但是实践证明，很多$\Delta_r H_m>0$(即吸热)反应也自发进行，属于这类反应的如

$$H_2CO_3(l) \longrightarrow CO_2(g)+H_2O(l) \qquad \Delta_r H_m^{\ominus}>0$$

$$N_2O_5(g) \longrightarrow 2NO_2(g)+\frac{1}{2}O_2(g) \qquad \Delta_r H_m^{\ominus}>0$$

$$KNO_3(s) \longrightarrow K^+(aq)+NO_3^-(aq) \qquad \Delta_r H_m^{\ominus}>0$$

$$Ag_2O(s) \longrightarrow 2Ag(s)+\frac{1}{2}O_2(g) \qquad \Delta_r H_m^{\ominus}>0$$

还有些反应，如$CaCO_3(s)$的分解反应$CaCO_3(s) \longrightarrow CaO(s)+CO_2(g)$是吸热反应(即$\Delta_r H_m>0$)，低温下不自发，高温下却自发。由此可见，单纯把焓变作为化学反应自发性的判据是不充分的。对于$\Delta_r H_m>0$的自发进行的反应，仔细研究会发现，它们都是向着混乱程度增大的方向进行，即自发向着$\Delta_r S_m>0$的方向进行。

(2) 熵变判据。对于孤立的化学反应体系$\Delta_r S_m>0$，反应能自发进行。

孤立体系：体系与环境之间，既没有物质交换，又没有能量交换。

封闭体系：体系与环境之间，没有物质交换，只有能量交换。

敞开体系：体系与环境之间，既有物质交换，又有能量交换。

$\Delta_r S_{m\,孤立}>0$，反应能自发进行；$\Delta_r S_{m\,孤立}<0$，反应不能自发进行；$\Delta_r S_{m\,孤立}=0$，反应处于平衡状态。

熵变判据的使用条件是很苛刻的，只有孤立体系自发进行的方向是$\Delta S>0$。孤立体系是一种理想化的状态，很难或者说根本就达不到。所以，对于大部分在敞开和封闭体系内进行的化学反应，就不能单独用$\Delta_r H_m<0$或$\Delta_r S_m>0$来判断化学反应的自发性。

(3) 自由能变判据。从上面的事实我们已经知道，焓变判据不充分，而熵变判据条件苛刻达不到。但是$\Delta_r H_m<0$和$\Delta_r S_m>0$均对化学反应自发进行有利。美国著名的物理化学家吉布斯将ΔH、ΔS、T三者结合成一个新的状态函数变量，以ΔG_T表示

$$\Delta G_{T,\,P}=\Delta H_T-T\Delta S_T \qquad 吉布斯公式$$

由于$\Delta_r H_m<0$、$\Delta_r S_m>0$均对反应自发进行有利，这时，$\Delta G_{T,\,P}=\Delta H_T-T\Delta S_T<0$，故$\Delta_r G_m<0$可作为恒温、恒压条件下化学反应自发进行的普遍判据，即$\Delta_r G_m<0$，化学反应正向自发；$\Delta_r G_m>0$，化学反应正向不自发，逆向自发；$\Delta_r G_m=0$，化学反应处于平衡状态。

恒温、恒压条件下，$\Delta_r G_m$作为化学反应自发进行的判据，即恒温、恒压条件下，任何自发过程总是朝着吉布斯自由能G减小的方向进行——最小自由能原

理。对于最小自由能原理可示意如下

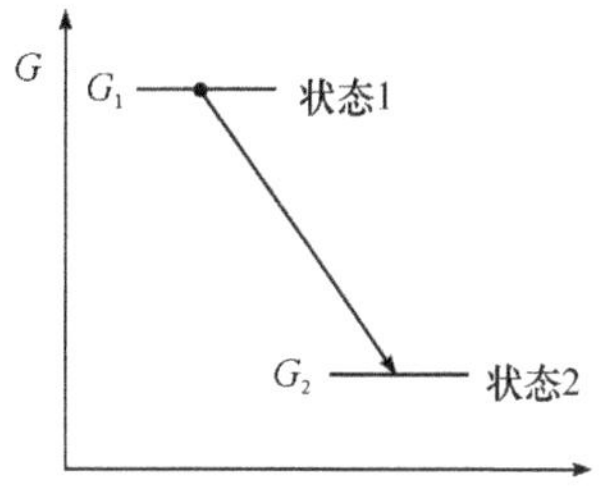

化学反应只能自发地从状态1即G_1到状态2即G_2，反之从状态2到状态1则不能自发进行，即只有$G_1>G_2$的化学反应才自发进行，在进行过程中G_2不动，G_1不断减小，最后$G_1=G_2$或者G达最小值时，化学反应就达到平衡。

用吉布斯公式$\Delta G=\Delta H-T\Delta S$时，注意$\Delta H$、$\Delta G$单位为$kJ\cdot mol^{-1}$，而$\Delta S$往往是$J\cdot mol^{-1}\cdot K^{-1}$，注意单位的统一。

只有标准态时才可用$\Delta_r G_m^\ominus$判断反应的自发性。

$\Delta_r G_m^\ominus>0$，化学反应正向不自发，逆向自发；$\Delta_r G_m^\ominus<0$，化学反应正向自发；$\Delta_r G_m^\ominus=0$，化学反应处于平衡。

2. 关于$\Delta_r G_m$和$\Delta_r G_m^\ominus$

(1) $\Delta_r G_m$和$\Delta_r G_m^\ominus$的含义如下：$\Delta_r G_m$为任意状态且$\xi=1mol$时反应的自由能变；$\Delta_r G_m^\ominus$为标准态且$\xi=1mol$时反应的自由能变。

(2) $\Delta_r G_m$和$\Delta_r G_m^\ominus$的关系如下

$$\Delta_r G_m=\Delta_r G_m^\ominus+2.303RT\lg J$$

式中，J(有的用Q)为反应商(quotient)，它等于任意状态时(即$p\neq p^\ominus$，$c\neq c^\ominus$)各生成物相对浓度或相对分压方次(各生成物前的系数)的乘积除以反应物相对浓度或相对分压方次(各反应物前的系数)的乘积，如

$$4NH_3(g)+5O_2(g)=\!=\!=4NO(g)+6H_2O(g)$$

$$\Delta_r G_m=\Delta_r G_m^\ominus+2.303RT\lg J$$

$$=\Delta_r G_m^\ominus+2.303RT\lg\frac{(p_{NO}/p^\ominus)^4(p_{H_2O}/p^\ominus)^6}{(p_{NH_3}/p^\ominus)^4(p_{O_2}/p^\ominus)^5}$$

又例如

$$2MnO_4^-(aq)+10Cl^-(aq)+8H^+(aq)=\!=\!=2Mn^{2+}(aq)+5Cl_2(g)+4H_2O(l)$$

$$\Delta_r G_m = \Delta_r G_m^\ominus + 2.303RT\lg J$$

$$= \Delta_r G_m^\ominus + 2.303RT\lg \frac{\{[Mn^{2+}]/c^\ominus\}^2(p_{Cl_2}/p^\ominus)^5}{\{[MnO_4^-]/c^\ominus\}^2\{[Cl^-]/c^\ominus\}^{10}\{[H^+]/c^\ominus\}^8}$$

(3) 关于 $\Delta_r G_m^\ominus = -2.303RT\lg K^\ominus$ 的推导和应用

$$\Delta_r G_m = \Delta_r G_m^\ominus + 2.303RT\lg J$$

当达平衡时，$J = K^\ominus$，$\Delta_r G_m = 0$

$$\Delta_r G_m = \Delta_r G_m^\ominus + 2.303RT\lg J = \Delta_r G_m^\ominus + 2.303RT\lg K^\ominus = 0$$

故

$$\Delta_r G_m^\ominus = -2.303RT\lg K^\ominus \quad 或 \quad \lg K^\ominus = -\frac{\Delta_r G_m^\ominus}{2.303RT}$$

用公式 $\lg K^\ominus = -\Delta_r G_m^\ominus/2.303RT$ 时，注意 $\Delta_r G_m^\ominus$ 和 R 单位的统一：$\Delta_r G_m^\ominus$ 单位为 $kJ \cdot mol^{-1}$；R 值单位为 $8.314 J \cdot mol^{-1} \cdot K^{-1}$。

【例 3-4】 若已知水煤气变换反应

$CO(g) + H_2O(g) \longrightarrow CO_2(g) + H_2(g)$　　$\Delta_r G_m^\ominus = -28.5\ kJ \cdot mol^{-1}$

求上述反应在 298K 时的平衡常数 $K^\ominus$。

解

$$\lg K^\ominus = -\frac{\Delta_r G_m^\ominus}{2.303RT}$$

$$= -\frac{-28.5 \times 10^3}{2.303 \times 8.314 \times 298} = 4.99$$

$$K^\ominus = 1.00 \times 10^5$$

注意：上面计算时为了单位统一，需在 -28.5 后面乘 10^3。

3. 求 $\Delta_r G_m^\ominus$ 的方法

(1) 由 $\Delta_f G_m^\ominus$ 求 $\Delta_r G_m^\ominus$：

298.15K 时，　$\Delta_r G_m^\ominus = \sum(\nu_i \Delta_f G_{m,生成物}^\ominus) - \sum(\nu_i \Delta_f G_{m,反应物}^\ominus)$

(2) 由 $\Delta_r H_{m,298.15K}^\ominus$ 和 $\Delta_r S_{m,298.15K}^\ominus$ 求 $\Delta_r G_m^\ominus(T)$：

任意温度 T 时，　$\Delta_r G_m^\ominus \approx \Delta_r H_{m,298.15K}^\ominus - T\Delta_r S_{m,298.15K}^\ominus$

(3) 由任意温度时 $K_T^\ominus$ 求 $\Delta_r G_m^\ominus$：

$$\Delta_r G_m^\ominus(T) = -2.303RT\lg K_T^\ominus$$

(4) 由电动势 $E^\ominus$ 或 E 求 $\Delta_r G_m^\ominus$ 或 $\Delta_r G_m$：

$$\Delta_r G_m^\ominus = -n'FE^\ominus$$

$$\Delta_r G_m = -n'FE$$

式中：n' 为电池反应中转移电子数；F 为法拉第常量，其值等于 $96\ 485 C \cdot mol^{-1}$（或 $96\ 485 J \cdot V^{-1} \cdot mol^{-1}$）

【例 3-5】 已知 $\Delta_f H^{\ominus}_{m(SO_2,g)} = -296.9\ kJ \cdot mol^{-1}$；$\Delta_f H^{\ominus}_{m(SO_3,g)} = -395.2\ kJ \cdot mol^{-1}$；$\Delta_f G^{\ominus}_{m(SO_2,g)} = -300.4 kJ \cdot mol^{-1}$；$\Delta_f G^{\ominus}_{m(SO_3,g)} = -370.4\ kJ \cdot mol^{-1}$，计算反应：$2SO_2(g)+O_2(g)=2SO_3(g)$在 1000K 时的 $K^{\ominus}_{1000}$。

分析 解此类题的思路要清楚：求 $K^{\ominus}_{1000K}$，必须用 $\lg K^{\ominus}_{1000K} = -\Delta_r G^{\ominus}_{m\ 1000K}/2.303RT$，而 $\Delta_r G^{\ominus}_{m\ 1000K} = \Delta_r H^{\ominus}_{m\ 298.15K} - 1000\Delta_r S^{\ominus}_{m\ 298.15K}$，所以又必须先计算 $\Delta_r H^{\ominus}_{m\ 298.15K}$和 $\Delta_r S^{\ominus}_{m\ 298.15K}$。

解	$2SO_2(g)$	$+$	$O_2(g)$	$\rightleftharpoons$	$2SO_3(g)$
$\Delta_f H^{\ominus}_m/kJ \cdot mol^{-1}$	-296.9		0		-395.2
$\Delta_f G^{\ominus}_m/kJ \cdot mol^{-1}$	-300.4		0		-370.4

$\Delta_r H^{\ominus}_{m\ 298.15K} = [(-395.2)\times 2]-[(-296.9)\times 2] = -196.6\ kJ \cdot mol^{-1}$

$\Delta_r G^{\ominus}_{m\ 298.15K} = [(-370.4)\times 2]-[(-300.4)\times 2] = -140 kJ \cdot mol^{-1}$

因为

$$\Delta_r G^{\ominus}_{m\ 298.15K} = \Delta_r H^{\ominus}_{m\ 298.15K} - 298.15\Delta_r S^{\ominus}_{m\ 298.15K}$$

所以

$$\Delta_r S^{\ominus}_{m\ 298.15K} = \frac{\Delta_r H^{\ominus}_{m\ 298.15K} - \Delta_r G^{\ominus}_{m\ 298.15K}}{298.15} = \frac{-196.6-(-140)}{298.15} = -0.19\ kJ \cdot mol^{-1} \cdot K^{-1}$$

这时可以用 $\Delta_r H^{\ominus}_{m\ 298.15K}$和 $\Delta_r S^{\ominus}_{m\ 298.15K}$得到 $\Delta_r G^{\ominus}_{m\ 1000K}$

$$\Delta_r G^{\ominus}_{m\ 1000K} = \Delta_r H^{\ominus}_{m\ 298.15K} - 1000\Delta_r S^{\ominus}_{m\ 298.15K} = (-196.6)-1000\times(-0.19) = -6.8\ kJ \cdot mol^{-1}$$

故

$$\lg K^{\ominus}_{1000} = -\frac{\Delta_r G^{\ominus}_{m\ 1000K}}{2.303RT} = -\frac{-6.8\times 10^3}{2.303\times 8.314\times 1000} = 0.3551$$

得

$$K^{\ominus}_{1000} = 2.27$$

4. ΔG 的物理意义

$W' = -\Delta G$，即体系吉布斯自由能的减少等于可逆过程中体系所做的最大有用功。有用功是指除体积功以外的其他功，如电功，表面功（常用 W'表示）。

八、黑(盖)斯定律和多重平衡规则

1. 黑(盖)斯定律

一个化学反应如果分几步完成，则总反应的反应热等于各步反应的反应热之和。上述定律用公式表示为

$$Q = Q_1 + Q_2 + \cdots$$

恒压条件下：

$$\Delta H = \Delta H_1 + \Delta H_2 + \cdots = Q_p$$

2. 多重平衡规则

当几个反应式相加(或相减)得到另一个反应式时，其平衡常数等于几个反应的平衡常数的乘积(或商)。

下面举例说明黑斯定律和多重平衡规则的应用，如下列反应，已知

(1) $C(石墨) + O_2(g) \longrightarrow CO_2(g)$　　$\Delta_r H^\ominus_{m_1}$　$K^\ominus_1$

(2) $H_2(g) + \frac{1}{2}O_2(g) \longrightarrow H_2O(l)$　　$\Delta_r H^\ominus_{m_2}$　$K^\ominus_2$

(3) $C_3H_8(g) + 5O_2(g) \longrightarrow 3CO_2(g) + 4H_2O(l)$　　$\Delta_r H^\ominus_{m_3}$　$K^\ominus_3$

求(4) $3C(石墨) + 4H_2(g) \longrightarrow C_3H_8(g)$的 $\Delta_r H^\ominus_{m_4}$和 $K^\ominus_4$。

解　式(4)=式(1)×3+式(2)×4−式(3)

所以

$$\Delta_r H^\ominus_{m_4} = 3\Delta_r H^\ominus_{m_1} + 4\Delta_r H^\ominus_{m_2} - \Delta_r H^\ominus_{m_3}$$

$$K^\ominus_4 = (K^\ominus_1)^3 (K^\ominus_2)^4 / K^\ominus_3$$

九、热力学能(U)、焓(H)、熵(S)、自由能(G)四个热力学状态函数的比较

		U	H	G	S
相同点		都是状态函数：ΔU、ΔH、ΔG、ΔS 只取决于始态与终态，而与途径无关。都有广度性质，有加和性，数值与参与变化的物质的量有关。正逆过程各函数改变量相同，但符号相反。各函数的改变量计算符合黑斯定律			
不同点	含义	各自不同			
	有无绝对值	均无绝对值			有
	标准态时最稳定的纯态单质的取值	不为零	为零	为零	不为零
	单位	$kJ \cdot mol^{-1}$			$J \cdot mol^{-1} \cdot K^{-1}$
	随温度的变化	ΔU 变化不明显	ΔH 变化不明显	ΔG 变化明显	ΔS 变化不明显

综合练习

一、选择题

1．若体系经过一系列变化又回到初始状态，则体系______。

A. $Q=0, W=0, \Delta U=0, \Delta H=0$

B. $Q>0, W<0, \Delta U=0, \Delta H=0$

C. $Q=-W, Q+W=0, \Delta H=0$

D. $Q>W, \Delta U=Q+W, \Delta H=0$

2．下列各种物质中，298.15K 时标准摩尔生成焓不为零的是______。

A. C(石墨)　B. $N_2(g)$　C. $O_2(g)$　D. $O_3(g)$

3．与 $\Delta_f H^{\ominus}_{m(H_2O,l)}=-285.8\text{kJ}\cdot\text{mol}^{-1}$ 对应的反应式是__________。

A. $2H_2(g)+O_2(g)\longrightarrow 2H_2O(l)$

B. $H_2(g)+\frac{1}{2}O_2(g)\longrightarrow H_2O(l)$

C. $2H(g)+O(g)\longrightarrow H_2O(l)$

D. $2H(g)+\frac{1}{2}O_2(g)\longrightarrow H_2O(l)$

4．对于溶液中无固态物质的反应，标准态含义正确的是______。

A. $c=c^{\ominus}, T=298.15\text{K}$

B. $c=c^{\ominus}, T=273.15\text{K}$

C. $c=c^{\ominus}$，外界压力 $p=p^{\ominus}$，$T=298.15\text{K}$

D. $c=c^{\ominus}$，外界压力 $p=p^{\ominus}$，T 任意恒温

5．下列各物质的标准摩尔生成自由能 $\Delta_f G^{\ominus}_m$ 不为零的是______。

A. 白磷(s)　B. $Br_2(l)$　C. Hg(s)　D. $N_2(g)$

6．下列说法正确的是______。

A. 只有恒压过程才有焓变

B. 只有恒压且不做非体积功 W' 的过程的反应热才等于焓变

C. 任何过程都有焓变，且焓变等于反应热

D. 单质的焓变和自由能变都等于零

7．定温下，下列反应熵变 $\Delta_r S^{\ominus}_m$ 最大的是______。

A. $CO_2(g)\longrightarrow C(s)+O_2(g)$

B. $2SO_3(g)\longrightarrow 2SO_2(g)+O_2(g)$

C. $CaSO_4\cdot 2H_2O(s)\longrightarrow CaSO_4(s)+2H_2O(l)$

D. $2NH_3(g) \longrightarrow 3H_2(g) + N_2(g)$

8. 下列说法中，错误的是______。

A. 标准态时，最稳定的纯态单质的 $\Delta_f H_m^\ominus = 0$

B. 标准态时最稳定的纯态单质的 $\Delta_f G_m^\ominus = 0$

C. 标准态时，最稳定的纯态单质的 $S_m^\ominus = 0$

D. 任何纯净的完整晶体物质在 0K 时 $S_0 = 0$

9. 恒温、恒压时化学反应自发进行的普遍判据是______。

A. $\Delta_r G_m^\ominus < 0$　　B. $\Delta_r H_m^\ominus < 0$　　C. $\Delta_r G_m < 0$　　D. $\Delta_r G_m > 0$

10. 25℃ NaCl 在水中的溶解度是 $6mol \cdot L^{-1}$，假如将 1mol NaCl 溶解在 1L 水中，则 $NaCl(s) + H_2O(l) \longrightarrow$ 盐溶液，此过程是______。

A. $\Delta G > 0$，$\Delta S < 0$　　B. $\Delta G < 0$，$\Delta S > 0$

C. $\Delta G > 0$，$\Delta S > 0$　　D. $\Delta G < 0$，$\Delta S < 0$

二、填空题

1. 反应 $CaO(s) + H_2O(l) \longrightarrow Ca(OH)_2(s)$，在 298K 及 100kPa 时是自发反应，高温时其逆反应变成自发，说明该反应正向的 $\Delta_r H_m^\ominus$ ______；$\Delta_r S_m^\ominus$ ______（大于或小于零）。

2. 已知反应 $2Zn(s) + O_2(g) \longrightarrow 2ZnO(s)$ 在 298.15K 的 $\Delta_r H_{m_1}^\ominus = -696.6 kJ \cdot mol^{-1}$，$K_1^\ominus = 3.26 \times 10^{111}$；反应 $2Hg(l) + O_2(g) \longrightarrow 2HgO(s)$ 在 298.15K 的 $\Delta_r H_{m_2}^\ominus = -180.92 kJ \cdot mol^{-1}$，$K_2^\ominus = 2.95 \times 10^{20}$，则下列反应 $Zn(s) + HgO(s) = ZnO(s) + Hg(l)$ 在 298.15K 时的 $\Delta_r H_m^\ominus =$ ______，$K^\ominus =$ ______；$\Delta_f H_{m(ZnO,s)}^\ominus =$ ______；$\Delta_f H_{m(HgO,s)}^\ominus =$ ______；$\Delta_f G_{m(ZnO,s)}^\ominus =$ ______；$\Delta_f G_{m(HgO,s)}^\ominus =$ ______。

3. 由于 $\Delta_r H_m^\ominus$，$\Delta_r S_m^\ominus$ 一般随温度的变化______，故在温度变化不大时，$\Delta_r G_{m,T}^\ominus =$ ______。

4. 恒温、恒压条件下，反应 $2SO_2(g) + O_2(g) \longrightarrow 2SO_3(g)$ 在任意状态下的 $\Delta_r G_m$、标准态下的 $\Delta_r G_m^\ominus$ 及体系中各物质分压之间的关系是 $\Delta_r G_m =$ ____________。

5. 对于______体系，自发过程一定是 ΔS ______的过程，达平衡时熵 S 值最______。

6. 对于恒温恒压条件下的封闭或敞开体系，自发过程一定是 ΔG ______的过程，且达平衡时，自由能 G 值最______，这就是著名的______原理。

三、是非题

1.（　）气体的标准状况与物质的标准态含义相同。

2.(　　)由于$CaCO_3$的分解反应是吸热的,所以该反应的$\Delta_r H_m < 0$。

3.(　　)所有单质的标准摩尔生成焓$\Delta_f H_m^\ominus$和标准摩尔生成自由能$\Delta_f G_m^\ominus$均为零。

4.(　　)因为$Q_p = H_2 - H_1$,H_2和H_1均为状态函数,所以Q_p也为状态函数。

5.(　　)当$\Delta_r S_m$为正值时,放热反应是自发的;当$\Delta_r S_m$为负值时,放热反应不一定是自发的。

6.(　　)当$\Delta_r S_m$和$\Delta_r H_m$均为正值时,升高温度$\Delta_r G_m$减小。

7.(　　)任何纯净的完整晶态物质在0K时的熵值$S_0 = 0$。

8.(　　)由于自然界的普遍原理是能量最低原理,所以所有放热反应都是自发的。

9.(　　)由于$2NO(g) + O_2(g) \xlongequal{} 2NO_2(g)$是熵减$\Delta_r S_m < 0$的反应,故空气中的NO不会自发地被氧化为$NO_2$。

10.(　　)物体的温度越高,则热量越多。

四、计算题

1. Calculate the change of internal energy of system, when:

(1) system absorbed the heat of 1000J and did the work of 540J to surrounding;

(2) system absorbed the heat of 250J and surrounding did the work of 635J to system.

2. 恒压时反应$2N_2(g) + O_2(g) \xlongequal{} 2N_2O(g)$在298K时的$\Delta H^\ominus$值为164.0 kJ·mol^{-1},试计算反应的ΔU。

3. 已知下列反应在1300K时的平衡常数:

(1) $H_2(g) + 1/2S_2(g) \rightleftharpoons H_2S(g)$　　　$K_1^\ominus = 0.80$

(2) $3H_2(g) + SO_2(g) \rightleftharpoons H_2S(g) + 2H_2O(g)$　　　$K_2^\ominus = 1.8 \times 10^4$

计算反应$4H_2(g) + 2SO_2(g) \rightleftharpoons S_2(g) + 4H_2O(g)$在1300K时的平衡常数$K^\ominus$和1300K时的$\Delta_r G_m^\ominus$。

4. 已知298.15K时,反应$MgCO_3(s) \rightleftharpoons MgO(s) + CO_2(g)$中各物质热力学数据如下:

项　目	$MgCO_3(s)$	$MgO(s)$	$CO_2(g)$
$\Delta_f H_m^\ominus$/kJ·mol^{-1}	−1096	−601.83	−393.5
$S_m^\ominus$/J·mol^{-1}·K^{-1}	72.6	27	213.6

(1) 通过计算 $\Delta_r G^{\ominus}_{m\,298.15K}$，判断 298.15K 标准态时，该反应能否自行进行？

(2) 计算该反应在 1000K 时的平衡常数 $K^{\ominus}$。

5. 已知反应 $CH_4(g)+2H_2O(g)$══$CO_2(g)+4H_2(g)$中各物质的热力学数据如下：

项　目	$CH_4(g)$	$H_2O(g)$	$CO_2(g)$	$H_2(g)$
$\Delta_f H^{\ominus}_m/kJ\cdot mol^{-1}$	−74.25	−241.80	−393.50	0
$S^{\ominus}_m/J\cdot mol^{-1}\cdot K^{-1}$	186.19	188.70	213.60	130.58

(1) 求反应自发进行的最低温度。

(2) T=1000K 反应的 $K^{\ominus}$值。

(3) 当 298.15K 时，$p_{CH_4}=100kPa$，$p_{H_2O(g)}=200kPa$，$p_{CO_2}=50kPa$，$p_{H_2}=150kPa$ 时，计算 J 和 $\Delta_r G_m$，并说明 298.15K 时上述反应是否自发。

6. 已知 298K 时反应 $Na_2O(s)+C(s)$══$2Na(g)+CO(g)$中各物质的热力学数据如下[将 C(s)当作石墨]：

项　目	$Na_2O(s)$	C(s)	Na(g)	CO(g)
$\Delta_f H^{\ominus}_m/kJ\cdot mol^{-1}$	−416	0	108.6	−110.5
$\Delta_f G^{\ominus}_m/kJ\cdot mol^{-1}$	−376.7	0	78.04	−137.7

通过计算 $\Delta_r G^{\ominus}_{m\,1500K}$说明标准态 1500K 时，反应能否自发进行？

7. 已知

$2H_2O(g)$══$2H_2(g)+O_2(g)$　　$\Delta_r H^{\ominus}_m=483.64kJ\cdot mol^{-1}$

$2N_2(g)+3H_2(g)$══$2NH_3(g)$　　$\Delta_r H^{\ominus}_m=-92.22kJ\cdot mol^{-1}$

$4NH_3(g)+5O_2(g)$══$4NO(g)+6H_2O(g)$　　$\Delta_r H^{\ominus}_m=-905.48kJ\cdot mol^{-1}$

求：NO(g)的 $\Delta_f H^{\ominus}_m$。

8. 白云石的化学式可写作 $CaCO_3\cdot MgCO_3$，其性质也可看成是 $CaCO_3$ 与 $MgCO_3$的混合物，它们遇热时均能分解生成金属氧化物和 CO_2。试用热力学数据推断白云石在 600K 和 1200K 时分解产物各是什么？(提示：用各自分解的最低温度 $T_{逆转}$说明)

项　目	$CaCO_3(s)$	CaO(s)	$MgCO_3(s)$	MgO(s)	$CO_2(g)$
$\Delta_f H^{\ominus}_m/kJ\cdot mol^{-1}$	−1206.9	−635.09	−1096	−601.70	−393.5
$S^{\ominus}_m/J\cdot mol^{-1}\cdot K^{-1}$	92.9	38.2	72.6	27	213.6

9. 求下列反应的 $\Delta_r H_m^{\ominus}$、$\Delta_r G_m^{\ominus}$ 和 $\Delta_r S_m^{\ominus}$，并用这些数据讨论利用反应：

$$CO(g)+NO(g)\longrightarrow CO_2(g)+\frac{1}{2}N_2(g)$$

净化汽车尾气中 NO 和 CO 的可能性。(提示：用正反应的 $T_{逆转}$ 和 $\Delta_r G_m^{\ominus}$ 讨论)

项 目	CO(g)	NO(g)	CO_2(g)	N_2(g)
$\Delta_f H_m^{\ominus}$/kJ·mol^{-1}	−110.52	90.25	−393.51	0
$S_m^{\ominus}$/J·mol^{-1}·K^{-1}	197.56	210.65	213.6	191.5

10. (1) 已知 298K 时，$CaO(s)+CO_2(g)\longrightarrow CaCO_3(s)$，$\Delta_r H_m^{\ominus}=-178.26$ kJ·mol^{-1}，$\Delta_f H_{m\,CaCO_3}^{\ominus}=-1206.9$kJ·mol^{-1}，$\Delta_f H_{m\,CaO}^{\ominus}=-635.13$kJ·mol^{-1}，求 $\Delta_f H_{m\,CO_2}^{\ominus}$。

(2) 已知 298K 时，$\Delta_f H_{m(CaC_2,s)}^{\ominus}=-62.8$kJ·mol^{-1}，反应 $CaC_2(s)+\frac{5}{2}O_2(g)\longrightarrow CaCO_3(s)+CO_2(g)$ 的 $\Delta_r H_m^{\ominus}=-1537.61$kJ·mol^{-1}，求 $CaCO_3(s)$ 的 $\Delta_f H_m^{\ominus}$。

11. 已知 298.15K 时，

(1) $3H_2(g)+N_2(g)\longrightarrow 2NH_3(g)$，$\Delta_r H_{m_1}^{\ominus}=-92.22$kJ·mol^{-1}，$\Delta_f G_{m(NH_3,g)}^{\ominus}=-16.5$kJ·mol^{-1}；

(2) $2H_2(g)+O_2(g)\longrightarrow 2H_2O(g)$，$\Delta_r H_{m_2}^{\ominus}=-483.64$kJ·mol^{-1}，$\Delta_f G_{m(H_2O,g)}^{\ominus}=-228.59$kJ·mol^{-1}。

计算反应(3) $4NH_3(g)+3O_2(g)\longrightarrow 2N_2(g)+6H_2O(g)$ 的 $\Delta_r H_m^{\ominus}$ 和 $K^{\ominus}$。

第四章　化学反应速率与化学平衡

基 本 要 求

(1) 了解反应速率的概念及速率理论，掌握正、逆反应活化能与反应热的关系。

(2) 掌握质量作用定律，会根据元反应和实验数据写速率方程，求反应级数和速率常数 k。

(3) 掌握阿伦尼乌斯公式，会用 k_1、k_2、T_1 和 T_2 计算 E_a。

(4) 了解化学平衡的特征，掌握平衡常数的几种表示方法。熟练掌握有关化学平衡及平衡移动的计算。

(5) 掌握浓度、压力、温度及催化剂对化学反应速率 ν、速率常数 k、标准平衡常数 $K^{\ominus}$ 及平衡移动的影响。

关于化学反应自发进行的方向已经在第一章中讨论过，本章主要讨论化学反应速率和化学反应的限度(即平衡)。

重点内容与学习指导

一、化学反应速率

1. 平均速率

单位时间内反应物或生成物浓度的变化量。

$$\overline{v}_{生成物}=\frac{\Delta c_{生成物}}{\Delta t} \quad 或 \quad \overline{v}_{反应物}=-\frac{\Delta c_{反应物}}{\Delta t} \tag{4.1}$$

速率的单位取决于$\frac{\Delta c}{\Delta t}$，即 $mol \cdot L^{-1} \cdot s^{-1}$，$mol \cdot L^{-1} \cdot min^{-1}$或 $mol \cdot L^{-1} \cdot h^{-1}$，三者区别在于时间单位分别用 s(秒)、min(分)或 h(小时)表示。

用反应物表示 v 时，$\frac{\Delta c_{反应物}}{\Delta t}$前面的负号是为了速率不出现负值。

2. 瞬间速率

对大多数化学反应来说，反应物浓度与反应时间之间不一定呈线性关系，实际上随时间的不同，浓度不同，所以每时每刻的速率也不同。但是如果将平均速率表

示式中的 Δt 进行一下数学处理,让 $\Delta t \to 0$ 对 $\dfrac{\Delta c}{\Delta t}$ 取极限,那么平均速率就变成了瞬时速率,即

$$v_{\text{瞬}} = \lim_{\Delta t \to 0} \frac{\Delta c}{\Delta t} = \frac{\mathrm{d} c}{\mathrm{d} t} \tag{4.2}$$

应该注意的是,无论平均速率,还是瞬时速率,反应物浓度的减少以及生成物浓度的增加均正比于方程式中各物质的系数,故用不同反应物或生成物表示速率时,其数值是不同的,这些数值之比,就等于该反应方程式中各物质的系数之比。例如:对于任意反应

$$a\mathrm{A} + b\mathrm{B} = p\mathrm{C} + q\mathrm{D}$$

$$v_{\mathrm{A}} : v_{\mathrm{B}} : v_{\mathrm{C}} : v_{\mathrm{D}} = a : b : p : q$$

为了用不同物质表示反应速率得相同的数值,可采用式(4.3)

$$v = -\frac{1}{a}\frac{\mathrm{d} c_{\mathrm{A}}}{\mathrm{d} t} = -\frac{1}{b}\frac{\mathrm{d} c_{\mathrm{B}}}{\mathrm{d} t} = \frac{1}{p}\frac{\mathrm{d} c_{\mathrm{C}}}{\mathrm{d} t} = \frac{1}{q}\frac{\mathrm{d} c_{\mathrm{D}}}{\mathrm{d} t} \tag{4.3}$$

二、化学反应速率理论

1. 碰撞理论

碰撞理论认为反应物分子间相互碰撞是反应进行的先决条件,反应分子碰撞的频率越高,反应速率越快,但并不是所有碰撞都能发生化学反应。

有效碰撞:能发生反应的碰撞。

临界能(或阈能):分子发生有效碰撞所必须具备的最低能量。

活化分子:能发生有效碰撞的分子,或者说具有等于或大于临界能的分子。

活化能 E_a:活化分子具有的平均能量(E^*)与反应物分子的平均能量(E)之差,即

$$E_a = E^* - E$$

一般反应的活化能处于 $60 \sim 250\mathrm{kJ \cdot mol^{-1}}$ 之间,活化能小于 $42\mathrm{kJ \cdot mol^{-1}}$ 的反应,速率很大,可瞬间完成。活化能大于 $420\mathrm{kJ \cdot mol^{-1}}$ 的反应,反应速率很小。可见活化能是决定化学反应速率大小的重要因素。

2. 过渡状态理论

过渡状态理论认为化学反应不是通过反应物分子间的简单碰撞就能完成,而是在碰撞后先要经过一个中间的过渡状态,即先形成一种不稳定的活化配合物,然后再分解为产物。

活化配合物的价键结构处于旧键破坏、新键形成的一种过渡状态,势能较高,极不稳定,一经形成,马上分解。过渡状态理论可用图 4-1 和图 4-2 示意。

图 4-1 和图 4-2 中的 $E_{b,正}$和 $E_{b,逆}$分别表示正逆反应的活化能，为了和碰撞理论中的活化能 E_a 相区别，加下角标 E_b。

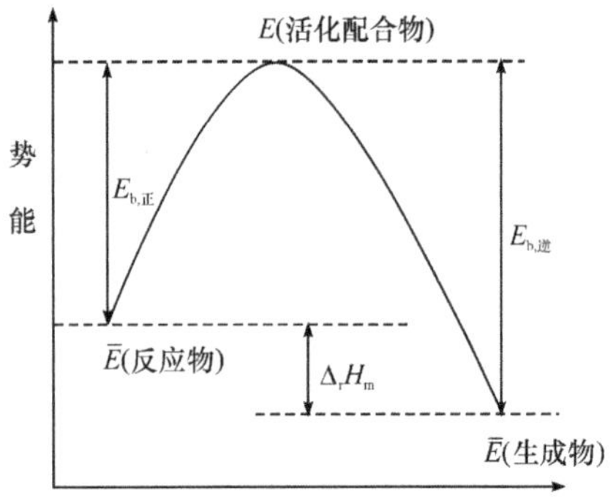

图 4-1　放热反应过程中势能变化示意图

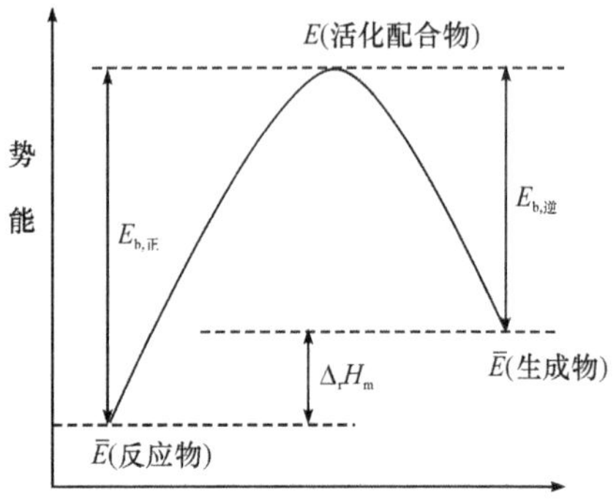

图 4-2　吸热反应过程中势能变化示意图

从图 4-1 和图 4-2 可见：

(1) $\Delta_r H_m = \overline{E}_{生成物} - \overline{E}_{反应物} = E_{b,正} - E_{b,逆} \approx E_{a,正} - E_{a,逆}$　　(4.4)

(2) $\Delta_r H_m$ 与是否加入催化剂无关(因为反应的起始状态和最终状态没变)

(3) 在可逆反应中，吸热反应(图 4-1 中的逆反应和图 4-2 中的正反应)的活化能总是大于放热反应(图 4-1 的正反应和图 4-2 中的逆反应)的活化能。

三、影响反应速率的因素

1. 元反应和非元反应

元反应：一步完成的反应。例如

$$2NO_2 \longrightarrow 2NO + O_2$$

$$NO_2 + CO \longrightarrow NO + CO_2$$

非元反应：包括两个或两个以上元反应的复杂反应，或者说多步完成的反应。实际上，只有少数反应为元反应。

2. 质量作用定律的数学表达式——速率方程

若 $mA + nB = pC + qD$ 为元反应，则

$$v = kc_A^m \cdot c_B^n \qquad v\text{ 为瞬时速率} \qquad (4.5)$$

(1) k 为速率常数，它的物理意义是：当 $c_A = c_B = 1mol \cdot L^{-1}$时，$v = k$。$k$ 有量纲，量纲的单位取决于$\dfrac{v}{c_A^m \cdot c_B^n}$量纲的比值。

(2) 反应级数：$m + n$ 称为反应的总级数(简称反应级数)；m，n 分别为反应物 A、B 的分级数。

(3) 质量作用定律只适用于元反应。也就是说，只有元反应才可根据方程式

写速率方程，如 $2NO_2 \longrightarrow 2NO+O_2$　$v=kc_{NO_2}^2$，反应级数为 2。

(4) 非元反应，不能根据总反应式写速率方程，只能根据实验结果或根据反应历程中最慢的一步去写速率方程。例如：反应 $2NO(g)+2H_2(g) = N_2(g)+2H_2O(g)$ 的速率方程为 $v=kc_{NO}^2c_{H_2}$。原因是上述反应不是元反应，它是分两步进行的

$$2NO(g)+H_2(g) = N_2(g)+H_2O_2(g) \quad (慢反应)$$

$$H_2O_2(g)+H_2(g) = 2H_2O(g) \quad (快反应)$$

所以 $v=kc_{NO}^2 \cdot c_{H_2}$，反应级数为 3。

(5) 参加反应的稀溶液中的溶剂水、纯固态或纯液态浓度不包括在速率方程中。

3．影响反应速率的因素

影响反应速率的因素均在速率方程中体现，有浓度、温度和催化剂。

因为对于元反应：$mA+mB = pC+qD$，其速率方程为 $v=kc_A^m \cdot c_B^n$ 其中 $k=Ae^{-\frac{E_a}{RT}}$(阿伦尼乌斯公式)，催化剂的加入能降低反应的活化能 E_a，所以影响反应速率的因素有浓度、温度和催化剂。

(1) 浓度(或分压)对化学反应速率的影响。反应物浓度或分压增大，根据速率方程反应速率必然增大，不管反应是否是元反应，反应速率均正比于反应物的浓度(零级反应除外)，只是反应级数有区别。

(2) 温度对化学反应速率的影响。根据阿伦尼乌斯公式 $k=Ae^{-\frac{E_a}{RT}}$，对公式两边取自然对数得

$$\ln k = \ln A - \frac{E_a}{R} \cdot \frac{1}{T} \tag{4.6a}$$

当温度分别为 T_1 和 T_2 时，那么

$$\ln k_1 = \ln A - \frac{E_a}{R} \cdot \frac{1}{T_1} \tag{4.6b}$$

$$\ln k_2 = \ln A - \frac{E_a}{R} \cdot \frac{1}{T_2} \tag{4.6c}$$

式(4.6c)－式(4.6b)，得

$$\ln \frac{k_2}{k_1} = \frac{E_a}{R}\left(\frac{T_2-T_1}{T_1 T_2}\right) \tag{4.7}$$

或者用常用对数表示

$$\lg \frac{k_2}{k_1} = \frac{E_a}{2.303R}\left(\frac{T_2-T_1}{T_1 T_2}\right) \tag{4.8}$$

式(4.7)说明：当 $T_2 > T_1$ 时，则 $k_2 > k_1$，即温度升高，反应速率常数增大，化学反应速率也增大；反之，$T_2 < T_1$ 时，则 $k_2 < k_1$，即温度降低，反应速率减小。

(3) 催化剂对化学反应速率的影响。催化剂能改变反应历程，降低反应的活化能 E_a，根据阿伦尼乌斯公式 $k = Ae^{-\frac{E_a}{RT}}$，当 E_a 降低时，k 值增大，反应速率增大。

温度一定时，对于同一反应，选用不同的催化剂，会有不同的 k 值。

催化剂能同等程度地降低正、逆反应的活化能，同等倍数地增大 $k_{正}$ 和 $k_{逆}$，即同等倍数加快正、逆反应速率，缩短到达平衡的时间。

不同反应选用不同的催化剂(以上均指正催化剂)。

四、化学平衡及化学平衡的特征

1. 化学平衡及化学平衡的特征

化学平衡：正逆反应速率相等时，体系所处的状态。

化学平衡的特征：① $\nu_{正} = \nu_{逆}$ 为化学平衡状态的最主要特征；②达平衡时 $\nu_{正} = \nu_{逆} \neq 0$，即化学平衡为动态平衡；③可逆反应达平衡后，只要外界条件不变，反应体系中各物质的量不随时间而变化；④化学平衡是有条件的，条件改变，原平衡被破坏，建立起新平衡。

2. 平衡常数 K

(1) 平衡常数的种类
- 实验平衡常数
  - K_c
  - K_p
- 标准平衡常数 $K^{\ominus}$

目前用得较多的是 $K^{\ominus}$，K_c、K_p 用得较少。

(2) 表示方法(举 3 例说明)

【例 4-1】 $Zn(s) + 2H^+(aq) \rightleftharpoons Zn^{2+}(aq) + H_2(g)$

$$K_c = \frac{[Zn^{2+}] \cdot [H_2]}{[H^+]^2}\text{；不能用 } K_p \text{ 表示}$$

$$K^{\ominus} = \frac{\{[Zn^{2+}]/c^{\ominus}\}(p_{H_2}/p^{\ominus})}{\{[H^+]/c^{\ominus}\}^2}$$

【例 4-2】 $2SO_2(g) + O_2(g) \rightleftharpoons 2SO_3(g)$

$$K_c = \frac{[SO_3]^2}{[SO_2]^2 \cdot [O_2]}$$

$$K_p = \frac{p_{SO_3}^2}{p_{SO_2}^2 \cdot p_{O_2}}$$

$$K^{\ominus}=\frac{(p_{SO_3}/p^{\ominus})^2}{(p_{SO_2}/p^{\ominus})^2(p_{O_2}/p^{\ominus})}$$

【例 4-3】 $Cr_2O_7^{2-}(aq)+H_2O(l)\rightleftharpoons 2CrO_4^{2-}(aq)+2H^+(aq)$

$$K_c=\frac{[CrO_4^{2-}]^2\cdot[H^+]^2}{[Cr_2O_7^{2-}]}$$

$$K^{\ominus}=\frac{\{[CrO_4^{2-}]/c^{\ominus}\}^2\{[H^+]/c^{\ominus}\}^2}{[Cr_2O_7^{2-}]/c^{\ominus}}$$

说明：

① 以上 K 表达式中各项均为平衡量，浓度的单位为 $mol\cdot L^{-1}$，压力的单位为 Pa 或 kPa。

② 与速率方程表达式相同，稀溶液中的溶剂（如水）、纯液态、固态浓度不表示在 K 表达式中。

③ 反应体系所包括的相不同，K 的种类不同：气相反应可用 3 种 K（K_c，K_p，$K^{\ominus}$）表示（见例 4-2）；溶液中的液相反应可用两种 K（K_c，$K^{\ominus}$）表示（见例4-3）；多相（气相、液相、固相）反应也只能用两种 K（K_c，$K^{\ominus}$）表示（见例 4-1）。但对于任何反应，标准平衡常数 $K^{\ominus}$ 只有一种表示方法，且若物质 B 为溶液中溶质用相对浓度 $[B]/c^{\ominus}$，为气体用相对分压 $p_{(B)}/p^{\ominus}$ 表示。

④ 同一反应，用不同写法的方程式表示时，所得 $K^{\ominus}$ 并不相同。例如：合成氨的反应

$$N_2(g)+3H_2(g)=\!=\!=2NH_3(g)\qquad K_1^{\ominus}=\frac{(p_{NH_3}/p^{\ominus})^2}{(p_{N_2}/p^{\ominus})(p_{H_2}/p^{\ominus})^3}$$

$$1/2N_2(g)+3/2H_2(g)=\!=\!=NH_3(g)\qquad K_2^{\ominus}=\frac{(p_{NH_3}/p^{\ominus})}{(p_{N_2}/p^{\ominus})^{\frac{1}{2}}(p_{H_2}/p^{\ominus})^{\frac{3}{2}}}$$

$K_1^{\ominus}=(K_2^{\ominus})^2$ 这是由于同一反应，在相同条件下，平衡分压相同，所以表达式不同，其 $K^{\ominus}$ 数值不同。

(3) K 的意义及影响因素。K 值越大，表明反应进行的程度越大。

影响因素：
- 反应本性：不同反应，K 不同
- 外界因素：
  - 浓度（压力）：不影响 K 值
  - 催化剂：不影响 K 值
  - 温度对 K 值有影响：
    - $\Delta H>0$，$T\uparrow$，$K\uparrow$
    - $\Delta H<0$，$T\uparrow$，$K\downarrow$

反应焓变 $\Delta_r H_m^\ominus$ 和温度对标准平衡常数的影响可用式(4.9a)表示

$$\lg\frac{K_2^\ominus}{K_1^\ominus}=\frac{\Delta_r H_{m\,298.15K}^\ominus}{2.303R}\left(\frac{T_2-T_1}{T_1T_2}\right) \tag{4.9a}$$

$$\left[与\ \lg\frac{k_2}{k_1}=\frac{E_a}{2.303R}\left(\frac{T_2-T_1}{T_1T_2}\right)相似\right]$$

式(4.9a)的推导如下

$$\lg K_2^\ominus=-\frac{\Delta_r G_{m_2}^\ominus}{2.303RT_2}=-\frac{\Delta_r H_{m\,298.15K}^\ominus-T_2\Delta_r S_{m\,298.15K}^\ominus}{2.303RT_2} \tag{4.9b}$$

$$\lg K_1^\ominus=-\frac{\Delta_r G_{m_1}^\ominus}{2.303RT_1}=-\frac{\Delta_r H_{m\,298.15K}^\ominus-T_1\Delta_r S_{m\,298.15K}^\ominus}{2.303RT_1} \tag{4.9c}$$

式(4.9b)－式(4.9c),即得式(4.9a)。

从式(4.9a)可得到下列结论:

$$\begin{cases}\Delta_r H_{m\,298.15K}^\ominus>0,\ T\uparrow,\ K^\ominus\uparrow\\ \Delta_r H_{m\,298.15K}^\ominus<0,\ T\uparrow,\ K^\ominus\downarrow\end{cases}$$

特别指出:**请注意温度对速率常数 k 和平衡常数 K 的影响有区别**。对于 k,不管 $\Delta_r H_m^\ominus>0$ 或 $\Delta_r H_m^\ominus<0$,只要温度升高,则 k 必然增大(根据阿伦尼乌斯公式);对于 $K^\ominus$,当 $\Delta_r H_m^\ominus>0$ 时,即对于吸热反应,温度升高对反应有利,则 $K^\ominus$ 增大;当 $\Delta_r H_m^\ominus<0$ 时,即放热反应,温度升高对反应不利,$K^\ominus$ 减小。

3. 化学平衡的移动及影响因素

(1) 化学平衡的移动。外界条件(浓度、温度、压力)改变,可使可逆反应从一种平衡状态向另一种平衡状态转变,这个过程称为化学平衡的移动。

(2) 化学平衡移动后的标志。有了新的平衡浓度或分压。

(3) 影响平衡移动的因素。影响平衡移动的因素有浓度、压力($\Delta n\neq 0$ 的气相反应)、温度。催化剂不能使平衡移动,只能缩短到达平衡的时间。

① 浓度或分压对化学平衡移动的影响。浓度或分压对化学平衡的影响,体现在浓度或分压对 $\Delta_r G_m$ 的影响上,以下列任意反应为例

$$a\mathrm{A(aq)}+b\mathrm{B(aq)}=\!=\!=p\mathrm{C(aq)}+q\mathrm{D(aq)}$$

$$\begin{aligned}\Delta_r G_m&=\Delta_r G_m^\ominus+2.303RT\lg\frac{\{[C]/c^\ominus\}^p\{[D]/c^\ominus\}^q}{\{[A]/c^\ominus\}^a\{[B]/c^\ominus\}^b}\\&=\Delta_r G_m^\ominus+2.303RT\lg J\end{aligned}$$

又因 $\Delta_r G_m^\ominus=-2.303RT\lg K^\ominus$,所以

$$\Delta_r G_m=-2.303RT\lg K^\ominus+2.303RT\lg J$$

$$=2.303RT\lg\frac{J}{K^{\ominus}}$$

所以

$$\Delta_r G_m = 2.303RT\lg\frac{J}{K^{\ominus}}\begin{Bmatrix}>\\=\\<\end{Bmatrix}0\text{ 时，即 } J\begin{Bmatrix}>\\=\\<\end{Bmatrix}K^{\ominus}\text{ 时}\begin{cases}\text{平衡向逆向移动}\\\text{平衡不移动}\\\text{平衡向正向移动}\end{cases}$$

这里要注意的是：浓度或分压的改变只是改变了自由能变 $\Delta_r G_m$，并没有改变标准自由能变 $\Delta_r G_m^{\ominus}$（由于温度没变），由于 $\lg K^{\ominus}=-\dfrac{\Delta_r G_m^{\ominus}}{2.303RT}$，所以浓度或分压的改变，能使平衡发生移动，但是并不改变平衡常数 $K^{\ominus}$。

② 温度对化学平衡移动的影响。温度对化学平衡移动的影响，也体现在温度对自由能变 $\Delta_r G_m$ 的影响上，即温度改变可以改变 $\Delta_r G_m^{\ominus}$，从而使 $\Delta_r G_m$ 改变，而引起平衡的移动。或者更直观地说，温度的改变体现在标准平衡常数的改变上，还是用下列公式说明

$$\lg\frac{K_2^{\ominus}}{K_1^{\ominus}}=\frac{\Delta_r H_m^{\ominus}}{2.303R}\left(\frac{T_2-T_1}{T_1T_2}\right)$$

可见

$$\Delta_r H_m^{\ominus}\begin{cases}>0,\ T\uparrow,\ K^{\ominus}\uparrow\\<0,\ T\uparrow,\ K^{\ominus}\downarrow\end{cases}$$

所以，温度的改变，能使平衡常数 $K^{\ominus}$ 改变，因而使平衡发生移动。

③ 总压力对化学平衡移动的影响。对于有气体参加反应的平衡，总压力改变相当于浓度的改变，总压力的改变只影响那些反应前后气体分子数不相等的反应，即当 $\Delta n>0$ 时，加大总压力平衡向逆反应方向，即气态分子数减小的方向移动；$\Delta n=0$ 时，加大总压力平衡不移动；$\Delta n<0$ 时，加大总压力平衡向气体分子数减少的方向，也就是正方向移动。

总之，平衡移动的普遍规律，符合勒夏特列原理：当体系达到平衡后，若改变平衡状态的任一条件（浓度、压力、温度），平衡就向着减弱其改变的方向移动。

五、有关化学平衡及平衡移动的计算

有关化学平衡及平衡移动的计算关键：①首先，正确写出平衡的反应方程式；②再正确标出各物质的初始量、变化量、平衡量，并注意变化量与反应式中各物质的系数关系；③各物质的初始量、变化量、平衡量可以用浓度、分压以及物质的量即摩尔数表示，究竟用哪种，要看题意。

【例 4-4】 有 10.0L 含有 H_2、I_2 和 HI 的混合气体，在 698K 下发生下列反应

$$H_2(g)+I_2(g)\rightleftharpoons 2HI(g)$$

平衡时分别有 0.100mol I_2、0.100mol H_2 和 0.740mol HI。若向体系中再加入 0.500mol HI，重新达到平衡时，H_2、I_2 和 HI 的浓度各为多少？

解	$H_2(g)$	+	$I_2(g)$	$\rightleftharpoons$	2HI(g)
$c_{平1}/mol\cdot L^{-1}$	0.0100		0.0100		0.0740
$\Delta c/mol\cdot L^{-1}$	$+x$		$+x$		$+0.0500-2x$
$c_{平2}/mol\cdot L^{-1}$	$0.0100+x$		$0.0100+x$		$0.124-2x$

(由于向原平衡中加入 0.500mol HI，故 $\Delta c_{HI}=+0.0500mol\cdot L^{-1}$，又由于增加了生成物 HI，故平衡必然向反应物方向移动，且每消耗 2 $mol\cdot L^{-1}$ HI，生成 $1mol\cdot L^{-1}$ H_2 和 $1mol\cdot L^{-1}$ I_2，故浓度变化量分别是 $-2x$ 和 $+x$，$+x$。)

根据平衡状态 1 求 $K^{\ominus}$(利用组分分压 $p_i=\frac{n_i}{V}RT=c_iRT$)

$$K^{\ominus}=\frac{\left(\frac{0.0740RT}{p^{\ominus}}\right)^2}{\left(\frac{0.0100RT}{p^{\ominus}}\right)\left(\frac{0.0100RT}{p^{\ominus}}\right)}=\frac{0.0740^2}{0.0100^2}=54.8$$

由于只是浓度使平衡移动，所以平衡状态 2 的 $K^{\ominus}$ 仍为 54.8，故可列方程解出 x：

$$K^{\ominus}=\frac{\left[\frac{(0.124-2x)RT}{p^{\ominus}}\right]^2}{\left[\frac{(0.0100+x)RT}{p^{\ominus}}\right]\left[\frac{(0.0100+x)RT}{p^{\ominus}}\right]}=54.8$$

方程两边开平方并消去 $p^{\ominus}$，得

$$\frac{0.124-2x}{0.0100+x}=7.40$$

解上述方程，得

$$x=0.005\,32mol\cdot L^{-1}$$

所以

$$[H_2]=[I_2]=0.0100+0.005\,32=0.0153\ mol\cdot L^{-1}$$

$$[HI]=0.124-2\times 0.0532=0.113\ mol\cdot L^{-1}$$

【例 4-5】 原料气 H_2 和 N_2 以 3∶1 的体积比合成氨反应，在 3.0×10^7Pa 和 400℃时达到平衡，测得平衡时 NH_3 的体积百分数为 40%，计算：(1)该平衡条件下合成氨反应的 $K^{\ominus}$；(2)合成氨反应的初始总压 $p_{初始(总)}$；(3)达到平衡时，H_2 的转化率 α_{H_2}。

题意分析：此题告知，初始时 $V_{H_2}:V_{N_2}=3:1$，即 $n_{H_2}:n_{N_2}=3:1$；$p_{H_2}:p_{N_2}=$

3∶1。又由于系数比 H_2∶N_2=3∶1，即每反应掉 3mol H_2，则同时反应掉 1mol N_2，故平衡时仍有以上各项比例关系。除上面已知条件外，还知 $p_{总(平)}=3.0\times10^7\text{Pa}$；$V_{NH_3(平)}=40\%\,V_{总(平)}=0.40\,V_{总(平)}$，可推知 $V_{H_2(平)}+V_{N_2(平)}=0.60\,V_{总(平)}$，故可求得平衡时反应体系中各物质的分压，则此题可解。

解　(1)
$$p_{NH_3(平)}=3.0\times10^7\times0.40=1.2\times10^7\text{Pa}$$
$$p_{N_2(平)}=3.0\times10^7\times0.60\times\frac{1}{4}=0.45\times10^7\text{Pa}$$
$$p_{H_2(平)}=3.0\times10^7\times0.60\times\frac{3}{4}=1.35\times10^7\text{Pa}$$
$$K^{\ominus}=\frac{(1.2\times10^7/10^5)^2}{(0.45\times10^7/10^5)(1.35\times10^7/10^5)^3}=1.3\times10^{-4}$$

(2)

	N_2	+	$3H_2$	═══	$2NH_3$
$p_{始}$/Pa	p_{N_2}		p_{H_2}		0
Δp/Pa	$-1.2\times10^7\times\frac{1}{2}$		$-1.2\times10^7\times\frac{3}{2}$		$+1.2\times10^7$
$p_{平}$/Pa	0.45×10^7		1.35×10^7		1.2×10^7

所以
$$p_{N_2}=0.45\times10^7+1.2\times10^7\times\frac{1}{2}=1.05\times10^7\text{Pa}$$
$$p_{H_2}=1.35\times10^7+1.2\times10^7\times\frac{3}{2}=3.15\times10^7\text{Pa}$$
$$p_{始(平)}=p_{N_2}+p_{H_2}=1.05\times10^7+3.15\times10^7\text{Pa}=4.20\times10^7\text{Pa}$$

(3) $$\alpha_{(H_2)}=\frac{\Delta n_{H_2}}{n_{始H_2}}\times100\%=\frac{\Delta c_{H_2}}{c_{始H_2}}\times100\%=\frac{\Delta p_{H_2}}{p_{始H_2}}\times100\%$$

究竟用哪个关系式去求 α_{H_2}，就看题中哪个更方便，从本题可以看出用$\frac{\Delta p_{H_2}}{p_{始H_2}}\times100\%$更方便，所以
$$\alpha_{H_2}=\frac{\Delta p_{H_2}}{p_{始H_2}}\times100\%=\frac{1.8\times10^7}{3.15\times10^7}\times100\%=57.14\%$$

【例 4-6】　已知反应 $C(s)+CO_2(g)$═══$2CO(g)$在总压为 100kPa，当温度为 773K 达到平衡时 n_{CO}∶$n_{CO_2}=0.0526$；当温度为 1073K 达平衡时 n_{CO}∶$n_{CO_2}=9.00$，(1)试计算平衡常数 $K^{\ominus}_{773K}$和 $K^{\ominus}_{1073K}$；(2)求反应的 $\Delta_r H^{\ominus}_m$。

解题思路：已知 $p_{总}=100\text{kPa}$，并分别知 773K 和 1073K 时的 n_{CO}∶$n_{CO_2}=$

0.0526 和 n_{CO}∶n_{CO_2}=9.00，从上面的已知条件完全可以求得 CO 和 CO_2 的平衡分压，那么 $K^{\ominus}$ 值就很容易求得了。又求得了 $K^{\ominus}_{773K}$ 和 $K^{\ominus}_{1073K}$，即可用公式 $\lg\frac{K^{\ominus}_{T_2}}{K^{\ominus}_{T_1}}=\frac{\Delta_r H^{\ominus}_m}{2.303R}\left(\frac{T_2-T_1}{T_1T_2}\right)$ 求得 $\Delta_r H^{\ominus}_m$。

解 (1) $C(s) + CO_2(g) \rightleftharpoons 2CO(g)$

$n_{平}$/mol　　1　　0.0526

$n_{总}$/mol　$1+0.0526=1.0526$

$p_{i(平)}$/kPa　　$100\times\frac{1}{1.0526}$　　$100\times\frac{0.0526}{1.0526}$

$$K^{\ominus}_{773K}=\frac{\left(\frac{0.0526}{1.0526}\times 100/100\right)^2}{\frac{1}{1.0526}\times 100/100}=2.63\times10^{-3}$$

同理

$$K^{\ominus}_{1073K}=\frac{\left(\frac{9.00}{10.00}\times 100/100\right)^2}{\frac{1.00}{10.00}\times 100/100}=8.10$$

(2) 因为 $\lg\frac{K^{\ominus}_{1073K}}{K^{\ominus}_{773K}}=\frac{\Delta_r H^{\ominus}_m}{2.303R}\left(\frac{1073-773}{773\times1073}\right)$，即

$$\lg\frac{8.10}{2.63\times10^{-3}}=\frac{\Delta_r H^{\ominus}_m}{2.303\times8.314\times10^{-3}}\left(\frac{1073-773}{773\times1073}\right)$$

所以

$$\Delta_r H^{\ominus}_m=184.67\text{kJ}\cdot\text{mol}^{-1}$$

总结：对于气相反应，有关化学平衡的计算中常涉及求分压，求分压或平衡分压 p_i 的方法有如下几种

$$(1)\quad p_i=\frac{n_i}{V_{总}}RT=c_iRT$$

$$(2)\quad p_i=\frac{n_i}{n_{总}}p_{总}$$

$$(3)\quad p_i=\frac{V_i}{V_{总}}p_{总}$$

$$(4)\quad p_i=p_{总}-p_1-p_2-\cdots-p_{i-1}$$

式中：p_i、n_i、c_i、V_i 分别为混合气体中组分气体的分压、摩尔数、浓度、分体积；

$n_{总}$、$p_{总}$、$V_{总}$分别为混合气体的总摩尔数、总压和总体积。

【例4-7】 质量为2.69g的固体PCl_5样品(PCl_5相对分子质量为208),置于1.00L密闭容器中加热到250℃,使其完全气化,此时测得平衡压力为100kPa。

求:(1) $K^{\ominus}$;(2) $\alpha_{PCl_5(分解)}$。

解题思路:已知 $W_{PCl_5}=2.69g$,可求得 $n_{PCl_5(始)}$;又知平衡总压 $p_{总(平)}=100kPa$,$V=1.00L$,$T=250+273=523K$,故可以用理想气体状态方程式求得平衡时总的气体摩尔数,同时又可根据方程式求得含有未知数的平衡时总的气体摩尔数,那么平衡时各气体摩尔数也可求得,各气体的平衡分压就可以求得,即通过 $n_{PCl_5(始)}$、$p_{总(平)}$、$V_{总}$、T,求 p_i,再求得 $K^{\ominus}$。

解 (1) 平衡时 $n_{总(平)}=\dfrac{p_{总}V_{总}}{RT}=\dfrac{100\times10^3\times1.00\times10^{-3}}{8.314\times523}=0.0230mol$

因为	$PCl_5(g)$	$\rightleftharpoons$	$PCl_3(g)$	+	$Cl_2(g)$
$n_{始}/mol$	$\dfrac{2.69}{208}=0.0129$		0		0
$\Delta n/mol$	$-x$		$+x$		$+x$
$n_{平}/mol$	$0.0129-x$		x		x

所以

$$n_{总(平)}=(0.0129-x+x+x)mol=(0.0129+x)mol$$

又有 $n_{总(平)}=0.0230mol$,所以

$$x=0.0101mol$$

即有				
	$n_{平}/mol$	$0.0129-0.0101$ $=0.0028$	0.0101	0.0101
	$p_{平}/kPa$	$\dfrac{0.0028}{0.0230}\times100$	$\dfrac{0.0101}{0.0230}\times100$	$\dfrac{0.0101}{0.0230}\times100$

所以

$$K^{\ominus}=\frac{(p_{PCl_3}/p^{\ominus})(p_{Cl_2}/p^{\ominus})}{(p_{PCl_5}/p^{\ominus})}=\frac{\left[\dfrac{0.0101}{0.0230}\times100/100\right]^2}{\left[\dfrac{0.0028}{0.0230}\times100/100\right]}=1.58$$

(2) $\alpha_{PCl_5}=\dfrac{\Delta n_{PCl_5}}{n_{PCl_5(始)}}\times100\%=\dfrac{0.0101}{0.0129}\times100\%=78.3\%$

六、影响化学反应速率和化学平衡的因素总结（表中用↑表示增大；用↓表示减小；用→表示平衡向正反应方向移动；用←表示平衡向逆反应方向移动）

影响因素的改变		对化学反应速率的影响		对化学平衡的影响	
		$k_{正}$	$v_{正}$	K	平衡移动
恒温时增加反应物的浓度		不变	↑	不变	→
气相反应缩小体积，以增加总压：p↑	$\Delta n<0$	不变	↑	不变	→
	$\Delta n=0$	不变	↑	不变	不移动
	$\Delta n>0$	不变	↑	不变	←
T↑	$\Delta_r H_m^{\ominus}>0$	↑	↑	↑	→
	$\Delta_r H_m^{\ominus}<0$	↑	↑	↓	←
加入（正）催化剂		↑	↑	不变	不移动
结　论		k与浓度、压力无关，与温度和催化剂有关	v与压力、浓度、温度、催化剂有关	K只与温度有关，与浓度、压力无关	平衡移动与浓度、压力、温度有关，与催化剂无关

注意：在理解的基础上，能熟练掌握上表。

综 合 练 习

一、选择题

1. 反应 X＋Y ⟶ Z 是一个三级反应，下面的速率方程中，肯定不对的是______。

A. $v=k\cdot c_X\cdot c_Y^3$　　B. $v=k\cdot c_X\cdot c_Y^2$

C. $v=k\cdot c_X^2\cdot c_Y$　　D. $v=k\cdot c_X^0\cdot c_Y^3$

2. 某温度时，反应 $N_2(g)+3H_2(g) \rightleftharpoons 2NH_3(g)$ 的 $K^{\ominus}=a$，则反应 $NH_3(g) \rightleftharpoons 1/2N_2(g)+3/2H_2(g)$ 的 $K^{\ominus}=$______。

A. a　　B. $\left(\frac{1}{a}\right)^{1/2}$　　C. 1/a　　D. $a^{1/2}$

3. 为有利于反应 $2NH_3(g)+CO_2(g) \rightleftharpoons CO(NH_2)_2(aq)+H_2O(l)$（$\Delta_r H_m<0$）向右进行，理论上采用的反应条件是______。

A. 低温高压　　B. 高温高压　　C. 低温低压　　D. 高温低压

4. 对于所有零级反应来说，下列叙述正确的是______。

A. 反应速率为零　　B. 反应速率与浓度无关

C. 反应速率与温度无关　　D. 速率常数为零

5. 使用正催化剂，可使______。

A. 正反应速率增大，逆反应速率减小

B. 正反应速率减小，逆反应速率增大

C. 正、逆反应速率均增大，且增大倍数相同

D. 正、逆反应速率均减小，且减小倍数相同

6. 温度对速率常数 k 和平衡常数 K 的影响（$\Delta_r H_m < 0$），叙述正确的是______。

A. 温度升高，k 增大，K 减小

B. 温度升高，k 和 K 均增大

C. 温度升高，k 减小，K 增大

D. 由于反应为放热反应，升温对反应不利，k 和 K 均减小

7. PCl_5 的分解反应是 $PCl_5 = PCl_3 + Cl_2$，在 200℃ 达到平衡时，PCl_5 有 48.5%分解，在 300℃ 达到平衡时，有 97%分解，则此反应为______。

A. 放热反应　　B. 吸热反应

C. 既不吸热，也不放热　　D. 在两个温度下的平衡常数相等

8. 对于可逆反应 $C(s) + H_2O(g) \rightleftharpoons CO(g) + H_2(g)$（$\Delta_r H_m > 0$），下列说法正确的是______。

A. 由于反应前后分子数相等，故加压平衡不移动

B. 改变生成物的分压，使 $J < K^{\ominus}$，平衡将向右移动

C. 升高温度使 $\nu_{正}$ 增大，$\nu_{逆}$ 减小，故平衡向右移动

D. 达平衡时各反应物和生成物的分压一定相等

9. 在反应 $A + B \rightleftharpoons C + D$ 中，开始时只有 A 和 B，经过长时间反应，最终的结果是______。

A. C 和 D 浓度大于 A 和 B　　B. A 和 B 浓度大于 C 和 D

C. A、B、C、D 浓度不再变化　　D. A、B、C、D 浓度是个常数

10. 勒夏特列原理适用于以下哪种情况______。

A. 只适用于气体间的反应　　B. 适用于所有的化学反应

C. 平衡状态下的所有体系　　D. 所有的物理平衡

11. 298K 下，反应 $A(aq) + B(aq) \rightleftharpoons 2C(aq)$，$\Delta_r G_m^{\ominus} = 5.0 kJ \cdot mol^{-1}$。下列叙述正确的是______。

A. 反应不能自发进行，不存在 $K^{\ominus}$

B. 反应在 $c_A = c_B = 2.0 mol \cdot L^{-1}$；$c_C = 0.5 mol \cdot L^{-1}$ 的起始条件下，能够自发进行而达到平衡

C. 反应在 $c_A = c_B = c_C = 1.0 mol \cdot L^{-1}$ 的起始条件下，能够自发进行而达到平衡

D. 反应 $K^{\ominus}$ 较小，因而反应速率较慢

二、填空题

1. 已知反应 $2NO(g) \rightleftharpoons N_2(g) + O_2(g)$，$\Delta_r H_m^\ominus < 0$，那么温度降低时，$K^\ominus$ 值将＿＿＿＿＿。

2. 反应 $2ICl(g) + H_2(g) = 2HCl(g) + I_2(g)$ 是非元反应，反应历程如下，第一步：$ICl + H_2 \longrightarrow HI + HCl$（很慢）；第二步：$ICl + HI = HCl + I_2$（很快），该总反应的速率方程可写成＿＿＿＿＿＿＿，反应级数为＿＿＿，若正反应的活化能为 $85kJ \cdot mol^{-1}$，反应的热效应 $\Delta_r H_m^\ominus = -157\ kJ \cdot mol^{-1}$，则逆反应的活化能应该等于＿＿＿ $kJ \cdot mol^{-1}$。

3. 合成氨的反应 $N_2(g) + 3H_2(g) \rightleftharpoons 2NH_3(g)$ 在 350℃ 和 450℃ 其 $K^\ominus$ 分别为 7.07×10^{-4} 和 4.57×10^{-5}，则该反应的 $\Delta_r H_m^\ominus$ 是＿＿＿＿＿ $kJ \cdot mol^{-1}$。

4. 反应 $C(s) + CO_2(g) \rightleftharpoons 2CO(g)$，$\Delta_r H_m^\ominus > 0$，达平衡后，改变操作条件，以下数值有何变化，增大总压力，$k_{正}$＿＿＿，$v_{正}$＿＿＿；升高温度，$k_{正}$＿＿＿，$K^\ominus$＿＿＿；加入(正)催化剂，$k_{逆}$＿＿＿，$\Delta_r H_m^\ominus$＿＿＿，$K^\ominus$＿＿＿。

5. 正反应的活化能＿＿＿于逆反应的活化能，则反应的热效应 $\Delta_r H_m^\ominus < 0$；温度升高，平衡常数＿＿＿，平衡向＿＿＿方向移动。

6. 温度升高时，活化能较＿＿＿的反应，反应速率增加的较＿＿＿，这是由于速率常数 k_2、k_1、活化能 E_a、反应温度 T_2、T_1 间存在以下关系式：$\lg \frac{k_2}{k_1} =$＿＿＿。

7. 增大反应物浓度，会使 J＿＿＿ $K^\ominus$，故平衡向生成物方向移动，但是平衡常数 $K^\ominus$＿＿＿。

三、是非题

1. (　　)由于 $2NO(g) + 2H_2(g) = N_2(g) + 2H_2O(g)$，故速率方程为 $v = k \cdot c_{NO}^2 \cdot c_{H_2}^2$，反应级数为 4。

2. (　　)对于所有零级反应来说，$v = k$。

3. (　　)可逆反应达到平衡时，只要外界条件不再改变，所有反应物和生成物的浓度不再随时间而变。

4. (　　)某一反应物的转化率越大，则该反应的平衡常数也越大。

5. (　　)在可逆反应中，吸热方向的活化能总是大于放热方向的活化能。

6. (　　)转化率和平衡常数都可以表示化学反应的程度，它们都与浓度无关。

7. (　　)一个反应如果是放热反应，当温度升高，表明补充了能量，因而有利于这个反应的继续进行，因而 $K^{\ominus}$ 值增大。

8.（　　）反应物浓度增加越多，反应的转化率也总是越高，变成产物也越完全。

9.（　　）平衡常数是正反应和逆反应处于平衡时的常数。不管是正反应还是逆反应平衡常数只有一个。

10.（　　）如果参加反应的 H_2O 在体系中（非水溶剂体系）浓度较小，平衡常数 K_c 的表示式应该包含[H_2O]。

11.（　　）密闭容器中，A、B、C 三种气体建立了如下平衡：$A(g)+B(g) \rightleftharpoons C(g)$，若保持温度不变，缩小系统的体积至原来体积的 2/3 时，则反应商 J 及与平衡常数 $K^{\ominus}$ 的关系是 $J=\frac{2}{3}K^{\ominus}$。

四、计算题

1. 反应 $mA+nB \longrightarrow pC$ 的实验数据如下：

实验编号	起始浓度/mol·L^{-1}		起始速率/mol·L^{-1}·min^{-1}
	c_A	c_B	
1	1.0×10^{-2}	0.50×10^{-3}	0.25×10^{-6}
2	1.0×10^{-2}	1.0×10^{-3}	0.50×10^{-6}
3	2.0×10^{-2}	0.50×10^{-3}	1.00×10^{-6}
4	3.0×10^{-2}	0.50×10^{-3}	2.25×10^{-6}

(1) 写出上述反应的速率方程表达式；

(2) 求出该反应的反应级数；

(3) 求速率常数 k。

2. 某反应的活化能 $E_a=1.14\times10^5 J\cdot mol^{-1}$。在 600K 时，$k=0.75 mol^{-1}\cdot L\cdot s^{-1}$，计算 700K 时的 k。

3. 在 1105K 时，将 3.00mol SO_3 放入 8.00L 的容器中，达到平衡时，产生 0.95mol 的 O_2。试计算在该温度时，反应 $2SO_2(g)+O_2(g) \longrightarrow 2SO_3(g)$ 的 $K^{\ominus}$。

4. 298K 时向 10.0L 烧瓶中，充入足量的 N_2O_4，使起始压力为 100kPa，一部分 N_2O_4 分解为 NO_2，达平衡后总压力等于 116kPa，计算反应 $N_2O_4(g) \longrightarrow 2NO_2(g)$ 的 $K^{\ominus}$。

5. 673K 时，将 0.025mol $COCl_2(g)$ 放入 1.0L 容器中，发生下列反应：

$COCl_2(g) \rightleftharpoons CO(g) + Cl_2(g)$ 当建立平衡时有 16%COCl 解离，求此时的 $K^{\ominus}$。

6. N_2O_4 解离成 NO_2，反应为 $N_2O_4(g) \rightleftharpoons 2NO_2(g)$

(1) 实验测出 52℃时 100kPa 下，50.0% N_2O_4 解离为 NO_2，求 $K^{\ominus}$。

(2) 计算 52℃，200kPa 下 N_2O_4 的解离百分数 α。

(3) 从计算结果说明压力对该平衡移动的影响。

7. 有人把 CO_2 和 H_2 的混合物在密闭容器中加热至高温建立下列平衡：

$$CO_2(g) + H_2(g) \rightleftharpoons CO(g) + H_2O(g)$$

测得 749K 时 $K^{\ominus} = 2.6$，今若需 90%CO 转变为 CO_2，问 CO 和 H_2O 要以怎样的物质量比相混合？

8. 将 NO 和 O_2 注入一保持在 673K 的固定容器中，在反应发生以前，它们的分压分别为 $p_{NO} = 101kPa$，$p_{O_2} = 286kPa$，当反应 $2NO(g) + O_2(g) \rightleftharpoons 2NO_2(g)$ 达平衡时，$p_{NO_2} = 79.2kPa$。计算：

(1) 该反应的平衡常数 $K^{\ominus}$；

(2) 该反应的 $\Delta_r G_m^{\ominus}$；

(3) 若 $K_{1000K}^{\ominus} = 6.34 \times 10^{-3}$，求该反应的 $\Delta_r H_m^{\ominus}$。

9. 已知在 298K 时，

(1) $2N_2(g) + O_2(g) \rightleftharpoons 2N_2O(g)$　　$K_1^{\ominus} = 4.8 \times 10^{-37}$

(2) $N_2(g) + 2O_2(g) \rightleftharpoons 2NO_2(g)$　　$K_2^{\ominus} = 8.8 \times 10^{-19}$

求 $2N_2O(g) + 3O_2(g) \rightleftharpoons 4NO_2(g)$ 的 $K^{\ominus}$。

10. 298K 时，已知反应 $N_2O_4(g) \rightleftharpoons 2NO_2(g)$ 的 $K_1^{\ominus} = 0.12$，求反应 $\frac{1}{2}N_2O_4(g) \rightleftharpoons NO_2(g)$ 在相同温度时的 $K_2^{\ominus}$。

11. 295K 时，反应 $NH_4HS(s) \rightleftharpoons NH_3(g) + H_2S(g)$ 的平衡常数为 0.070。

(1) 计算平衡时系统的 p_{NH_3} 和 $p_{总}$。

(2) 若将 0.20g $NH_4HS(s)$ 放入容积为 10.0L 的密闭容器中，问在 295K 时，上述平衡是否存在？(NH_4HS 的摩尔质量为 51g。提示：假定 0.20g NH_4HS 完全分解，再利用 $p_i = \frac{n_i}{V_{总}}RT$，计算 $p_{NH_3} = p_{H_2S}$ 为多少去说明)

12. Ag_2CO_3 遇热易分解：$Ag_2CO_3(s) = Ag_2O(s) + CO_2(g)$，其中 $\Delta_r G_{m\,383K}^{\ominus} = 14.8kJ \cdot mol^{-1}$。在 110℃烘干时，必须使空气中 p_{CO_2} 大于多少千帕，就可避免 Ag_2CO_3 的分解？(提示：利用 $\lg K^{\ominus} = -\frac{\Delta_r G_m^{\ominus}}{2.303RT}$；$K^{\ominus} = \frac{p_{CO_2}}{p^{\ominus}}$)

13. 已知 1000K 时，$CaCO_3$ 分解反应：

$$CaCO_3(s) \rightleftharpoons CaO(s) + CO_2(g) \quad (1)$$

达平衡时 CO_2 的压力为 3.9kPa，维持系统温度不变，在以上密闭容器中加入固体碳，则发生第 2、第 3 个反应：

$$C(s) + CO_2(g) \rightleftharpoons 2CO(g) \quad (2)$$

$$CaCO_3(s) + C(s) \rightleftharpoons CaO(s) + 2CO(g) \quad (3)$$

若反应(2)的平衡常数 $K^\ominus$ 为 1.9，求反应(3)的平衡常数 $K^\ominus$ 及平衡时 CO 的分压力。

14. 已知 425℃时，$H_2(g) + I_2(g) \rightleftharpoons 2HI(g)$反应的平衡常数 $K^\ominus = 54.5$，若将 2.0×10^{-3}mol $H_2(g)$，5.0×10^{-3}mol $I_2(g)$和 4.0×10^{-3}mol HI(g)放在 2.0L 容器中，问此时是否将有更多的 HI 分解？（提示：计算 J 说明）

15. 把 3 体积 H_2 及 1 体积的 N_2 的混合物加热至 400℃，若外压为 1010kPa，且有适当催化剂时，体系很快达到平衡，其中含 NH_3 3.85%（体积分数）。试计算：

(1) $N_2 + 3H_2 \rightleftharpoons 2NH_3$ 的 $K^\ominus$ 值；

(2) 在此温度下要得到 5%的 NH_3 时，需要多少压力；

(3) 当总压增至 5050kPa 时，计算平衡混合物中 NH_3 的体积百分数；

(4) 通过上述(1)、(2)、(3)计算，说明总压与 NH_3 体积百分数的关系。

第五章　酸 碱 平 衡

基 本 要 求

(1) 熟练掌握弱电解质(一元弱酸、一元弱碱、二元弱酸)解离平衡的有关计算和概念。

(2) 熟练掌握缓冲溶液的计算、缓冲原理;会根据需要选择缓冲液。

(3) 熟练掌握一元强碱弱酸盐、一元强酸弱碱盐、一元弱酸弱碱盐及多元强碱弱酸盐水溶液中 pH 的计算。

(4) 理解酸碱质子理论的基本概念;会写质子条件式,并会根据质子条件式导出一元弱酸弱碱、二元弱酸、缓冲液及两性物质水溶液中$[H^+]$的计算式及有关计算。

(5) 了解:①一元弱酸、多元弱酸溶液中各种型体(物种)的分布;②酸碱指示剂的指示原理及变色范围;③酸碱滴定的滴定曲线。

(6) 掌握:①酚酞、甲基橙、甲基红的变色范围;②会计算酸碱滴定的滴定突跃,并根据它和化学计量点的 pH 选择指示剂;③NaOH、HCl 标准溶液的配制、标定及基准物的选择;④一元弱酸(碱)被准确滴定的条件;⑤多元弱酸(碱)被分步滴定的条件;⑥混合酸(碱)被分步滴定的条件;⑦酸碱滴定法的应用。

重点内容与学习指导

本章内容主要包括两大部分。第一部分是溶液中的酸碱平衡;第二部分是酸碱滴定法。

第一部分　酸 碱 平 衡

一、酸碱解离理论和酸碱质子理论

(一) 酸碱解离理论

早在 1884 年阿伦尼乌斯就提出:

酸为解离时所生成的阳离子全部是H^+的化合物。

碱为解离时所生成的阴离子全部是OH^-的化合物。

（二）酸碱质子理论

1. 酸、碱的定义

酸为凡能释放出 H^+ 的含氢原子的分子或离子。

碱为凡能接收 H^+ 的分子或离子。

例如：HCl、H_2SO_4、HSO_4^-、HNO_3、H_3PO_4、$H_2PO_4^-$、HPO_4^{2-}、NH_4^+、NH_3、H_2CO_3、HCO_3^-、H_2S、HS^-、H_2O 等都能释放出 H^+，均可视为质子酸；Cl^-、SO_4^{2-}、HSO_4^-、NO_3^-、PO_4^{3-}、$H_2PO_4^-$、HPO_4^{2-}、NH_3、HCO_3^-、HS^-、H_2O、NH_2^-、OH^-等均可视为质子碱。

两性物质为既能给出质子显酸性，又能接收质子显碱性的物质，如 NH_3、H_2O、$H_2PO_4^-$、HPO_4^{2-}、HCO_3^-、HS^-等。

注意：按酸碱质子理论，电解质只分酸、碱，没有盐的概念，如 Ac^-、SO_4^{2-}、CO_3^{2-}、NO_3^-、PO_4^{3-} 均可视为碱；Al^{3+}、Fe^{3+}、Sn^{2+}、Zn^{2+}等视为质子酸。

2. 酸碱之间的共轭关系

$$\text{质子酸} \rightleftharpoons \text{质子碱} + H^+$$

可见，对于质子酸碱来说，酸中有碱，碱能变酸。

共轭酸碱对为因一个质子的得失而相互转变的每一对酸碱。例如：HAc-Ac^-、HCl-Cl^-、H_2SO_4-HSO_4^-、NH_4^+-NH_3、NH_3-NH_2^-、H_3O^+-H_2O、H_2O-OH^-等均为共轭酸碱对。

3. 共轭酸碱对的 $K_a^\ominus$ 和 $K_b^\ominus$ 的关系

以 HAc-Ac^-共轭酸碱对为例说明：$K_a^\ominus \cdot K_b^\ominus = K_W^\ominus$

因为对于 HAc 在水溶液中，存在下列解离平衡

$$HAc \rightleftharpoons H^+ + Ac^-$$

$$K_a^\ominus = \frac{[H^+]\cdot[Ac^-]}{[HAc]} \quad (\text{略去 } c^\ominus) \tag{5.1}$$

对于 Ac^-在水溶液中，存在以下平衡

$$Ac^- + H_2O \rightleftharpoons HAc + OH^-$$

$$K_b^\ominus = \frac{[HAc]\cdot[OH^-]}{[Ac^-]} \quad (\text{略去 } c^\ominus) \tag{5.2}$$

显然，将式(5.1)与式(5.2)相乘可得

$$K_a^\ominus \cdot K_b^\ominus = [H^+]\cdot[OH^-] = K_W^\ominus$$

由于在质子酸碱理论中无盐的概念，这里的 $K_b^\ominus$ 实际上就是解离理论中盐的水解平衡常数 $K_h^\ominus$。将两者结合考虑，可得

$$K^{\ominus}_{h,Ac^-} = K^{\ominus}_{b,Ac^-} = \frac{K^{\ominus}_W}{K^{\ominus}_{a,HAc}}$$

4. 质子条件式

根据质子理论，溶液中的单相离子平衡，即一元弱酸、弱碱的解离平衡，多元弱酸的解离平衡、缓冲溶液及盐类的水解平衡均可归为酸碱平衡。酸碱反应的实质是质子转移。

能够准确反映整个平衡体系中质子转移的严格的数学关系式称为质子条件式。

列出质子条件式的关键步骤是：① 先选择溶液中大量存在，并且参加质子转移的物质为零水准(或参考水平)；② 再根据物质不灭定律：

失去质子变为零水准的物质的总浓度＝得到质子变为零水准的物质的总浓度

【例 5-1】 写出 Na_2CO_3 水溶液的质子条件式。

解 在 Na_2CO_3 的水溶液中，存在的物种有：Na^+、~~CO_3^{2-}~~、HCO_3^-、H_2CO_3、~~H_2O~~、H^+、OH^- 共七种，但是 Na^+ 不参加质子转移(H^+ 实际是 H_3O^+ 的简写，失去质子的物质为画“～～～”者，得到质子的物质为画“≈≈≈”者)。

零水准应选：CO_3^{2-} 和 H_2O(画杠者)

质子条件式为

$$[H^+]+[HCO_3^-]+2[H_2CO_3]=[OH^-]$$

【例 5-2】 写出 $NH_4H_2PO_4$ 水溶液的质子条件式。

解 在 $NH_4H_2PO_4$ 的水溶液中，能参加质子转移的物种有：~~NH_4^+~~、NH_3、~~$H_2PO_4^-$~~、HPO_4^{2-}、H_3PO_4、PO_4^{3-}、~~H_2O~~、H^+、OH^- 共 9 种(注意：写各物种的顺序，先写 NH_4^+ 以及 NH_4^+ 失质子后的产物 NH_3；再写 $H_2PO_4^-$ 以及 $H_2PO_4^-$ 得失质子后的各种产物；最后写 H_2O 以及 H_2O 得失质子的产物，这样不丢落物种，且将失质子者画“～～～”；得质子者画“≈≈≈”)。

零水准：NH_4^+、$H_2PO_4^-$、H_2O(画杠者)

质子条件式为

$$[H^+]+[H_3PO_4]=[NH_3]+[HPO_4^{2-}]+2[PO_4^{3-}]+[OH^-]$$

注意：①写本题的质子条件式时，由于物种比较多，所以应检查是否有丢落的：参加质子转移的物种有 9 种，零水准选了 3 种；失去质子变为零水准的物种有两种；得到质子变为零水准的物种有 4 种，总共 3＋2＋4＝9 种，所以写质子条件式时没有丢落，而且物种的总浓度关系，在$[PO_4^{3-}]$乘 2 后也是对的(因为 1mol PO_4^{3-} 接收 2mol 质子才变为 1mol 零水准 $H_2PO_4^-$)。

②选择零水准时，不能把共轭酸碱对中的两个组分都选作零水准，只能选择其

中的一种，如 HAc-Ac^- 的水溶液中，可选 HAc、H_2O 或 Ac^-、H_2O 作零水准，再根据零水准写质子条件式，故 HAc-Ac^- 水溶液体系可写出两个质子条件式。

二、弱酸、弱碱的解离平衡

（一）一元弱酸、弱碱的解离平衡

1. 由解离理论看一元弱酸、弱碱的解离平衡（忽略水的解离）

用 HA 表示一元弱酸，它在水溶液中存在：

$$\begin{array}{llll} & HA & \rightleftharpoons H^+ & + \quad A^- \\ c_{平}/mol\cdot L^{-1} & c_a - x & x & \quad x \end{array}$$

$$K_a^{\ominus} = \frac{\{[H^+]/c^{\ominus}\}\{[A^-]/c^{\ominus}\}}{[HA]/c^{\ominus}}$$

由于 $c^{\ominus} = 1mol\cdot L^{-1}$，为了简便，写作

$$K_a^{\ominus} = \frac{[H^+]\cdot[A^-]}{[HA]} = \frac{x^2}{c_a - x}$$

一般 $c_a/K_a^{\ominus} > 500$ 时，$c_a - x \approx c_a$，所以 $[H^+] = x = \sqrt{K_a^{\ominus}\cdot c_a}$

同理，对于一元弱碱，当 $c_b/K_b^{\ominus} > 500$ 时，有

$$[OH^-] = \sqrt{K_b^{\ominus}\cdot c_b}$$

2. 由酸碱质子理论看一元弱酸、弱碱溶液的解离平衡和溶液的酸碱性

在这里，主要是应用质子条件式推导溶液中的$[H^+]$和$[OH^-]$，以 HA 为例说明之。

在一元弱酸 HA 的水溶液中，所存在的能参加质子转移的物种有：~~HA~~、A^-、H_2O、OH^-、H^+。

参考水平：HA 和 H_2O（画杠者）

质子条件式为

$$[H^+] = [A^-] + [OH^-]$$

即

$$[H^+] = \frac{K_a^{\ominus}\cdot[HA]}{[H^+]} + \frac{K_W^{\ominus}}{[H^+]}$$

所以

$$[H^+] = \sqrt{K_a^{\ominus}\cdot[HA] + K_W^{\ominus}}$$

上式为计算一元弱酸溶液中$[H^+]$的精确公式，式中[HA]为 HA 的平衡浓度，和$[H^+]$一样，也是未知的，为了能求得$[H^+]$，可做如下近似计算（c_a 代表 HA 的初始

浓度)：

当$\begin{cases} c_a/K_a^\ominus \geqslant 400 \\ c_a \cdot K_a^\ominus \leqslant 20K_W^\ominus \end{cases}$时，$c_a$ 代替[HA]可得：$[H^+]=\sqrt{c_aK_a^\ominus+K_W^\ominus}$

当$\begin{cases} c_a/K_a^\ominus \leqslant 400 \\ c_a \cdot K_a^\ominus \geqslant 20K_W^\ominus \end{cases}$时，忽略 $K_W^\ominus$ 可得：$[H^+]=\dfrac{-K_a^\ominus+\sqrt{(K_a^\ominus)^2+4c_aK_a^\ominus}}{2}$

当同时满足$\begin{cases} c_a/K_a^\ominus \geqslant 400 \\ c_a \cdot K_a^\ominus \geqslant 20K_W^\ominus \end{cases}$时：$[H^+]=\sqrt{K_a^\ominus \cdot c_a}$(同解离理论导出的近似公式)

同理，对于一元弱碱也能导出类似公式，只是将$[H^+]$换作$[OH^-]$，将 $K_a^\ominus$ 换作 $K_b^\ominus$。

【例 5-3】　求 $0.10mol \cdot L^{-1}$ $NH_3 \cdot H_2O$ 中，$[OH^-]=?$ $pH=?$

解　因为 $c_b/K_b^\ominus>400$；$c_b \cdot K_b^\ominus>20K_W^\ominus$，所以

$$[OH^-]=\sqrt{K_b^\ominus \cdot c_b}=\sqrt{1.75\times10^{-5}\times0.10}=1.3\times10^{-3}mol \cdot L^{-1}$$

$$pOH=-\lg(1.3\times10^{-3})=2.87$$

所以

$$pH=14.00-2.87=11.13$$

注意：因为此题并没有问$[H^+]=?$，所以不必通过$[H^+]=\dfrac{1.0\times10^{-14}}{1.3\times10^{-3}}$去求$[H^+]$，再求 pH，因为这样会比本题解法繁一些，而且涉及 10 的负指数运算，有时还容易出错。

【例 5-4】　试求 $0.12mol \cdot L^{-1}$一氯乙酸($CH_2ClCOOH$)溶液的 pH(已知 $K_a^\ominus=10^{-2.865}$)。

解　此题不符合解离理论中 $c_a/K_a^\ominus \geqslant 500$ 的条件，故不可用$[H^+]=\sqrt{K_a^\ominus \cdot c_a}$，但从解离理论(忽略水解的情况下)，仍可导出同酸碱质子理论相同的计算公式($K_a^\ominus \cdot c_{a初} \geqslant 20K_W^\ominus$)，忽略 $K_W^\ominus$，$c_{a初}/K_a^\ominus<400$，不可用 $c_{a初}$代替[HA]：

$$[H^+]=\frac{-10^{-2.865}+\sqrt{(10^{-2.865})^2+4\times0.12\times10^{-2.865}}}{2}=0.012mol \cdot L^{-1}$$

所以

$$pH=-\lg0.012=1.92$$

若从解离理论解本题，则

$$CH_2ClCOOH \rightleftharpoons CH_2ClCOO^- + H^+$$

$$c_{平}/mol\cdot L^{-1} \quad c_a - x \quad x \quad x$$

$$\frac{x^2}{c_a - x} = K_a^{\ominus} = 10^{-2.865}$$

因为

$$\frac{c_a}{K_a^{\ominus}} = \frac{0.12}{10^{-2.865}} = 88 \leqslant 500$$

所以 $c_a - x$ 不能舍去 x，即 $c_a - x \neq c_a$，必须通过解一元二次方程去求解 x，结果同上(略)。而若求 0.10mol·L^{-1} H_3PO_4 中的[H^+]也如此。

（二）多元弱酸、弱碱的解离平衡

1. 多元弱酸、弱碱的概念

从解离理论看，多元弱酸即 H_2CO_3、H_3PO_4、H_2S、$H_2C_2O_4$、H_3AsO_3 等含两个以上可解离的 H^+，而且是分步解离的酸，多元弱碱为含有两个以上可解离的 OH^- 的碱，而且也是分步解离的，如 $Al(OH)_3$、$Fe(OH)_3$、$Zn(OH)_2$、$Cu(OH)_2$ 等。

从酸碱质子理论看，CO_3^{2-}、PO_4^{3-}、HPO_4^{2-}、$C_2O_4^{2-}$、S^{2-} 等均为碱；NH_4^+ 及金属离子如 Al^{3+}、Cu^{2+}、Zn^{2+} 等为酸，但是在本书中，我们仍将它们水溶液的酸碱性，放到盐类的水解部分去讨论。

在这里，我们只讨论多元弱酸的解离。

2. 多元弱酸的分步解离

为了讨论方便，以 H_2S 的水溶液和 H_2S 的酸性水溶液为例说明之。

(1) 在 H_2S 的饱和水溶液中，H_2S 分步解离(忽略水的解离)

$$H_2S \rightleftharpoons H^+ + HS^- \qquad K_1^{\ominus} = 9.5 \times 10^{-8}$$

$$HS^- \rightleftharpoons H^+ + S^{2-} \qquad K_2^{\ominus} = 1.3 \times 10^{-14}$$

因为 $K_1^{\ominus} \gg K_2^{\ominus}$，所以可忽略第二步解离，即多元弱酸的解离取决于第一步，[H^+]的计算同一元弱酸($c_a/K_{a_1}^{\ominus} > 500$)

$$[H^+] = \sqrt{K_1^{\ominus} \cdot c_{H_2S}} = \sqrt{9.5 \times 10^{-8} \times 0.10} = 9.7 \times 10^{-5} mol\cdot L^{-1}$$

$$[S^{2-}]_1 = K_2^{\ominus} \cdot \frac{[HS^-]}{[H^+]} = K_2^{\ominus} \qquad (因为[HS^-] \approx [H^+])$$

(2) 在多元弱酸的酸性水溶液中

【例 5－5】 在 0.30mol·L^{-1}的 HCl 溶液中，不断通入 H_2S 气体至饱和，求溶液中[H^+]和[S^{2-}]为多少？

解 因为在 H_2S 的酸性水溶液中，$[H^+]$取决于强酸 HCl 的解离，所以 $[H^+]=c_{HCl}=0.30mol\cdot L^{-1}$，而$[S^{2-}]$则由解离总式决定，这时由于$[H^+]\neq[HS^-]$，故$[S^{2-}]\neq K_{a_2}^{\ominus}$，而是根据：

$$H_2S \rightleftharpoons 2H^+ + S^{2-}$$

$$K^{\ominus}=\frac{[H^+]^2\cdot[S^{2-}]_2}{[H_2S]}=K_{a_1}^{\ominus}\cdot K_{a_2}^{\ominus}$$

$$[S^{2-}]_2=\frac{K_{a_1}^{\ominus}\cdot K_{a_2}^{\ominus}\cdot[H_2S]}{[H^+]^2}$$

$$=\frac{9.5\times10^{-8}\times1.3\times10^{-14}\times0.10}{(0.30)^2}$$

$$=1.4\times10^{-21}mol\cdot L^{-1}$$

$$\ll K_{a_2}^{\ominus}=1.3\times10^{-14}=[S^{2-}]_1$$

（$[S^{2-}]_1$ 为纯水中的$[S^{2-}]$）

解此类题要注意：

①要分清是多元弱酸的水溶液，还是酸性水溶液；

②在多元弱酸的水溶液中（以 H_2S 水溶液为例）

$$[H^+]=\sqrt{K_{a_1}^{\ominus}\cdot c_a}\qquad(c_a/K_{a_1}^{\ominus}>500)$$

$$[S^{2-}]=K_{a_2}^{\ominus}\qquad(\text{绝对不能}[H^+]=2[S^{2-}])$$

③在多元弱酸的酸性水溶液中（仍以 H_2S 酸性水溶液为例，$pH\leqslant5$）

$$[H^+]=[H^+]_{外加}$$

$$[S^{2-}]=\frac{K_{a_1}^{\ominus}\cdot K_{a_2}^{\ominus}\cdot[H_2S]}{[H^+]^2}$$

④无论是酸性水溶液，还是水溶液中，只要是 H_2S 气体或 CO_2 气体的饱和溶液，那么$[H_2S]=0.10mol\cdot L^{-1}$，而$[H_2CO_3]=0.04mol\cdot L^{-1}$。

三、缓冲溶液

由于按解离理论和酸碱质子理论，酸碱的定义不同，因而缓冲溶液的定义也不同，但实质是相同的，下面的叙述将酸碱质子理论对缓冲溶液的定义括在括号内。

1. 缓冲溶液

弱酸与弱酸盐、弱碱与弱碱盐（弱酸及其共轭碱）的溶液的 pH，在一定范围内，不因加入少量酸或少量碱，或者适当冲稀而改变，这种溶液为缓冲液。

例如：HAc-Ac^-、NH_4^+-$NH_3\cdot H_2O$、$H_2PO_4^-$-HPO_4^{2-}、HPO_4^--PO_4^{3-}、HCO_3^--CO_3^{2-}

等所组成的溶液均为缓冲溶液。

2. 缓冲原理

简单地说，就是两个“大量”在起作用(详见缓冲溶液的有关计算)。

3. 缓冲溶液的有关计算

缓冲溶液的有关计算，主要涉及[H^+]、[OH^-]、pH 的计算以及弱酸和弱酸盐、弱碱和弱碱盐(弱酸及其共轭碱)的加入量的问题。计算的依据仍为一元弱酸、弱碱的解离平衡，只不过在缓冲液中，弱酸或弱碱解离的两物种浓度不同，以 HAc—Ac^-缓冲液为例说明之(忽略水解)

$$HAc \rightleftharpoons H^+ + Ac^-$$

$$K_{HAc}^{\ominus} = \frac{[H^+][Ac^-]}{[HAc]}$$

(1) 在 HAc 水溶液中，[H^+]=[Ac^-]，根据 $K_{HAc}^{\ominus}$表达式，且 $c_{HAc}/K_{HAc}^{\ominus} > 500$ 时，可导出：$[H^+] = \sqrt{K_{HAc}^{\ominus} \cdot c_{HAc}}$

(2) 在 HAc-Ac^-缓冲液中，[H^+]≠[Ac^-]，但根据 $K_{HAc}^{\ominus}$表达式可以导出：

$$[H^+] = K_{HAc}^{\ominus} \frac{c_{HAc}}{c_{Ac^-}}$$

因而，有关缓冲液的计算实质上仍是弱酸弱碱解离平衡的计算。

【例 5-6】 若向 0.10mol·L^{-1} HAc-Ac^-溶液(pH=4.76)中，分别加入 HCl 和 NaOH，且使(1) c_{HCl}=0.010mol·L^{-1}；(2) c_{NaOH}=0.010mol·L^{-1}，求(1)、(2)溶液中 pH 各为多少？($K_{HAc}^{\ominus} = 1.75 \times 10^{-5}$，忽略酸碱加入时的体积变化)

解　因为

(1)	HAc	⇌	H^+	+	Ac^-
$c_{始}$/mol·L^{-1}	0.10		0		0.10
Δc/mol·L^{-1}	$+0.010 - x$		$+x$		$-0.010 + x$
$c_{平}$/mol·L^{-1}	$0.11 - x$		x		$0.090 + x$

所以

$$[H^+] = K_{HAc}^{\ominus} \frac{[HAc]}{[Ac^-]} = 1.75 \times 10^{-5} \times \frac{0.11 - x}{0.090 + x}$$

因为

$$\frac{c_{HAc}}{K_{HAc}^{\ominus}} = \frac{0.10}{1.75 \times 10^{-5}} \gg 500$$

所以

$$0.11-x\approx 0.11 \qquad 0.90+x\approx 0.090$$

所以

$$[H^+]=1.75\times 10^{-5}\times\frac{0.11}{0.090}=2.14\times 10^{-5}\text{mol}\cdot\text{L}^{-1}$$

所以

$$\text{pH}=-\lg\{[H^+]/c^{\ominus}\}=-\lg(2.14\times 10^{-5})=4.67$$

因为 (2)	HAc	$\rightleftharpoons$	H^+	+	Ac^-
$c_{始}/\text{mol}\cdot\text{L}^{-1}$	0.10		0		0.10
$\Delta c/\text{mol}\cdot\text{L}^{-1}$	$-0.010-x$		$+x$		$+0.010+x$
$c_{平}/\text{mol}\cdot\text{L}^{-1}$	$0.090-x$		x		$0.11+x$

同理

$$0.090-x\approx 0.090 \qquad 0.11+x\approx 0.11$$

所以

$$[H^+]=1.75\times 10^{-5}\times\frac{0.090}{0.11}=1.43\times 10^{-5}\text{mol}\cdot\text{L}^{-1}$$

所以

$$\text{pH}=-\lg\{[H^+]/c^{\ominus}\}=-\lg(1.43\times 10^{-5})=4.84$$

若向水中分别加入与上面相同浓度的酸和碱，则 pH 由 7.00 分别变为 2.00 和 12.00。这两种情况图示如下

	加 HCl，使 $c_{H^+}=0.010\text{mol}\cdot\text{L}^{-1}$时 pH		原 pH		加 NaOH，使 $c_{OH^-}=0.010\text{mol}\cdot\text{L}^{-1}$时 pH
$0.10\text{mol}\cdot\text{L}^{-1}$HAc—$Ac^-$中：	4.67	←	4.76	→	4.84
纯水中：	2.00	←	7.00	→	12.00

由上可见，向 $0.10\text{mol}\cdot\text{L}^{-1}$的 HAc-NaAc 缓冲液和水中，分别加入 HCl，使 $c_{H^+}=0.010\ \text{mol}\cdot\text{L}^{-1}$，缓冲液的 pH 略有下降，$\Delta\text{pH}=-0.09$；水中则 pH 变化很大，$\Delta\text{pH}=-5$。反之，分别向以上缓冲液和水中，加入 NaOH，使 $c_{OH^-}=0.010\ \text{mol}\cdot\text{L}^{-1}$，缓冲液 pH 略有上升，$\Delta\text{pH}=+0.08$，而水中则 pH 变化很大，$\Delta\text{pH}=+5$。从而可见缓冲溶液在一定范围内的缓冲能力是“两个大量”在起作用，比如在 HAc-NaAc 缓冲液中，“两个大量”分别为 HAc 和 Ac^-，加入少量 H^+时，“大量”的 Ac^-起作用：$Ac^-+H^+\rightleftharpoons HAc$；加入少量 OH^-时，表面上是 $H^++OH^-\rightleftharpoons H_2O$，实质上

是“大量”的HAc继续解离 $HAc \rightleftharpoons H^+ + Ac^-$。这“两个大量”起作用的结果，均使得溶液中的$[H^+]$变化不大。适当冲稀，则由于$[H^+]=K^{\ominus}_{HAc}\dfrac{c_{HAc}}{c_{Ac^-}}$中的 c_{HAc} 和 c_{Ac^-} 被同等倍数冲稀，故$[H^+]$基本不变。

【例 5-7】 求 $0.10mol \cdot L^{-1}$ NaH_2PO_4-Na_2HPO_4 溶液中的 pH($K^{\ominus}_{a_2}=6.23\times 10^{-8}$)。

解 将 $H_2PO_4^-$ 看成弱酸、HPO_4^{2-} 看成弱酸盐

$$\begin{array}{llll} & H_2PO_4^- \rightleftharpoons & HPO_4^{2-} & + \quad H^+ \\ c_{平}/mol\cdot L^{-1} & 0.10-x & 0.10+x & \quad x \end{array}$$

因为 $c/K^{\ominus}_{a_2}=\dfrac{0.10}{6.23\times 10^{-8}}>500$，所以

$$0.10-x\approx 0.10 \quad 0.10+x\approx 0.10$$

所以

$$[H^+]=K^{\ominus}_{a_2}\frac{c_{H_2PO_4^-}}{c_{HPO_4^{2-}}}=6.23\times 10^{-8}\times\frac{0.10}{0.10}=6.23\times 10^{-8}mol\cdot L^{-1}$$

所以

$$pH=7.21$$

【例 5-8】 在 1.0L $0.10mol \cdot L^{-1}$氨水溶液中，应加入多少克 NH_4Cl 固体，才能使溶液的 pH=9.00(忽略固体加入对溶液体积的影响，$K^{\ominus}_{NH_3\cdot H_2O}=1.75\times 10^{-5}$)。

解 因为 pH=9.00，所以 pOH=5.00 $[OH^-]=1.0\times 10^{-5}mol\cdot L^{-1}$

$$\begin{array}{llll} & NH_3\cdot H_2O \rightleftharpoons & NH_4^+ & + \quad OH^- \\ c_{平}/mol\cdot L^{-1} & 0.10-1.0\times 10^{-5} & x+1.0\times 10^{-5} & \quad 1.0\times 10^{-5} \end{array}$$

$$K^{\ominus}_{NH_3\cdot H_2O}=\frac{(x+1.0\times 10^{-5})\times 1.0\times 10^{-5}}{0.10-1.0\times 10^{-5}}=1.75\times 10^{-5}$$

因为$\dfrac{c_{NH_3\cdot H_2O}}{K^{\ominus}_{NH_3\cdot H_2O}}>500$，所以

$$x+1.0\times 10^{-5}\approx x \qquad 0.10-1.0\times 10^{-5}\approx 0.10$$

所以

$$x=0.175mol\cdot L^{-1}$$

所以

1L 0.10mol·L^{-1}氨水中应加入的 NH_4Cl 质量为 m

$$m=53.5\times0.175\times1.0=9.36\text{g}$$

根据质子条件式可以导出缓冲液中计算[H$^+$]的精确公式(导出过程略)

$$[H^+]=\frac{c_a-[H^+]+[OH^-]}{c_b+[H^+]-[OH^-]}\cdot K_a^{\ominus} \quad (a)$$

为了帮助理解记忆,还是以 HAc-Ac$^-$缓冲体系为例说明此精确公式的含义:分子项中 $c_a-[H^+]+[OH^-]$意味着平衡时 HAc 的精确浓度,[H$^+$]意味着 HAc 解离消耗的 c_{HAc},[OH$^-$]意味着 Ac$^-$水解生成的 c_{HAc},故平衡时有

$$[HAc]=c_{HAc(初)}-c_{HAc(电离的)}+c_{HAc(Ac^-水解生成的)}=c_a-[H^+]+[OH^-]$$

同理分母项中 $c_b+[H^+]-[OH^-]$意味着平衡时 Ac$^-$的精确浓度为

$$[Ac^-]=c_{Ac^-(初)}+c_{Ac^-(HAc电离生成的)}-c_{Ac^-(水解消耗的)}=c_b+[H^+]-[OH^-]$$

$$当[H^+]\gg[OH^-]时,则:[H^+]=K_a^{\ominus}\ \frac{c_a-[H^+]}{c_b+[H^+]} \quad (b)$$

即忽略[OH$^-$],也就是忽略 Ac$^-$的水解

$$当\begin{cases}c_a\gg[OH^-]-[H^+]\\c_b\gg[H^+]-[OH^-]\end{cases}时,则:[H^+]=K_a^{\ominus}\ \frac{c_a}{c_b} \quad (c)$$

酸碱质子理论中的 c_b 即酸碱解离理论中的 $c_{s\,盐的浓度}$,故式(c)即为酸碱解离理论中 $c_a/K_a^{\ominus}>500$ 时的最简式$[H^+]=K_a^{\ominus}\ \frac{c_a}{c_s}$。

四、盐类的水解

按酸碱质子理论,只有酸和碱的概念,没有盐的概念。但是由于大家习惯于酸、碱、盐的概念,故我们还是遵守着习惯,或者说仍以解离理论为主线,将盐类水解单列为一项内容,并注意在酸碱质子理论中,对此部分(盐类水解)的描述。

(一) 一元弱酸、弱碱盐的水解

(1) 一元强酸弱碱盐的水解,如 NH_4Cl、NH_4NO_3 等。

【例 5-9】 求 0.10mol·L^{-1} NH_4Cl 水溶液中[H$^+$]($K_{NH_3\cdot H_2O}^{\ominus}=K_b^{\ominus}=1.75\times10^{-5}$)。

解 因为 $NH_4^+ + H_2O \rightleftharpoons NH_3\cdot H_2O + H^+$

$c_平$/mol·L^{-1} c_s-x x x

$$K_h^{\ominus}=\frac{[NH_3\cdot H_2O]\cdot[H^+]}{[NH_4^+]}\cdot\frac{[OH^-]}{[OH^-]}=\frac{K_W^{\ominus}}{K_b^{\ominus}}$$

所以

$$[H^+]=\sqrt{\frac{K_W^{\ominus}}{K_b^{\ominus}}\cdot c_s}=\sqrt{\frac{1.0\times10^{-14}}{1.75\times10^{-5}}\times0.10}=7.6\times10^{-6}mol\cdot L^{-1}$$

若从酸碱质子理论看，NH_4^+ 为一元弱酸，它的共轭碱为 NH_3，$K_a^{\ominus}\cdot K_b^{\ominus}=K_W^{\ominus}$，且 $c_a/K_a^{\ominus}>400$，$c_a\cdot K_b^{\ominus}>20K_W^{\ominus}$，所以

$$[H^+]=\sqrt{K_a^{\ominus}\cdot c_a}=\sqrt{\frac{K_W^{\ominus}}{K_b^{\ominus}}\cdot c_a}\qquad(c_a=c_{NH_4^+})$$

(2) 一元强碱弱酸盐的水解，如 NaAc、NaCN、NaClO、NaF 等。

【例 5－10】 求 $0.10mol\cdot L^{-1}$ NaAc 水溶液中$[OH^-]$($K_a^{\ominus}=1.75\times10^{-5}$)。

解　　因为　$Ac^-+H_2O \rightleftharpoons HAc+OH^-$

$$K_h^{\ominus}=\frac{[HAc]\cdot[OH^-]}{[Ac^-]}\cdot\frac{[H^+]}{[H^+]}=\frac{K_W^{\ominus}}{K_a^{\ominus}}$$

所以

$$[OH^-]=\sqrt{\frac{K_W^{\ominus}}{K_a^{\ominus}}\cdot c_s}=\sqrt{\frac{1.0\times10^{-14}}{1.75\times10^{-5}}\times0.10}=7.6\times10^{-6}mol\cdot L^{-1}$$

若从酸碱质子理论看，Ac^- 为碱，它的共轭酸为 HAc，所以 $K_a^{\ominus}\cdot K_b^{\ominus}=K_W^{\ominus}$，且 $c_b/K_b^{\ominus}>400$，$c_b\cdot K_b^{\ominus}>20K_W^{\ominus}$，所以

$$[OH^-]=\sqrt{K_b^{\ominus}\cdot c_b}=\sqrt{\frac{K_W^{\ominus}}{K_a^{\ominus}}\cdot c_b}\qquad(\text{这里的 } c_b=c_{Ac^-})$$

(3) 一元弱酸弱碱盐的水解，如 NH_4Ac、NH_4CN、NH_4ClO、NH_4F 等。

一元弱酸、弱碱盐的酸碱性取决于 $K_a^{\ominus}$ 和 $K_b^{\ominus}$ 的相对大小：

$$[H^+]=\sqrt{\frac{K_W^{\ominus}\cdot K_a^{\ominus}}{K_b^{\ominus}}}\Rightarrow\begin{cases}K_a^{\ominus}>K_b^{\ominus} & \text{酸性}\\ K_a^{\ominus}<K_b^{\ominus} & \text{碱性}\\ K_a^{\ominus}\approx K_b^{\ominus} & \text{中性}\end{cases}$$

【例 5－11】 求 $0.10mol\cdot L^{-1}$的 NH_4Ac 水溶液中$[H^+]$和 pH。

解　$$[H^+]=\sqrt{\frac{K_W^{\ominus}\cdot K_a^{\ominus}}{K_b^{\ominus}}}=\sqrt{\frac{1.0\times10^{-14}\times1.75\times10^{-5}}{1.75\times10^{-5}}}=1.0\times10^{-7}mol\cdot L^{-1}$$

$$pH=-\lg\{[H^+]/c^{\ominus}\}=-\lg(1.0\times10^{-7})=7.00$$

(二) 多元弱酸强碱盐的水解，如 Na_2CO_3、Na_3PO_4 等

【例 5－12】 求 $0.10mol\cdot L^{-1}Na_2CO_3$ 水溶液中$[OH^-]$($K_{a_2}^{\ominus}=4.69\times10^{-11}$)。

解 $$CO_3^{2-}+H_2O \rightleftharpoons HCO_3^-+OH^-$$

$$K_{h_1}^\ominus=\frac{[HCO_3^-]\cdot[OH^-]}{[CO_3^{2-}]}\cdot\frac{[H^+]}{[H^+]}=\frac{K_W^\ominus}{K_{a_2}^\ominus}$$

所以

$$[OH^-]=\sqrt{\frac{K_W^\ominus}{K_{a_2}^\ominus}\cdot c_{CO_3^{2-}}}=\sqrt{\frac{1.0\times10^{-14}}{4.69\times10^{-11}}\times0.10}=4.6\times10^{-3}mol\cdot L^{-1}$$

【例 5-13】 求 0.10mol·L^{-1}的 Na_3PO_4 水溶液中[OH^-]。

解 $$PO_4^{3-}+H_2O \rightleftharpoons HPO_4^{2-}+OH^-$$

用例 5-12 同样方法可导出

$$[OH^-]=\sqrt{\frac{K_W^\ominus}{K_{a_3}^\ominus}\cdot c_s}=\sqrt{\frac{1.0\times10^{-14}}{4.5\times10^{-13}}\times0.10}=4.7\times10^{-2}mol\cdot L^{-1}$$

按酸碱质子理论，CO_3^{2-} 和 PO_4^{3-} 为多元碱，它们的共轭酸分别为 HCO_3^- 和 HPO_4^{2-}。对于 CO_3^{2-} 和 HCO_3^- 共轭酸碱对，则 $K_{b_1}^\ominus\cdot K_{a_2}^\ominus=K_W^\ominus$；对于 PO_4^{3-} 和 HPO_4^{2-} 共轭酸碱对，则 $K_{b_1}^\ominus\cdot K_{a_3}^\ominus=K_W^\ominus$。

对于 CO_3^{2-}，则

$$[OH^-]=\sqrt{K_{b_1}^\ominus\cdot c_b}=\sqrt{\frac{K_W^\ominus}{K_{a_2}^\ominus}\cdot c_b}$$

对于 PO_4^{3-}，则

$$[OH^-]=\sqrt{K_{b_1}^\ominus\cdot c_b}=\sqrt{\frac{K_W^\ominus}{K_{a_3}^\ominus}\cdot c_b}$$

（三）多元弱酸酸式盐水溶液的酸碱性，如 $NaHCO_3$、NaH_2PO_4、Na_2HPO_4 等（质子理论中的两性物质）

这些盐在水溶液中既水解，又解离，溶液的酸碱性取决于综合结果。此类盐水溶液的酸碱性，按质子酸碱理论的质子条件式去解更方便。

【例 5-14】 写出 $NaHCO_3$ 水溶液的质子条件式，导出[H^+]数学表达式。

解 在 $NaHCO_3$ 水溶液中，能参加子转移的物种有 ~~HCO_3^-~~、CO_3^{2-}、H_2CO_3、~~H_2O~~、H^+ 、OH^- 。

零水准：HCO_3^-、H_2O

质子条件式为

$$[H^+]+[H_2CO_3]=[CO_3^{2-}]+[OH^-]$$

即

$$[H^+]+\frac{[H^+]\cdot[HCO_3^-]}{K_{a_1}^\ominus}=\frac{K_{a_2}^\ominus\cdot[HCO_3^-]}{[H^+]}+\frac{K_W^\ominus}{[H^+]}$$

通分去分母,得

$$K_{a_1}^\ominus\cdot[H^+]^2+[H^+]^2\cdot[HCO_3^-]=K_{a_1}^\ominus\cdot K_{a_2}^\ominus\cdot[HCO_3^-]+K_{a_1}^\ominus\cdot K_W^\ominus$$

所以

$$[H^+]=\sqrt{\frac{K_{a_1}^\ominus\cdot K_{a_2}^\ominus\cdot[HCO_3^-]+K_{a_1}^\ominus\cdot K_W^\ominus}{K_{a_1}^\ominus+[HCO_3^-]}}=\sqrt{\frac{[HCO_3^-]K_{a_2}^\ominus+K_W^\ominus}{1+[HCO_3^-]/K_{a_1}^\ominus}}$$

上式为计算多元弱酸酸式盐(两性物质)中$[H^+]$的精确式。

当$\begin{cases}c_{HCO_3^-}/K_{a_1}^\ominus\geqslant 20\\ c_{HCO_3^-}\cdot K_{a_2}^\ominus\geqslant 20K_W^\ominus\end{cases}$时,$[H^+]\approx\sqrt{K_{a_1}^\ominus\cdot K_{a_2}^\ominus}$为计算多元弱酸酸式盐(两性物质)中$[H^+]$的最简式,即在符合上述条件的 $NaHCO_3$ 水溶液中,$[H^+]$的大小与$c_{HCO_3^-}$基本无关。

注意:

①由于 HCO_3^- 得失质子程度都小,因而$[HCO_3^-]=c_{HCO_3^-}$简写为 c,这时

$$[H^+]=\sqrt{\frac{cK_{a_2}^\ominus+K_W^\ominus}{1+c/K_{a_1}^\ominus}}$$

②只满足 $cK_{a_2}^\ominus\geqslant 20K_W^\ominus$ 时,$K_W^\ominus$ 可略去,则

$$[H^+]=\sqrt{\frac{cK_{a_2}^\ominus}{1+c/K_{a_1}^\ominus}}$$

③只满足 $c/K_{a_1}^\ominus\geqslant 20$ 时,分母中的 1 可略去:

$$[H^+]=\sqrt{\frac{cK_{a_2}^\ominus+K_W^\ominus}{c/K_{a_1}^\ominus}}$$

④只有同时满足 $cK_{a_2}^\ominus\geqslant 20K_W^\ominus$; $c/K_{a_1}^\ominus\geqslant 20$ 时,有

$$[H^+]=\sqrt{K_{a_1}^\ominus\cdot K_{a_2}^\ominus}$$

⑤若为 HPO_4^{2-} 则 $K_{a_1}^\ominus$、$K_{a_2}^\ominus$分别用 $K_{a_2}^\ominus$、$K_{a_3}^\ominus$取代。

因而,我们可以导出在 NaH_2PO_4 和 Na_2HPO_4 水溶液中的计算$[H^+]$的最简式:

在 NaH_2PO_4 水溶液中:$[H^+]\approx\sqrt{K_{a_1}^\ominus\cdot K_{a_2}^\ominus}$。

（由于 $H_2PO_4^-$ 是 H_3PO_4 第一步解离产物，$H_2PO_4^-$ 又要进行第二步解离，故在 $H_2PO_4^-$ 水溶液中 $[H^+]$ 与 $K_{a_1}^\ominus$ 和 $K_{a_2}^\ominus$ 有关）

在 Na_2HPO_4 水溶液中：$[H^+]\approx\sqrt{K_{a_2}^\ominus \cdot K_{a_3}^\ominus}$。

（由于 HPO_4^{2-} 只涉及第二步和第三步解离，所以 $[H^+]$ 与 $K_{a_2}^\ominus$ 和 $K_{a_3}^\ominus$ 有关）

【例 5-15】 求 $0.10mol\cdot L^{-1}$ $NaHCO_3$ 溶液的 pH。

解 由于 $c_{HCO_3^-}/K_{a_1}^\ominus \gg 20$，且

$K_{a_2}^\ominus c_{HCO_3^-}=4.69\times10^{-11}\times0.10=4.69\times10^{-12}\gg 20K_W^\ominus$

所以可用最简式

$$[H^+]=\sqrt{K_{a_1}^\ominus \cdot K_{a_2}^\ominus}=\sqrt{4.45\times10^{-7}\times4.69\times10^{-11}}=4.57\times10^{-9}mol\cdot L^{-1}$$

所以

$$pH=-\lg\{[H^+]/c^\ominus\}=-\lg(4.57\times10^{-9})=8.34$$

【例 5-16】 求 $1.0mol\cdot L^{-1}$ Na_2HPO_4 溶液的 pH 为多少？

解 因为

$$cK_{a_3}^\ominus=1.0\times4.5\times10^{-13}>20K_W^\ominus$$

$$c/K_{a_2}^\ominus=1.0/6.23\times10^{-8}>20$$

所以可用最简式

$$[H^+]=\sqrt{K_{a_2}^\ominus \cdot K_{a_3}^\ominus}=\sqrt{6.23\times10^{-8}\times4.5\times10^{-13}}=1.7\times10^{-10}mol\cdot L^{-1}$$

所以

$$pH=-\lg(1.7\times10^{-10})=9.77$$

第二部分　酸碱滴定法

一、不同 pH 溶液中酸碱各个存在型体的分布

酸度是指溶液中 H^+ 的活度，用 pH 表示，pH 越高，酸度越低。

酸的浓度是指酸的各种存在型体的总浓度，也叫分析浓度，用 c 表示。

平衡浓度是指达到平衡时，溶液中某一型体的浓度，用[　]表示。

1. 一元弱酸(碱)各型体的分布分数

一元弱酸 HA 在溶液中有两种存在型体：HA、A^-。

其分布分数为

$$\delta_{HA}=\frac{[HA]}{c}=\frac{[HA]}{[HA]+[A^-]}=\frac{[H^+]}{[H^+]+K_a^\ominus}$$

$$\delta_{A^-}=\frac{[A^-]}{c}=\frac{[A^-]}{[HA]+[A^-]}=\frac{K_a^{\ominus}}{[H^+]+K_a^{\ominus}}$$

且

$$\delta_{HA}+\delta_{A^-}=1$$

在一元酸 HA 的分布分数图中，δ_{HA}与 δ_{A^-}两曲线相交于 $pH=pK_a^{\ominus}$ 点，当 $pH>pK_a^{\ominus}$时，A^-为主要存在型体，当 $pH<pK_a^{\ominus}$ 时，HA 为主要存在型体。

2. 多元酸(碱)各型体的分布分数

二元弱酸 H_2A 在溶液中有三种存在型体：H_2A、HA^-、A^{2-}。

其分布分数为

$$\delta_{H_2A}=\frac{[H^+]^2}{[H^+]^2+[H^+]K_{a_1}^{\ominus}+K_{a_1}^{\ominus}K_{a_2}^{\ominus}}$$

$$\delta_{HA^-}=\frac{[H^+]K_{a_1}^{\ominus}}{[H^+]^2+[H^+]K_{a_1}^{\ominus}+K_{a_1}^{\ominus}K_{a_2}^{\ominus}}$$

$$\delta_{A^{2-}}=\frac{K_{a_1}^{\ominus}K_{a_2}^{\ominus}}{[H^+]^2+[H^+]K_{a_1}^{\ominus}+K_{a_1}^{\ominus}K_{a_2}^{\ominus}}$$

【例 5-17】 计算在$[H^+]=0.30mol\cdot L^{-1}$的 H_2S 的饱和水溶液中$[S^{2-}]$。

解　$[S^{2-}]=c\cdot\delta_{S^{2-}}$

$$=0.10\times\frac{9.5\times10^{-8}\times1.3\times10^{-14}}{0.30^2+9.5\times10^{-8}\times0.30+9.5\times10^{-8}\times1.3\times10^{-14}}$$

$$=1.4\times10^{-21}mol\cdot L^{-1}$$

其结果同例 5-5，因为分母中 0.30^2 后面各项与 0.30^2 相比可略去。

在二元酸 H_2A 的分布分数图中，曲线以 $pK_{a_1}^{\ominus}$、$pK_{a_2}^{\ominus}$为界分成 3 个区域，当 $pH<pK_{a_1}^{\ominus}$时，H_2A 为主要存在型体，当 $pK_{a_1}^{\ominus}<pH<pK_{a_2}^{\ominus}$时，$HA^-$为主要存在型体，$pH>pK_{a_2}^{\ominus}$时，$A^{2-}$为主要存在型体。

二、酸碱指示剂

酸碱指示剂通常是有机的弱酸或弱碱。

$$\underset{\text{酸式}}{HIn}\rightleftharpoons H^++\underset{\text{碱式}}{In^-}$$

指示剂的酸式和碱式具有不同的颜色。

当 $c_{In^-}/c_{HIn}=1$，即 $pH=pK_a^{\ominus}$ 时为指示剂的理论变色点。

指示剂的变色范围：$pH=pK_a^{\ominus}\pm1$。

常用指示剂的变色范围如表 5-1 所示。

表 5-1 常用指示剂的变色范围

指示剂	变色范围 pH	酸式色	碱式色
甲基橙(MO)	3.1～4.4	红	黄
甲基红(MR)	4.4～6.2	红	黄
酚酞(PP)	8.0～9.8	无	红

掌握以上指示剂的变色范围和颜色变化。

三、酸碱滴定法基本原理

1. 强酸碱滴定的滴定曲线

(1) 若滴定误差小于±0.1%,且溶液的浓度为 0.1000mol·L^{-1}时,则滴定的 pH 突跃范围:4.30～9.70,ΔpH=5.4 单位。

(2) 凡是变色点的 pH 在突跃范围内的指示剂均可选用,常用的是 MO、MR、PP 等。

(3) 滴定突跃大小与溶液的浓度有关。酸碱浓度增大 10 倍,则滴定突跃范围增加两个 pH 单位。

2. 一元弱酸碱的滴定曲线

(1) 滴定突跃范围小于强酸碱的滴定突跃范围,如 0.1000mol·L^{-1} NaOH 滴定 20.00mL 0.1000mol·L^{-1} HAc 时,滴定突跃范围:7.74～9.70,ΔpH=2 单位,指示剂:PP。

(2) 影响滴定突跃大小的因素:

①与弱酸的浓度有关。弱酸的浓度越大,突跃范围越大。

②与弱酸的强度有关。弱酸的 $K_a^\ominus$ 越小,酸越弱,滴定突跃范围越小。

(3) 弱酸能否准确滴定的条件:$c \cdot K_a^\ominus \geqslant 10^{-8}$;

弱碱能否准确滴定的条件:$c \cdot K_b^\ominus \geqslant 10^{-8}$。

3. 多元酸碱的滴定

多元酸(碱)在水溶液中分步离解,所以滴定中所需解决的问题就是能否分步滴定。

多元酸碱滴定的可行性:

首先判断:①是否 $K_{a_1}^\ominus \cdot c \geqslant 10^{-8}$,确定多元酸能否被准确滴定;②是否 $K_{a_1}^\ominus / K_{a_2}^\ominus \geqslant 10^4$,确定多元酸能否被分步滴定。满足上述两个条件,则有第一个突跃。

再判断:$K_{a_2}^\ominus \cdot c \geqslant 10^{-8}$

$$K_{a_2}^{\ominus}/K_{a_3}^{\ominus} \geqslant 10^4$$

满足上述两个条件，则有第二个突跃。

依次类推，对于多元碱同理。

混合弱酸(碱)的滴定与多元酸碱的滴定类似。

当用 NaOH 滴定 HA 和 HB 的混合酸溶液时，判断：$K_{HA}^{\ominus} \cdot c_{HA} \geqslant 10^{-8}$，$K_{HB}^{\ominus} \cdot c_{HB} \geqslant 10^{-8}$，$K_{HA}^{\ominus}/K_{HB}^{\ominus} \geqslant 10^4$，满足上述条件，则有可能分步滴定。

四、酸碱标准溶液的配制和标定

1．HCl 标准溶液的配制和标定

HCl 标准溶液通常是先配制成近似浓度的溶液，然后用基准物进行标定。常用的基准物是无水碳酸钠和硼砂。

(1) 用 Na_2CO_3 标定 HCl。滴定终点 pH 为 3.9，选甲基橙为指示剂，但由于碳酸钠的摩尔质量较小，称量误差较大。

(2) 用 $Na_2B_4O_7 \cdot 10H_2O$ 标定 HCl。滴定终点 pH 为 5.1，选甲基红为指示剂，硼砂的摩尔质量较大，称量误差较小。

2．NaOH 标准溶液的配制和标定

由于 NaOH 具有很强的吸湿性，也易吸收空气中的 CO_2 生成 Na_2CO_3，因此通常也是先配制成近似浓度的溶液，然后用基准物进行标定。常用的基准物是邻苯二甲酸氢钾和草酸。

配制不含 CO_3^{2-} 的 NaOH 的方法如下。

①先配成饱和 NaOH(50%)溶液，此时 Na_2CO_3 在饱和的 NaOH 溶液中的溶解度很低，沉于容器底部，然后可以取上层清液，用煮沸除去 CO_2 的蒸馏水配制成所需浓度的 NaOH 溶液。

②在较浓的 NaOH 溶液中滴加 $BaCl_2$ 以沉淀 CO_3^{2-}，然后取上层清液配制成所需浓度的 NaOH 溶液。

NaOH 溶液的标定如下。

①用邻苯二甲酸氢钾标定。滴定终点 pH 为 9.1，选酚酞为指示剂。

②用草酸标定。滴定终点 pH 为 8.4，选酚酞为指示剂。

五、酸碱滴定法应用

1．氮的测定

(1) 蒸馏法。将处理后含 NH_4^+ 试液置于蒸馏瓶中，加浓碱使 NH_4^+ 转化为 NH_3，加热蒸馏。

用过量的 HCl 标准溶液吸收 NH_3，再用 NaOH 标准溶液返滴过量的 HCl，选甲基橙或甲基红为指示剂。

$$w_N = \frac{(c_{HCl} \cdot V_{HCl} - c_{NaOH} \cdot V_{NaOH}) \times 14.01}{m_S \times 1000} \times 100\%$$

或用过量 H_3BO_3 溶液吸收 NH_3，用 HCl 标准溶液滴定生成的 $H_2BO_3^-$，选甲基红为指示剂。

(2) 甲醛法。甲醛与 NH_4^+ 作用定量地置换出酸

$$4NH_4^+ + 6HCHO = (CH_2)_6N_4H^+ + 3H^+ + 6H_2O$$

用 NaOH 标准溶液滴定，$1NH_4^+ \sim 1H^+ \sim 1NaOH$，选酚酞为指示剂。

2. 混合碱的测定

(1) $NaOH + Na_2CO_3$ 混合溶液。准确称取一定量试样，溶解后用 HCl 标准溶液滴定至酚酞变色，消耗 HCl 的体积 V_1(mL)，继续滴定至甲基橙变色，又消耗了 HCl 的体积 V_2(mL)。

$$w_{Na_2CO_3} = \frac{c_{HCl} \cdot V_2 \times 105.99}{m_S \times 1000} \times 100\%$$

$$w_{NaOH} = \frac{c_{HCl} \cdot (V_1 - V_2) \times 40.01}{m_S \times 1000} \times 100\%$$

(2) $Na_2CO_3 + NaHCO_3$ 混合溶液。其分析方法与 $NaOH + Na_2CO_3$ 混合溶液测定相似。

$$w_{Na_2CO_3} = \frac{c_{HCl} \cdot V_1 \times 105.99}{m_S \times 1000} \times 100\%$$

$$w_{NaHCO_3} = \frac{c_{HCl} \cdot (V_2 - V_1) \times 84.01}{m_S \times 1000} \times 100\%$$

有时混合物组分并不知道，通过测定后标准溶液消耗的体积，可确定溶液的组成，为便于判断，将标准溶液的体积与样品组成关系如表 5-2 所示（设滴定至酚酞变色消耗 HCl 的体积为 V_1，继续滴定至甲基橙变色又消耗 HCl 的体积为 V_2）。

表 5-2　标准溶液的体积与样品组成关系

存在物质	V_1(PP 变色)	V_2(MO 变色)
NaOH	V_1	$V_2=0$
$NaHCO_3$	$V_1=0$	V_2
Na_2CO_3	V_1	$V_2=V_1$
$NaOH+Na_2CO_3$	V_1	$V_2<V_1$
$NaHCO_3+Na_2CO_3$	V_1	$V_2>V_1$

掌握表5-2，会用体积相对大小，判断碱的组成和混合碱的组成（是 $NaOH+Na_2CO_3$ 还是 $NaHCO_3+Na_2CO_3$）。

综合练习

一、选择题

1．下列物质中属于质子碱的是________。

A．Ac^-　　B．HAc　　C．CO_3^{2-}　　D．H_2CO_3

2．下列物质属于共轭酸碱对的是________。

A．$H_2PO_4^--HPO_4^{2-}$　　B．$H_2CO_3-CO_3^{2-}$

C．$NH_4^+-NH_3$　　D．H_2S-S^{2-}

3．根据质子理论判断既是酸又是碱的物质为________。

A．NO_2^-　　B．H_2S　　C．HS^-　　D．NH_3

4．在 H_2S 的饱和水溶液中，关系式错误的是________。

A．$[H^+]=2[S^{2-}]$　　B．$[H^+]=\sqrt{K_{a_1}^{\ominus}\cdot c_{H_2S}}$

C．$[S^{2-}]=K_{a_2}^{\ominus}$　　D．$K_{a_2}^{\ominus}=\dfrac{[H^+]\cdot[S^{2-}]}{[HS^-]}$

5．在 H_2S 的酸性（$pH\leqslant5$）饱和水溶液中，关系式正确的是________。

A．$[H^+]=\sqrt{K_{a_1}^{\ominus}\cdot c_{H_2S}}$　　B．$[S^{2-}]=\dfrac{K_{a_1}^{\ominus}\cdot K_{a_2}^{\ominus}\cdot[H_2S]}{[H^+]^2}$

C．$[H^+]=2[S^{2-}]$　　D．$[S^{2-}]=K_{a_2}^{\ominus}$

6．在 Na_2CO_3 的水溶液中，$[OH^-]=$________。

A．$\sqrt{\dfrac{K_W^{\ominus}}{K_{a_1}^{\ominus}}\cdot c_{CO_3^{2-}}}$　　B．$\sqrt{\dfrac{K_W^{\ominus}}{K_{a_2}^{\ominus}}\cdot c_{CO_3^{2-}}}$

C．$\sqrt{K_W^{\ominus}\cdot c_{CO_3^{2-}}}$　　D．$\sqrt{K_{a_1}^{\ominus}\cdot K_{a_2}^{\ominus}}$

7．Na_2HPO_4 和 Na_3PO_4 等摩尔溶解在水中，这时溶液的 H^+ 的浓度应该是________（H_3PO_4 的 $K_1^{\ominus}=7.11\times10^{-3}$；$K_2^{\ominus}=6.23\times10^{-8}$；$K_3^{\ominus}=4.5\times10^{-13}$）。

A．7.11×10^{-3}　　B．6.3×10^{-8}

C．4.5×10^{-13}　　D．4.5×10^{-10}

8．$10^{-8}mol\cdot L^{-1}$盐酸溶液的 pH 是________。

A．8　　B．7　　C．略小于 7　　D．6

9．在 298K 100mL $0.1mol\cdot L^{-1}$ HAc 溶液中，加入 1gNaAc 后，溶液的 pH

________。

A. 降低　　B. 升高　　C. 不变　　D. 不能判断

10. 已知 $K^{\ominus}_{HCN}=6.2\times10^{-10}$；$K^{\ominus}_{a_1,H_3PO_4}=7.11\times10^{-3}$；$K^{\ominus}_{a_2,H_3PO_4}=6.23\times10^{-8}$；$K^{\ominus}_{a_3,H_3PO_4}=4.5\times10^{-13}$；$K^{\ominus}_{HAc}=1.75\times10^{-5}$，下列相同浓度的溶液，pH 由大到小的顺序为________。

A. Na_3PO_4、NaCN、NaAc、H_3PO_4　　B. NaCN、NaAc、H_3PO_4、Na_3PO_4

C. NaAc、H_3PO_4、Na_3PO_4、NaCN　　D. H_3PO_4、Na_3PO_4、NaCN、NaAc

11. 为使氨水的解离度增大，可加入的物质有________

A. NH_4Cl　　B. NaOH　　C. HCl　　D. H_2O

12. $BiCl_3$ 水解的产物是________

A. $Bi(OH)_3$　　B. $Bi(OH)_2Cl$　　C. BiOCl　　D. $Bi(OH)Cl_2$

13. 将 $0.20mol\cdot L^{-1}$ HCl 10mL 与 $0.20mol\cdot L^{-1}$氨水 20mL 混合，则该溶液为________。

A. 强酸性溶液　　B. 弱碱性溶液　　C. 中性溶液　　D. 缓冲溶液

14. NH_4Ac 水溶液中，NH_4Ac 的水解方程式为________。

A. $NH_4^+ + H_2O \rightleftharpoons NH_3\cdot H_2O + H^+$

B. $Ac^- + H_2O \rightleftharpoons HAc + OH^-$

C. $NH_4Ac + H_2O \rightleftharpoons NH_3\cdot H_2O + HAc$

D. $NH_4^+ + Ac^- + H_2O \rightleftharpoons HAc + NH_3\cdot H_2O$

二、填空题

1. 若已知 HAc 的解离常数为 $K^{\ominus}_{HAc}=1.75\times10^{-5}$，则 $0.10mol\cdot L^{-1}$ HAc 溶液中的 pH=____________。

2. 若已知 $NH_3\cdot H_2O$ 的解离常数 $K^{\ominus}_{NH_3\cdot H_2O}=1.75\times10^{-5}$，则 $0.10mol\cdot L^{-1}$ $NH_3\cdot H_2O$ 溶液中 pH=____________。

3. $0.20mol\cdot L^{-1}$ $NH_3\cdot H_2O$ 和 $0.20mol\cdot L^{-1}$ NH_4Cl 等体积混合后，溶液的 pH=______。

4. $0.10mol\cdot L^{-1}$的 Na_2CO_3 水溶液中，pH=____________（H_2CO_3 的 $K^{\ominus}_{a_1}=4.45\times10^{-7}$；$K^{\ominus}_{a_2}=4.69\times10^{-11}$）。

5. 若需要 pH=9 左右的缓冲液，应选用 HAc-NaAc，还是 $NH_3\cdot H_2O$-NH_4Cl（$K^{\ominus}_{HAc}=1.75\times10^{-5}$；$K^{\ominus}_{NH_3\cdot H_2O}=1.75\times10^{-5}$）__________。

6. 若将 $0.10mol\cdot L^{-1}$氨水冲稀 1 倍，则$[OH^-]$=__________ $mol\cdot L^{-1}$。

7. 0.10mol·L^{-1} HCl 和 0.10mol·L^{-1} HAc 溶液中，$[H^+]$分别为________和________ mol·L^{-1}；各中和 10mL 上述酸，所用 0.10mol·L^{-1} NaOH 的体积为______ mL。

8. 下列各溶液的浓度均为 0.10mol·L^{-1}，按 pH 由小到大的顺序排列________________。

HAc、NaAc、NH_4NO_3、NH_4Ac、Na_2CO_3、NaCN

9. $H_2PO_4^-$ 可以和______组成缓冲溶液；又可以和______组成缓冲溶液。

10. H_2O 的共轭酸是______；共轭碱是______________。

11. $NH_4H_2PO_4$ 水溶液的质子条件式为______；所选用的零水准为______________。

12. 缓冲溶液的 pH，首先决定于__________和__________的大小，其次才与__________和__________有关。

13. 0.10mol·L^{-1} Na_3PO_4 水溶液的 pH 为________________(H_3PO_4 的 $K_{a_1}^{\ominus}=7.11\times10^{-3}$；$K_{a_2}^{\ominus}=6.23\times10^{-8}$；$K_{a_3}^{\ominus}=4.5\times10^{-13}$)。

14. 在 0.10mol·L^{-1} NaH_2PO_4 水溶液中，$[H^+]$等于________ mol·L^{-1}；在 1.0mol·L^{-1} Na_2HPO_4 水溶液中，$[H^+]$等于________ mol·L^{-1}；若将1.0mol·L^{-1} NaH_2PO_4 和 1.0mol·L^{-1} Na_2HPO_4 等体积混合后，则混合溶液的$[H^+]$值为________ mol·L^{-1}。

15. H_3PO_4 溶液中 $\delta_{H_3PO_4}=$____________，$\delta_{PO_4^{3-}}=$____________

16. 甲基橙的变色范围 pH ____；酸式色____，碱式色____。

17. 某弱碱型指示剂的解离常数 $K_{HIn}^{\ominus}=1.5\times10^{-8}$，该指示剂的变色范围为____________。

18. 用 0.1000mol·L^{-1} NaOH 溶液滴定 20.00mL 0.1000mol·L^{-1} HCOOH ($K_a^{\ominus}=1.8\times10^{-4}$)溶液时，计量点前 0.1%时即用去 19.98mL NaOH 时，pH=________；计量点后 0.1%，即用去 20.02mL NaOH 时，pH=________；计量点的 pH ________；应选用的指示剂为________。

19. 下列 0.1000mol·L^{-1} 的碱能被 0.1000mol·L^{-1} HCl 直接滴定的是________，计量点的 pH=________；选用的指示剂为________。

(1)六次甲基四胺$(CH_2)_6N_4$($K_a^{\ominus}=7.4\times10^{-6}$)；(2)甲胺 CH_5N($K_a^{\ominus}=2.3\times10^{-11}$)；(3)羟胺 NH_2OH($K_a^{\ominus}=1.1\times10^{-6}$)($K_a^{\ominus}$ 为共轭酸的 $K_a^{\ominus}$)。

20. 下列 0.1000mol·L^{-1} 酸，能被 0.1000mol·L^{-1} NaOH 直接滴定的是________；计量点的 pH=________；选用的指示剂为________。

(1)HCN($K_a^{\ominus}=6.2\times10^{-10}$)；(2)HF($K_a^{\ominus}=6.8\times10^{-4}$；(3)HClO($K_a^{\ominus}=$

3.0×10^{-8}）。

21. $0.1mol\cdot L^{-1}$ HAc＋$0.1mol\cdot L^{-1}$ H_3BO_3 中，能被准确滴定的是________；不能滴定的是________。

22. $0.1mol\cdot L^{-1}$ HCOOH＋$0.01mol\cdot L^{-1}$ HAc ____分步滴定，但____准确滴定两者总含量。（填：能或不能）

23. 质量为 m_s 的混合碱可能是 NaOH＋Na_2CO_3 或 $NaHCO_3$＋Na_2CO_3，溶解后用一定浓度的 HCl 溶液滴定至酚酞由____色，变为____色，用去 HCl 的体积为 V_1；继续滴定至甲基橙由____色变为____色；又消耗 HCl 体积为 V_2。若 V_1 ____ V_2，则混合碱为 NaOH＋Na_2CO_3；若 V_1 ____ V_2，则混合碱为 $NaHCO_3$＋Na_2CO_3。若混合碱为 NaOH＋Na_2CO_3，则 $w_{Na_2CO_3}$＝____________，w_{NaOH}＝____________（计算式）。

24. 标定 HCl 的基准物的化学式是________和________；若小份称量，标定 $0.1mol\cdot L^{-1}$的 HCl，用硼砂（相对分子质量 381.37）作基准物，其称量范围是______至______ g 之间；标定 NaOH 的基准物是____________和____________。

25. 画出 $0.1000mol\cdot L^{-1}$ NaOH 滴定 $0.1000mol\cdot L^{-1}$的 20mL HAc 的滴定曲线________，若 $0.1000mol\cdot L^{-1}$ HCl 滴定 $0.1000mol\cdot L^{-1}$ 20mL $NH_3\cdot H_2O$，在同一图上画出其滴定曲线________。

三、是非题

1. (　　) $0.10mol\cdot L^{-1}$ HAc 溶液中$[H^+]=1.3\times10^{-3}mol\cdot L^{-1}$；故 $0.050mol\cdot L^{-1}$ HAc 溶液中$[H^+]=0.65\times10^{-3}mol\cdot L^{-1}$。

2. (　　)将浓度均为 $0.10mol\cdot L^{-1}$的 HAc 和 NaAc 混合溶液冲稀至浓度均为 $0.05mol\cdot L^{-1}$，则混合溶液的酸度降低。

3. (　　)向浓度均为 $0.10mol\cdot L^{-1}$ $NH_3\cdot H_2O$-NH_4Cl 的缓冲溶液中，加入 HCl 使 $c_{HCl}=0.099mol\cdot L^{-1}$，则由于溶液的缓冲作用，pH 不变。

4. (　　) Na_2CO_3 溶液中通入适量 CO_2 气体，便可得到一种缓冲溶液。

5. (　　)通常二元弱酸（如 H_2S）水溶液的酸度，可以按着一元弱酸的解离平衡计算。

6. (　　)多元弱酸盐（如 Na_3PO_4）的水解，以第一步水解为主。

7. (　　) NH_4Ac 为一元弱酸弱碱盐，水解程度很大，故其水溶液的酸碱性很大。

8. (　　)在一定温度下，改变溶液的 pH，水的离子积不变。

9. (　　)弱电解质的电离度随弱电解质浓度降低而增大。

10.（　　）Ac^-为一元碱（质子碱），故其浓度为 c($mol \cdot L^{-1}$)的水溶液中 OH^-浓度为$[OH^-]=\sqrt{K_b^\ominus c_b} mol \cdot L^{-1}$。

四、计算题

1. 欲配制 500mL pH=9.00 且 NH_4^+ 浓度为 1.0$mol \cdot L^{-1}$的 $NH_3 \cdot H_2O$-NH_4Cl 缓冲溶液，需密度为 0.904$g \cdot mL^{-1}$、含 NH_3 26.0%的浓氨水多少毫升？固体 NH_4Cl 多少克？

2. 要配制 pH=5.00 的缓冲溶液，需称多少克 $NaAc \cdot 3H_2O$ 固体溶解于 300mL 0.50$mol \cdot L^{-1}$ HAc 中($NaAc \cdot 3H_3O$ 摩尔质量为 136.08$g \cdot mol^{-1}$)。

3. 0.10$mol \cdot L^{-1}$的 H_2S 溶液和 0.20$mol \cdot L^{-1}$的 HCl 溶液等体积混合。

(1)问混合后 S^{2-}浓度为多少？($K_{a_1,H_2S}^\ominus=9.5\times10^{-8}$；$K_{a_2,H_2S}^\ominus=1.3\times10^{-14}$)

(2)HS^-浓度为多少？

4. 溶解 5.00×10^{-3}mol $(NH_4)_2SO_4$ 于 100mL 0.100$mol \cdot L^{-1}$ $NH_3 \cdot H_2O$ 中(忽略体积变化)($K_b^\ominus=1.75\times10^{-5}$)。

(1)该溶液的 pH 是多少？

(2)如果加入 0.0050mol HCl，pH 是多少？

(3)如果加入 0.0050mol NaOH，pH 是多少？

5. 用 0.030mol $(NH_4)_2SO_4$ 和 0.020mol NaOH 混合，并加水溶解，制成 250mL 溶液，计算该溶液的 NH_4^+ 和 OH^-的浓度？

6. 计算 112mL 0.1325$mol \cdot L^{-1}$ H_3PO_4 和 136mL 0.1450$mol \cdot L^{-1}$ NaH_2PO_4 混合溶液的$[H^+]$和 pH($K_{a_1}^\ominus=7.11\times10^{-3}$；$K_{a_2}^\ominus=6.23\times10^{-8}$；$K_{a_3}^\ominus=4.5\times10^{-13}$)。

7. 在 1L 0.10$mol \cdot L^{-1}$ NaH_2PO_4 溶液中，加入 500mL 0.10$mol \cdot L^{-1}$ NaOH 溶液后，求此溶液的 pH($K_{H_2PO_4^-}^\ominus=6.23\times10^{-8}$，忽略混合时体积效应)。

8. 分析工业硼砂 $Na_2B_4O_7 \cdot 10H_2O$，称取 1.0000g，用 0.2000$mol \cdot L^{-1}$ HCl 25.00mL 滴定至终点，计算试样中 $Na_2B_4O_7 \cdot 10H_2O$ 的质量分数(硼砂的摩尔质量为 381.37$g \cdot mol^{-1}$)。

9. 称取草酸试样 1.788g，用水溶解后移入 250mL 容量瓶中，稀释至刻度，摇匀。吸取此试液 25.00mL，以 0.1093$mol \cdot L^{-1}$ NaOH 标准溶液滴定，用去 25.84mL，计算草酸试样 $H_2C_2O_4 \cdot 2H_2O$ 的质量分数($H_2C_2O_4 \cdot 2H_2O$ 相对分子质量 126.07)。

10. 用蒸馏法测定某肥料中含氮量。称取试样 0.2360g，加浓碱液蒸馏，馏出的 NH_3 用 0.1014$mol \cdot L^{-1}$ HCl 50.00mL 吸收，然后用 0.1010$mol \cdot L^{-1}$ NaOH 滴定

过量的 HCl，用去 NaOH 10.70mL，试计算该肥料中氮的质量分数（N：14.007；NH_3：17.03）。

11. 称取混合碱试样 0.8839g，以酚酞为指示剂，用 0.2000mol·L^{-1} HCl 标准溶液滴定至终点，用去酸溶液 23.10mL，继续用甲基橙指示剂，滴定至终点又耗去酸溶液 26.81mL，求试样中各组分的质量分数？（Na_2CO_3：105.99；$NaHCO_3$：84.01；NaOH：40.01）

12. 用 0.10mol·L^{-1}的 HCl 溶液滴定同浓度的氨水时，若采用 pH 在 7.00 时变色的指示剂，则在滴定终点时溶液中剩余 NH_3 的百分率为多少？（已知 NH_4^+ 的 $K_a^\ominus=5.70\times10^{-10}$）

13. 将 0.10mol·L^{-1} H_3PO_4 10mL 与 0.10mol·L^{-1}的 NaOH 20mL 混合，求混合后（忽略体积效应）溶液的 pH（$K_{a_2}^\ominus=6.23\times10^{-8}$；$K_{a_3}^\ominus=4.5\times10^{-13}$）。

14. 0.10mol·L^{-1}的 Na_2CO_3 溶液 20mL，

(1)加入 20mL 0.10mol·L^{-1}的 HCl；

(2)加入 40mL 0.10mol·L^{-1}的 HCl。

计算混合溶液的 pH（忽略体积效应，H_2CO_3 的 $K_{a_1}^\ominus=4.45\times10^{-7}$；$K_{a_2}^\ominus=4.69\times10^{-11}$）。

15. 配制 200mL pH＝8.00 的缓冲溶液，应取 1.000mol·L^{-1}的 NH_4Cl 和 1.000mol·L^{-1} NH_3 水各多少毫升？（$K_{NH_4^+}^\ominus=5.70\times10^{-10}$）

第六章 沉淀溶解平衡

基本要求

(1) 掌握难溶强电解质的溶解度和溶度积的相互换算。

(2) 理解溶度积规则,会根据溶度积规则判断沉淀的生成、溶解。

(3) 理解分步沉淀的概念,并会进行有关计算。

(4) 了解沉淀溶解的几种方法,尤其是硫化物的溶解情况与 $K_{sp}^{\ominus}$ 的关系,会计算硫化物、氢氧化物溶解所需的 H^+ 浓度。

(5) 掌握混合离子分离的有关计算以及沉淀转化的概念及有关计算。

(6) 了解活度积和条件溶度积的概念,会根据条件溶度积计算有盐效应、酸效应及配合效应时,难溶强电解质的溶解度 s'。

重点内容与学习指导

一、难溶电解质的溶解度和溶度积的相互换算

1. 溶度积常数 $K_{sp}^{\ominus}$ 和溶解度 s(mol·L^{-1})

(1) 溶度积常数 $K_{sp}^{\ominus}$。在一定的温度下,难溶电解质的饱和溶液中,其离子浓度方次的乘积为一常数,称为溶度积常数,符号 $K_{sp}^{\ominus}$,简称溶度积。

(2) 溶解度。将难溶电解质的溶解度用物质的量浓度表示,符号 s,单位为 mol·L^{-1}。

2. $K_{sp}^{\ominus}$ 和 s 的相互换算

(1) 难溶强电解质的概念

为了进行 $K_{sp}^{\ominus}$ 和 s 的相互换算,将难溶电解质看成强电解质并忽略各离子的水解和副反应。难溶强电解质就是难溶电解质只要溶于水的,就认为它完全解离。

例如:AgCl(s)一小部分溶于水,但它溶于水的那部分完全离解,这个过程可表示为

$$AgCl(s) \rightleftharpoons AgCl(aq) = Ag^+ + Cl^-$$

将上述表示简写为

$$AgCl(s) \rightleftharpoons Ag^+ + Cl^-$$

这时要注意:①AgCl 后面括号中 s 要标出;② $AgCl(s) \rightleftharpoons Ag^+ + Cl^-$ 中的“可逆号”。

“可逆号”意味着 AgCl(s)部分解离，解离出的 Ag^+ 和 Cl^- 由于相互碰撞又可能结合成 AgCl(s)，故存在着一个沉淀溶解平衡。

(2) $K_{sp}^{\ominus}$ 和 s 的相互换算

对于 A_mB_n 型难溶强电解质，设一定温度下它的溶解度为 $s\,mol \cdot L^{-1}$，即

$$A_mB_n(s) \rightleftharpoons A_mB_n(aq) \qquad (1)$$

$$s$$

而 $A_mB_n(aq)$ 由于为强电解质，故

$$A_mB_n(aq) = mA^{n+} + nB^{m-} \qquad (2)$$

	$A_mB_n(aq)$	mA^{n+}	nB^{m-}
$c_{始}$ /mol · L^{-1}	s	0	0
$c_{平}$ /mol · L^{-1}	0	ms	ns

将式(1)和式(2)联合考虑，写作

$$A_mB_n(s) \rightleftharpoons mA^{n+} + nB^{m-} \qquad (3)$$

$c_{平}$ /mol · L^{-1}　　ms　　ns

我们一般直接用式(3)表示。由式(3)可写出

$$K_{sp}^{\ominus} = [A^{n+}]^m \cdot [B^{m-}]^n = (ms)^m \cdot (ns)^n = m^m \cdot n^n \cdot s^{m+n}$$

所以

$$s = \sqrt[m+n]{\frac{K_{sp}^{\ominus}}{m^m \cdot n^n}}$$

以上式子为纯水(不含与难溶电解质相同的离子的)溶液中，难溶强电解质的 $K_{sp}^{\ominus}$ 和 s 相互换算的公式。

【例 6-1】 某温度下，难溶强电解质 $Ca_3(PO_4)_2$ 的 $s=2.00\times10^{-7}mol \cdot L^{-1}$

(1) 求 $Ca_3(PO_4)_2$ 的 $K_{sp}^{\ominus}=?$

(2) 向该溶液中加入 $Na_3PO_4(s)$，使其浓度为 0.10mol · L^{-1}(忽略体积变化)。求 $Ca_3(PO_4)_2$ 的 $s=?$ mol · L^{-1}(与难溶强电解质含有相同离子的水溶液中)。

解 (1) 由于 $Ca_3(PO_4)_2$ 的溶解度 $s=2.00\times10^{-7}mol \cdot L^{-1}$，又认为它为强电解质，同时忽略了 PO_4^{3-} 的水解，故

$$[Ca^{2+}]=3\times2.00\times10^{-7}mol \cdot L^{-1};\ [PO_4^{3-}]=2\times2.00\times10^{-7}mol \cdot L^{-1}$$

$$Ca_3(PO_4)_2(s) \rightleftharpoons 3Ca^{2+} + 2PO_4^{3-}$$

$c_{平}$/mol · L^{-1}　　$3\times2.00\times10^{-7}$　　$2\times2.00\times10^{-7}$

$$K_{sp}^{\ominus}=(3\times2.00\times10^{-7})^3(2\times2.00\times10^{-7})^2=3.46\times10^{-32}$$

或者直接用公式

$$K_{sp}^{\ominus}=m^m \cdot n^n \cdot s^{m+n}=3^3 \cdot 2^2 \cdot s^{3+2}=108s^5=3.46\times10^{-32}$$

(2) 由于 Na_3PO_4 的加入，使 PO_4^{3-} 的浓度增加了 0.10mol·L^{-1}，必然会对 $Ca_3(PO_4)_2(s) \rightleftharpoons 3Ca^{2+} + 2PO_4^{3-}$ 平衡发生同离子效应，使平衡左移，使 $Ca_3(PO_4)_2$ 的溶解度 s 减小

$$\begin{array}{lccc} & Ca_3(PO_4)_2(s) \rightleftharpoons & 3Ca^{2+} + & 2PO_4^{2-} \\ c_{平}/mol \cdot L^{-1} & & 3s & 0.10+2s \end{array}$$

$$K_{sp}^{\ominus} = [Ca^{2+}]^3 \cdot [PO_4^{3-}]^2 = (3s)^3 \cdot (0.10+2s)^2 = 3.46 \times 10^{-32}$$

由于 $K_{sp}^{\ominus}$ 很小，所以 $0.10+2s \approx 0.10$，即

$$K_{sp}^{\ominus} = (3s)^3 \times (0.10)^2 = 27 \times 10^{-2} s^3 = 3.46 \times 10^{-32}$$

所以

$$s = \sqrt[3]{\frac{3.46 \times 10^{-32}}{27 \times 10^{-2}}} = 5.04 \times 10^{-11} \text{mol} \cdot \text{L}^{-1}$$

注意：由 $K_{sp}^{\ominus}$ 求 s，在纯水溶液中和在与难溶强电解质含有相同离子的水溶液中，其方法和结果是不同的：前者可直接用公式 $s = \sqrt[m+n]{\frac{K_{sp,A_mB_n}^{\ominus}}{m^m \cdot n^n}}$，后者必须考虑同离子效应，再根据沉淀溶解平衡由 $K_{sp,A_mB_n}^{\ominus}$ 求 $s_{A_mB_n}$。

【例 6-2】 已知 Ag_2CrO_4 的 $K_{sp}^{\ominus} = 2.0 \times 10^{-12}$；AgCl 的 $K_{sp}^{\ominus} = 1.8 \times 10^{-10}$，AgI 的 $K_{sp}^{\ominus} = 9.3 \times 10^{-17}$，通过计算 Ag_2CrO_4 和 AgCl、AgI 的溶解度，说明能否用 $K_{sp}^{\ominus}$ 的大小比较难溶电解质溶解度的大小。

解 因为

$$\begin{array}{lccc} & Ag_2CrO_4(s) \rightleftharpoons & 2Ag^+ + & CrO_4^{2-} \\ c_{平}/mol \cdot L^{-1} & & 2s_1 & s_1 \end{array}$$

所以

$$K_{sp,Ag_2CrO_4}^{\ominus} = [Ag^+]^2 \cdot [CrO_4^{2-}] = (2s_1)^2 \cdot s_1 = 4s_1^3$$

所以

$$s_1 = \sqrt[3]{\frac{K_{sp,Ag_2CrO_4}^{\ominus}}{4}} = \sqrt[3]{\frac{2.0 \times 10^{-12}}{4}} = 7.9 \times 10^{-5} \text{mol} \cdot \text{L}^{-1}$$

因为

$$\begin{array}{lccc} & AgCl(s) \rightleftharpoons & Ag^+ + & Cl^- \\ c_{平}/mol \cdot L^{-1} & & s_2 & s_2 \end{array}$$

所以

$$K_{sp,AgCl}^{\ominus} = s_2 \cdot s_2 = 1.8 \times 10^{-10}$$

所以

$$s_2 = \sqrt{K_{sp,AgCl}^{\ominus}} = \sqrt{1.8 \times 10^{-10}} = 1.3 \times 10^{-5} \text{mol} \cdot \text{L}^{-1}$$

同理 AgI 的 $s_3=\sqrt{K^{\ominus}_{sp,AgI}}=\sqrt{9.3\times10^{-17}}=9.6\times10^{-9}\,mol\cdot L^{-1}$

从上面的计算可见：

	Ag_2CrO_4		AgCl		AgI
$K^{\ominus}_{sp}$	2.0×10^{-12}	<	1.8×10^{-10}	>	9.3×10^{-17}
$s/mol\cdot L^{-1}$	7.9×10^{-5}	>	1.3×10^{-5}	>	9.6×10^{-9}

总结：①对于相同类型的难溶化合物，如均为 AB 型；或均为 A_2B、AB_2 型；或均为 AB_3 型、A_3B 型；或均为 A_3B_2、A_2B_3 型等，可用 $K^{\ominus}_{sp}$ 相对大小比较其溶解度的大小，如 AgCl、AgBr、AgI、$BaSO_4$、$PbSO_4$ 等均为 AB 型，可用 $K^{\ominus}_{sp}$ 相对大小比较溶解度 s(mol · L^{-1})的相对大小。

②而对于不同类型，如 Ag_2CrO_4（A_2B 型）和 AgCl（AB 型），则不能用 $K^{\ominus}_{sp}$ 比较 s(mol · L^{-1})的相对大小。

③无论什么型的难溶强电解质（忽略水解和副反应）在纯水溶液中（不含与难溶强电解质有相同离子的情况），均可用通式 $K^{\ominus}_{sp,A_mB_n}=m^m\cdot n^n\cdot s^{m+n}$ 进行 $K^{\ominus}_{sp}$ 和 s 的相互换算。

④若为难溶弱电解质，或易水解的强电解质，以 AB 型为例，则 $s>\sqrt{K^{\ominus}_{sp}}$。例如

$$ZnS(s)\rightleftharpoons Zn^{2+}+S^{2-}$$

若考虑 Zn^{2+} 和 S^{2-} 的水解，则

$$s=[Zn^{2+}]+[Zn(OH)^{+}]+[Zn(OH)_2]$$

$$s=[S^{2-}]+[HS^{-}]+[H_2S]$$

所以

$$K^{\ominus}_{sp}=[Zn^{2+}]\cdot[S^{2-}]<s^2$$

即

$$s>\sqrt{K^{\ominus}_{sp}}$$

又例如：若 AB(s)为难溶弱电解质，则

$$AB(s)\rightleftharpoons AB(aq)\rightleftharpoons A^{+}+B^{-}$$

$$s=[AB]+[A^{+}]=[AB]+[B^{-}]$$

即

$$s=[AB]+\sqrt{K^{\ominus}_{sp}}>\sqrt{K^{\ominus}_{sp}}$$

二、沉淀的生成与溶解

1. 溶度积规则

溶度积规则是判断沉淀生成与溶解的总则。

$$J\begin{cases}<\\=\\>\end{cases}K_{sp}^{\ominus}\begin{cases}\text{无沉淀生成,或原有沉淀溶解}\\\text{维持原状}\begin{cases}\text{溶液中有沉淀,为平衡态}\\\text{溶液中无沉淀,为准平衡态}\end{cases}\\\text{有沉淀生成}\end{cases}$$

【例 6-3】 (1) 将 2.0×10^{-4}mol·L^{-1} $AgNO_3$ 与 2.0×10^{-4}mol·L^{-1} NaCl 等体积混合,问有无 AgCl 沉淀?(2) 将 2.0×10^{-4}mol·L^{-1}的 $AgNO_3$ 和 2.0×10^{-4}mol·L^{-1}的 Na_2CrO_4 等体积混合,问有无 Ag_2CrO_4 沉淀(忽略混合时的体积效应)?

解　(1) 因为

$$AgCl(s)\rightleftharpoons Ag^{+}+Cl^{-}$$

所以

$$J=c_{Ag^{+}}\cdot c_{Cl^{-}}=\left(\frac{2.0\times10^{-4}}{2}\right)\times\left(\frac{2.0\times10^{-4}}{2}\right)=1.0\times10^{-8}$$
$$>K_{sp,AgCl}^{\ominus}=1.8\times10^{-10}$$

所以有 AgCl 沉淀产生。

(2) 因为

$$Ag_2CrO_4(s)\rightleftharpoons 2Ag^{+}+CrO_4^{2-}$$

所以

$$J=c_{Ag^{+}}^{2}\cdot c_{CrO_4^{2-}}=\left(\frac{2.0\times10^{-4}}{2}\right)^{2}\left(\frac{2.0\times10^{-4}}{2}\right)=1.0\times10^{-12}$$
$$<K_{sp,Ag_2CrO_4}^{\ominus}=2.0\times10^{-12}$$

所以没有 Ag_2CrO_4 沉淀产生。

注意:J 的表达式必须根据沉淀溶解平衡去写,才不致出错。

2. 沉淀的生成与分步沉淀

当 $J>K_{sp}^{\ominus}$时,就会生成沉淀。

分步沉淀:在同一溶液中,存在着几种能被同一沉淀剂所沉淀的离子,当加入沉淀剂时,它们被沉淀的先后次序不同。

【例 6-4】　若溶液中含有 Cl^-、Br^-、I^- 三种离子且 $c_{Cl^-}=c_{Br^-}=c_{I^-}=0.10$mol·L^{-1},问向该溶液中滴加 $AgNO_3$ 时,产生沉淀的次序如何?

解　产生 AgCl、AgBr、AgI 沉淀,所需沉淀剂 Ag^+ 的最低浓度分别为

$$c_{(Ag^{+})Cl^{-}}=\frac{K_{sp,AgCl}^{\ominus}}{c_{Cl^{-}}}=\frac{1.8\times10^{-10}}{0.10}=1.8\times10^{-9}\text{mol}\cdot\text{L}^{-1}$$

$$c_{(Ag^{+})Br^{-}}=\frac{K_{sp,AgBr}^{\ominus}}{c_{Br^{-}}}=\frac{5.0\times10^{-13}}{0.10}=5.0\times10^{-12}\text{mol}\cdot\text{L}^{-1}$$

$$c_{(Ag^+)I^-}=\frac{K^{\ominus}_{sp,AgI}}{c_{I^-}}=\frac{9.3\times10^{-17}}{0.10}=9.3\times10^{-16}\,mol\cdot L^{-1}$$

产生 AgCl、AgBr、AgI 沉淀所需 c_{Ag^+} 的大小依次为：$c_{(Ag^+)Cl^-}>c_{(Ag^+)Br^-}>c_{(Ag^+)I^-}$，所以产生沉淀的次序为：AgI、AgBr、AgCl。

注意：对于产生相同类型的沉淀，$K^{\ominus}_{sp}$小者先被沉淀出来。

【例 6-5】 若溶液中同时含有 Cl^-、CrO_4^{2-}、PO_4^{3-} 离子，且 $c_{Cl^-}=c_{CrO_4^{2-}}=c_{PO_4^{3-}}=0.10mol\cdot L^{-1}$，向其溶液中滴加 $AgNO_3$，问沉淀的先后次序如何？

解 产生 AgCl、Ag_2CrO_4、Ag_3PO_4 所需的沉淀剂的最低浓度 c_{Ag^+} 分别为

$$c_{Ag^+_{Cl^-}}=\frac{K^{\ominus}_{sp,AgCl}}{c_{Cl^-}}=\frac{1.8\times10^{-10}}{0.10}=1.8\times10^{-9}\,mol\cdot L^{-1}$$

$$c_{Ag^+_{CrO_4^{2-}}}=\sqrt{\frac{K^{\ominus}_{sp,Ag_2CrO_4}}{c_{CrO_4^{2-}}}}=\sqrt{\frac{2.0\times10^{-12}}{0.10}}=4.5\times10^{-6}\,mol\cdot L^{-1}$$

$$c_{Ag^+_{PO_4^{3-}}}=\sqrt[3]{\frac{K^{\ominus}_{sp,Ag_3PO_4}}{c_{PO_4^{3-}}}}=\sqrt[3]{\frac{1.4\times10^{-16}}{0.10}}=1.1\times10^{-5}\,mol\cdot L^{-1}$$

所以沉淀的先后次序为：AgCl、Ag_2CrO_4、Ag_3PO_4。

注意：产生不同类型的沉淀，不能说 $K^{\ominus}_{sp}$小者先沉淀。

总结：任何情况下，都可以说，哪种离子被沉淀时所需沉淀剂浓度小，哪种离子先被沉淀；或者说哪种物质的 J 先达到 $K^{\ominus}_{sp}$，哪种物质先被沉淀出来。

3. 沉淀的溶解

当 $J<K^{\ominus}_{sp}$时，沉淀就溶解。

(1) 酸碱溶解法。例如，两性氢氧化物，如 $Zn(OH)_2$、$Al(OH)_3$、$Cr(OH)_3$、$Cu(OH)_2$等在酸中、碱中都能溶解。

难溶弱酸盐如 $CaCO_3$、ZnS、FeS、MnS 等都能溶于盐酸，而同样为弱酸盐的硫化物如 CuS、Ag_2S、HgS 等则不能溶于盐酸。这可以通过求下面沉淀溶解平衡中的$[H^+]$说明。以 ZnS、FeS、MnS、CuS、PbS、HgS 等 MS 型为例，当它们和 HCl 反应时，假定存在以下平衡

$$MS(s)+2H^+\rightleftharpoons M^{2+}+H_2S(aq)$$

$$K^{\ominus}=\frac{[M^{2+}]\cdot[H_2S]}{[H^+]^2}\cdot\frac{[S^{2-}]}{[S^{2-}]}=\frac{K^{\ominus}_{sp,MS}}{K^{\ominus}_1\cdot K^{\ominus}_2}$$

所以

$$[H^+]=\sqrt{\frac{K^{\ominus}_1\cdot K^{\ominus}_2\cdot[M^{2+}]\cdot[H_2S]}{K^{\ominus}_{sp,MS}}}$$

可以用上式通过计算 0.10mol 的 ZnS、CuS 溶于 1.0L 盐酸溶液中所需的最

低$[H^+]$说明为什么有的 MS 溶于 HCl，有的则不溶。假定能溶，则$[M^{2+}]=[H_2S]=0.10mol \cdot L^{-1}$。

例如

$$[H^+]_{ZnS}=\sqrt{\frac{9.5\times10^{-8}\times1.3\times10^{-14}\times0.10\times0.10}{2\times10^{-22}}}=0.25mol \cdot L^{-1}$$

$$[H^+]_{CuS}=\sqrt{\frac{9.5\times10^{-8}\times1.3\times10^{-14}\times0.10\times0.10}{6\times10^{-36}}}=1.4\times10^{6} mol \cdot L^{-1}$$

可见溶解 0.10mol 的 ZnS 于 1.0L HCl 溶液中，只要$[HCl]=0.25mol \cdot L^{-1}$即可，浓 HCl 最大浓度为 $12mol \cdot L^{-1}$，这足以满足 ZnS 溶解所需的$[H^+]$；相反，溶解 0.10mol 的 CuS 于 1.0L 的 HCl 溶液中，则要求$[HCl]=1.4\times10^{6} mol \cdot L^{-1}$，这是无论如何也达不到的条件。所以，FeS、MnS、ZnS 等 $K_{sp}^{\ominus}$较大的硫化物溶于 HCl，而 CuS、HgS 等 $K_{sp}^{\ominus}$较小的硫化物不能溶于 HCl 中。对于 M_2S 型或者 M_2S_3 型能否溶于 HCl，请自行推导所需$[H^+]$。

一般 $K_{sp}^{\ominus}>10^{-24}$的 MS 溶于盐酸，发生以下反应

$$MS(s)+2H^+ \longrightarrow M^{2+}+H_2S\uparrow$$

(2) 氧化还原溶解法（MS 的 $K_{sp}^{\ominus}<10^{-30}$者）。对于 CuS、$Ag_2S$ 等盐酸不能溶解的硫化物，可用 HNO_3 与它们发生氧化还原反应而溶解，反应式为

$$3CuS+8HNO_3 \longrightarrow 3Cu(NO_3)_2+3S\downarrow+2NO\uparrow+4H_2O$$

$$3Ag_2S+8HNO_3 \longrightarrow 6AgNO_3+3S\downarrow+2NO\uparrow+4H_2O$$

(3) 配位溶解法。对于 PbS、CdS 等 $K_{sp}^{\ominus}$在 $10^{-25}\sim10^{-30}$之间的硫化物，虽溶于浓 HCl，但它们是配位溶解，发生下列反应

$$PbS(s)+4HCl(浓) \longrightarrow H_2[PbCl_4]+H_2S\uparrow$$

还比如 AgCl 在 $NH_3 \cdot H_2O$ 中的溶解，也是配位溶解，即

$$AgCl(s)+2NH_3 \longrightarrow [Ag(NH_3)_2]^+ + Cl^-$$

(4) 王水溶解法。对于 $K_{sp}^{\ominus}$更小的硫化物，如 HgS，必须用王水才能溶解，反应如下

$$3HgS+2HNO_3+12HCl \longrightarrow 3H_2[HgCl_4]+3S\downarrow+2NO\uparrow+4H_2O$$

因为王水不仅使 S^{2-} 氧化，而且还能使 Hg^{2+} 和 Cl^- 结合成稳定的$[HgCl_4]^{2-}$配离子而溶解。

三、混合离子的分离

在科学实验及实际生产中，常常要遇到混合离子的分离问题，这部分内容也是

学生做题时最容易出错的。现举例说明解此类题应注意的问题。

【例 6-6】 溶液中 $c_{Fe^{3+}}=c_{Mg^{2+}}=0.010mol\cdot L^{-1}$，通过生成氢氧化物使 Fe^{3+} 和 Mg^{2+} 分离，问溶液的 pH 应控制在什么范围内？

解 解此类题分两步进行。

第一步，判断哪种离子先沉淀。

因为

$$Fe(OH)_3(s) \rightleftharpoons Fe^{3+} + 3OH^-$$

$$c_{平}/mol\cdot L^{-1} \qquad 0.010 \qquad x_1$$

$$J=c_{Fe^{3+}}\cdot c^3_{OH^-}=(0.010)\cdot x_1^3 \geqslant K^{\ominus}_{sp,Fe(OH)_3}=4.0\times10^{-38}$$

所以

$$x_1 \geqslant \sqrt[3]{\frac{4.0\times10^{-38}}{0.010}}=1.6\times10^{-12}mol\cdot L^{-1}$$

因为

$$Mg(OH)_2(s) \rightleftharpoons Mg^{2+} + 2OH^-$$

$$c_{平}/mol\cdot L^{-1} \qquad 0.010 \qquad x_2$$

$$J=c_{Mg^{2+}}\cdot c^2_{OH^-}=0.010\cdot x_2^2 \geqslant K^{\ominus}_{sp,Mg(OH)_2}=1.8\times10^{-11}$$

所以

$$x_2 \geqslant \sqrt{\frac{1.8\times10^{-11}}{0.010}}=4.2\times10^{-5}mol\cdot L^{-1}$$

所以 Fe^{3+} 先被沉淀。

第二步，使先被沉淀的离子沉淀完全，后沉淀的离子留在溶液中。

使 Fe^{3+} 沉淀完全，则 $[Fe^{3+}]\leqslant 10^{-6}mol\cdot L^{-1}$，那么

$$[OH^-] \geqslant \sqrt[3]{\frac{K^{\ominus}_{sp,Fe(OH)_3}}{[Fe^{3+}]}}=\sqrt[3]{\frac{4.0\times10^{-38}}{10^{-6}}}=3.4\times10^{-11}mol\cdot L^{-1}$$

使 Mg^{2+} 不产生沉淀，则 $[OH^-]=x_2\leqslant 4.2\times10^{-5}mol\cdot L^{-1}$，所以分离 Fe^{3+} 和 Mg^{2+} 的条件是

$$3.4\times10^{-11}\leqslant [OH^-] \leqslant 4.2\times10^{-5}mol\cdot L^{-1}$$

$$10.47 \geqslant pOH \geqslant 4.38$$

$$3.53 \leqslant pH \leqslant 9.62$$

【例 6-7】 已知 FeS、CdS 的 $K^{\ominus}_{sp}$ 分别为 6.0×10^{-18}，8.0×10^{-27} 当溶液中 $c_{Fe^{2+}}=2.1\times10^{-2}mol\cdot L^{-1}$，$c_{Cd^{2+}}=4.0\times10^{-2}mol\cdot L^{-1}$，在 $p=p^{\ominus}$ 条件下，通入 H_2S 气体于该溶液中，并保持饱和，试计算使 Cd^{2+}、Fe^{2+} 分离，应控制的酸度范围？

解 第一步，首先判断哪种离子先被沉淀。要生成 FeS、CdS 沉淀所需的最小 $c_{S^{2-}}$ 分别为

$$c_{S^{2-}} \geqslant \frac{K^{\ominus}_{sp,FeS}}{c_{Fe^{2+}}} = \frac{6.0\times10^{-18}}{2.1\times10^{-2}} = 2.9\times10^{-16}\,mol\cdot L^{-1}$$

$$c_{S^{2-}} \geqslant \frac{K^{\ominus}_{sp,CdS}}{c_{Cd^{2+}}} = \frac{8.0\times10^{-27}}{4.0\times10^{-2}} = 2.0\times10^{-25}\,mol\cdot L^{-1}$$

所以 CdS 先沉淀。

第二步，使先被沉淀的 Cd^{2+} 沉淀完全，即$[Cd^{2+}]\leqslant 10^{-6}\,mol\cdot L^{-1}$；后被沉淀的 Fe^{2+} 仍留在溶液中，即$[S^{2-}]\leqslant 2.9\times10^{-16}\,mol\cdot L^{-1}$

$$[S^{2-}] \geqslant \frac{K^{\ominus}_{sp,CdS}}{[Cd^{2+}]} = \frac{8.0\times10^{-27}}{10^{-6}} = 8.0\times10^{-21}\,mol\cdot L^{-1}$$

所以应控制

$$8.0\times10^{-21} \leqslant [S^{2-}] \leqslant 2.9\times10^{-16}\,mol\cdot L^{-1}$$

溶液中的$[S^{2-}]$由 $H_2S \rightleftharpoons 2H^+ + S^{2-}$ 的解离平衡决定

$$K^{\ominus} = \frac{[H^+]^2\cdot[S^{2-}]}{[H_2S]} = K^{\ominus}_{a1}\cdot K^{\ominus}_{a2}$$

所以

$$[H^+] = \sqrt{\frac{K^{\ominus}_{a1}\cdot K^{\ominus}_{a2}\cdot[H_2S]}{[S^{2-}]}} = \sqrt{\frac{9.5\times10^{-8}\times1.3\times10^{-14}\times0.10}{[S^{2-}]}}$$

将$[S^{2-}]$分别用 $8.0\times10^{-21}\,mol\cdot L^{-1}$ 和 $2.9\times10^{-16}\,mol\cdot L^{-1}$ 代入上式，可得

$$0.12 \geqslant [H^+] \geqslant 6.5\times10^{-4}\,mol\cdot L^{-1}$$

四、沉淀的转化

借助于某一试剂，把一种难溶电解质转化为另一种难溶电解质的过程，称为沉淀的转化。

例如，向砖红色的 Ag_2CrO_4 沉淀中，不断滴加 NaCl 溶液，并不断振荡，则沉淀的颜色由砖红色变为白色。这是由于发生了以下的沉淀转化

$$\underset{(砖红色)}{Ag_2CrO_4} + 2Cl^- \rightleftharpoons \underset{(白色)}{2AgCl\downarrow} + \underset{(黄色)}{CrO_4^{2-}}$$

之所以能发生以上反应是由于转化平衡常数 $K^{\ominus}$ 很大，故反应趋势大，转化易实现。

$$K^{\ominus}_{a1} = \frac{[CrO_4^{2-}]}{[Cl^-]^2}\cdot\frac{[Ag^+]^2}{[Ag^+]^2} = \frac{K^{\ominus}_{sp,Ag_2CrO_4}}{(K^{\ominus}_{sp,AgCl})^2} = \frac{2.0\times10^{-12}}{(1.8\times10^{-10})^2} = 6.2\times10^{7}$$

要注意的是：①对于相同类型的难溶强电解质，如 AB 型的 AgCl 和 AgI，A_2B 和 AB_2 型的 Ag_2CrO_4 和 CaF_2 等，可以说 $K^{\ominus}_{sp}$ 大的转化为 $K^{\ominus}_{sp}$ 小的；②对于不同类型的难溶强电解质如 AgCl 和 Ag_2CrO_4 就不能说 $K^{\ominus}_{sp}$ 大的转化为 $K^{\ominus}_{sp}$ 小的；③不

管类型相同与否，都可以说溶解度大的沉淀易转化为溶解度小的沉淀。

五、活度积 $K_{ap}^{\ominus}$

1. 活度积与溶度积的关系

严格地说，难溶化合物在水中的溶解平衡应以活度表示，即

$$A_mB_n(s) \rightleftharpoons mA^{n+} + nB^{m-}$$

$$\begin{aligned} K_{ap}^{\ominus} &= a_{A^{n+}}^m \cdot a_{B^{m-}}^n \\ &= \left\{\frac{[A^{n+}] \cdot r_{A^{n+}}}{c^{\ominus}}\right\}^m \cdot \left\{\frac{[B^{m-}] \cdot r_{B^{m-}}}{c^{\ominus}}\right\}^n \\ &= K_{sp}^{\ominus} \cdot r_{A^{n+}}^m \cdot r_{B^{m-}}^n \end{aligned}$$

(1) 一般情况下，由于难溶电解质在纯水溶液中离子浓度较小 $r_{A^{n+}} \approx 1$；$r_{B^{m-}} \approx 1$，$K_{ap}^{\ominus} \approx K_{sp}^{\ominus}$。通常对溶度积和活度积不再加以区别。

(2) 当溶液中有强电解质存在，离子强度较大时，$r_{A^{n+}} < 1$；$r_{B^{m-}} < 1$，$K_{ap}^{\ominus} \leqslant K_{sp}^{\ominus}$。

2. 盐效应与难溶电解质的溶解度 s'

当有盐效应时，A_mB_n 型难溶强电解质沉淀溶解平衡如下

$$\begin{array}{lccc} & A_mB_n(s) \rightleftharpoons & mA^{n+} & + \; nB^{m-} \\ c_{平}/mol \cdot L^{-1} & & ms' & ns' \end{array}$$

$$\begin{aligned} K_{sp}^{\ominus\prime} &= [A^{n+\prime}]^m[B^{m-\prime}]^n = \left[\frac{a_{A^{n+}}}{r_{A^{n+}}}\right]^m \left[\frac{a_{B^{m-}}}{r_{B^{m-}}}\right]^n \\ &= \frac{K_{ap}^{\ominus}}{r_{A^{n+}}^m \cdot r_{B^{m-}}^n} = (ms')^m(ns')^n \\ &= m^m \cdot n^n \cdot s'^{m+n} \end{aligned}$$

$$s' = \sqrt[m+n]{\frac{K_{sp}^{\ominus\prime}}{m^m \cdot n^n}} = \sqrt[m+n]{\frac{K_{ap}^{\ominus}}{m^m \cdot n^n \cdot r_{A^{n+}}^m \cdot r_{B^{m-}}^n}}$$

注意：计算有盐效应的 $A_mB_n(s)$ 溶解度 s' 的公式与无盐效应时 $s = \sqrt[m+n]{\frac{K_{sp}^{\ominus}}{m^m \cdot n^n}}$ 相似，不同点如下：

①s 用 s'；$K_{sp}^{\ominus}$ 用 $K_{sp}^{\ominus\prime}$ 取代

$$s' = \sqrt[m+n]{\frac{K_{sp}^{\ominus\prime}}{m^m \cdot n^n}}$$

②要进行 $K_{sp}^{\ominus\prime}$ 的计算

$$K_{sp}^{\ominus\prime} = \frac{K_{ap}^{\ominus}}{r_{A^{n+}}^m \cdot r_{B^{m-}}^n}$$

③由于 $r_{A^{n+}}<1$；$r_{B^{m-}}<1$，故盐效应使 $A_mB_n(s)$ 的溶解度增大，即 $s'>s$。

【例 6-8】 已知 $K^{\ominus}_{ap,BaSO_4}=1.1\times10^{-10}$，

(1) 计算 $BaSO_4$ 在 $0.010mol\cdot L^{-1}$ KNO_3 溶液中的溶度积 $K^{\ominus\prime}_{sp}$ 和溶解度 s'；

(2) 将 s' 与 $BaSO_4$ 在纯水溶液中的溶解度 s 相比较。

解　(1) 在 $0.010mol\cdot L^{-1}$ 的 KNO_3 溶液中，由于 $BaSO_4$ 溶解度很小，故忽略 Ba^{2+} 和 SO_4^{2-} 对离子强度的影响，只考虑 KNO_3 的离子强度 I

$$I=\frac{1}{2}\times(0.010\times1^2+0.010\times1^2)=0.010mol\cdot L^{-1}$$

查表得：$r_{Ba^{2+}}=0.67$，$r_{SO_4^{2-}}=0.67$

$$K^{\ominus\prime}_{ap}=\frac{K^{\ominus}_{ap}}{r_{Ba^{2+}}\cdot r_{SO_4^{2-}}}=\frac{1.1\times10^{-10}}{0.67\times0.67}$$
$$=2.5\times10^{-10}$$

故

$$s'=\sqrt{K^{\ominus\prime}_{sp}}=\sqrt{2.5\times10^{-10}}=1.6\times10^{-5}mol\cdot L^{-1}$$

(2) 在纯的水溶液中，由于 Ba^{2+} 和 SO_4^{2-} 浓度较小，$r_{Ba^{2+}}\approx r_{SO_4^{2-}}\approx1$，$K^{\ominus}_{ap}\approx K^{\ominus}_{sp}\approx K^{\ominus\prime}_{sp}$

$$s=\sqrt{K^{\ominus}_{sp}}$$
$$=\sqrt{1.1\times10^{-10}}=1.0\times10^{-5}mol\cdot L^{-1}$$
$$<s'=1.6\times10^{-5}mol\cdot L^{-1}$$

可见，盐效应使沉淀的溶解度增大，但要注意的是：①加入的强电解质与难溶电解质不起化学反应，且无共同离子(如 Ag_2CrO_4 平衡体系中加入 KNO_3；$BaSO_4$ 平衡体系中加入 NaCl 等)时，只考虑盐效应；②加入的强电解质与难溶强电解质含有相同离子时，同离子效应和盐效应同时存在，一般情况(除非电解质浓度很大，离子电荷较高)，按同离子效应计算溶解度 s[见例 6-1(2)]；③加入的强电解质含有能与难溶强电解质离子形成配离子或发生酸效应的离子时，则按配位效应或酸效应处理。

六、条件溶度积 $K^{\ominus\prime}_{sp}$

条件溶度积——随条件而变化的溶度积。

以 MA(s)为例，MA(s)水溶液中的 H^+、OH^- 以及配位剂 L 都有可能与 M、A(略去各离子电荷)发生副反应，而对主反应发生影响，这时必须用 $K^{\ominus\prime}_{sp}$ 计算溶解度 s'。

$$
\text{MA(s)} \Longrightarrow
\begin{array}{ccc}
& M & + \; A \\
OH \diagup \quad \diagdown L & & \mid H \\
M(OH) \qquad ML & & HA \\
OH \mid \qquad \mid L & & \mid H \\
M(OH)_2 \qquad ML_2 & & H_2A \\
\vdots \qquad\quad \vdots & & \vdots
\end{array}
$$

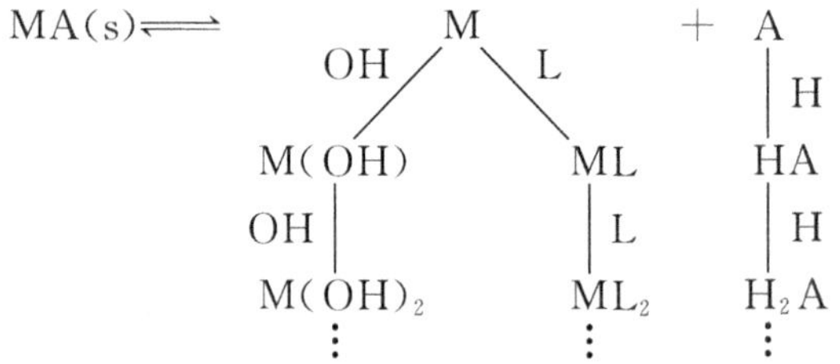

$$
K_{sp}^{\ominus}{}' = [M'][A'] = \{[M] \cdot \alpha_M\} \cdot \{[A] \cdot \alpha_A\}
$$
$$
= K_{sp}^{\ominus} \cdot \alpha_M \cdot \alpha_A
$$
$$
= \frac{K_{ap}^{\ominus}}{r_M \cdot r_A} \alpha_M \cdot \alpha_A
$$

由于一般情况下，α_M 和 α_A 大于等于 1；r_M 和 r_A 小于等于 1，因而
$$
K_{sp}^{\ominus}{}' \geqslant K_{sp}^{\ominus} \geqslant K_{ap}^{\ominus}
$$

1. 酸效应与条件溶度积 $K_{sp}^{\ominus}{}'$ 和溶解度 s'

酸效应——溶液酸度对沉淀溶解度的影响。

酸效应的大小由 M 及 A 酸效应系数（副反应系数）来体现

$$
\alpha_{M(OH)} = \frac{[M']}{[M]} = \frac{[M]+[M(OH)]+[M(OH)_2]+\cdots}{[M]}
$$

$$
\alpha_{A(H)} = \frac{[A']}{[A]} = \frac{[A]+[HA]+[H_2A]+\cdots}{[A]}
$$

由于 $M(OH)_n \Longrightarrow M + nOH^-$（略去 M 的电荷）

$$
\beta_n = \frac{[M(OH)_n]}{[M][OH^-]^n} ; \quad \beta_n \text{ 称为积累形成常数}
$$

因而
$$
[M(OH)_n] = \beta_n[M][OH^-]^n
$$

故
$$
\alpha_{M(OH)} = 1 + \beta_1[OH^-] + \beta_2[OH^-]^2 + \cdots
$$

同理
$$
\alpha_{A(H)} = 1 + \beta_1[H^+] + \beta_2[H^+]^2 + \cdots
$$
$$
= 1 + \frac{[H^+]}{K_{a_n}^{\ominus}} + \frac{[H^+]^2}{K_{a_n}^{\ominus} \cdot K_{a_{n-1}}^{\ominus}} + \cdots
$$
$$
K_{sp}^{\ominus}{}' = [M'][A'] = [M][A] \cdot \alpha_{M(OH)} \cdot \alpha_{A(H)}
$$
$$
= K_{sp}^{\ominus} \alpha_{M(OH)} \alpha_{A(H)} = s'^2
$$

因而
$$
s' = \sqrt{K_{sp}^{\ominus}{}'} = \sqrt{K_{sp}^{\ominus} \alpha_{M(OH)} \alpha_{A(H)}}
$$

可见，对于 MA 型难溶强电解质，有酸效应时，其在水溶液中的溶解度的计算

与纯水溶液中溶解度的计算($s=\sqrt{K_{sp}^{\ominus}}$)类似,所不同的是:①$s$ 用 s';$K_{sp}^{\ominus}$用 $K_{sp}^{\ominus}{'}$取代:$s'=\sqrt{K_{sp}^{\ominus}{'}}$;②要进行 $K_{sp}^{\ominus}{'}$的计算:$K_{sp}^{\ominus}{'}=K_{sp}^{\ominus}\alpha_{M(OH)}\alpha_{A(H)}$;③由于 $\alpha_{M(OH)}>1$,$\alpha_{A(H)}>1$,酸效应使 MA(s)的溶解度增大。

【例 6-9】 已知 $K_{sp,CaF_2}^{\ominus}=2.7\times10^{-11}$　$K_{HF}^{\ominus}=6.8\times10^{-4}$ 试计算(1)pH=4.00 时,CaF_2 的溶解度 s;(2)纯水溶液中的溶解度 s;(3)从中得什么结论?

解　(1)

$$CaF_2(s) \rightleftharpoons Ca^{2+} + 2F^-$$
$$s' \qquad 2s'$$

$$K_{sp}^{\ominus}{'}=[Ca^{2+}{'}][F^-{'}]^2=s'(2s')^2=4s'^3$$

$$s'=\sqrt[3]{\frac{K_{sp}^{\ominus}{'}}{4}}$$

又

$$K_{sp}^{\ominus}{'}=[Ca^{2+}{'}][F^-{'}]^2=[Ca^{2+}][F^-]^2\cdot\alpha_{Ca(OH)}\cdot\alpha_{F(H)}^2$$
$$=K_{sp}^{\ominus}\cdot\alpha_{Ca(OH)}\cdot\alpha_{F(H)}^2$$

$$pH=4.00 \text{ 时 } \alpha_{Ca(OH)}=1$$

$$\alpha_{F(H)}=1+\frac{[H^+]}{K_a^{\ominus}}=1+\frac{10^{-4}}{6.8\times10^{-4}}=1.15$$

故

$$s'=\sqrt[3]{\frac{K_{sp}^{\ominus}{'}}{4}}=\sqrt[3]{\frac{K_{sp}^{\ominus}\alpha_{F(H)}^2}{4}}=\sqrt[3]{\frac{2.7\times10^{-11}\times1.15^2}{4}}$$
$$=2.1\times10^{-4}\,mol\cdot L^{-1}$$

(2) 纯水中 $s=\sqrt[3]{\frac{K_{sp}^{\ominus}}{4}}=\sqrt[3]{\frac{2.7\times10^{-11}}{4}}=1.9\times10^{-4}\,mol\cdot L^{-1}$

(3) $s'>s$,可知有酸效应时,溶解度增大。

2. 配合效应与条件溶度积 $K_{sp}^{\ominus}{'}$和溶解度 s'

配位效应——溶液中存在能与 M 或 A 配位,且生成可溶性配合物的配位剂时,使难溶化合物溶解度增大,甚至完全溶解的现象。

下面举例说明配合效应对溶解度的影响。

【例 6-10】 计算 Ag_2S 在 pH=9.00,NH_3-NH_4NO_3 总浓度为 2.8mol·L^{-1} 的溶液中的溶解度 s'。

解

$$Ag_2S(s) \rightleftharpoons 2Ag^+ + S^{2-}$$
$$2s' \qquad s'$$

$$K_{sp}^{\ominus}{'}=[Ag^+{'}]^2[S^{2-}{'}]=(2s')^2s'=4s'^3$$

$$s'=\sqrt[3]{\frac{K_{sp}^{\ominus}{'}}{4}}$$

求 s' 的关键是计算 $K_{sp}^{\ominus}{}'$

$$K_{sp}^{\ominus}{}' = [Ag^{+}{}']^2[S^{2-}{}'] = [Ag^+]^2[S^{2-}] \cdot \alpha_{Ag(NH_3)}^2 \cdot \alpha_{S(H)}$$
$$= K_{sp}^{\ominus} \cdot \alpha_{Ag(NH_3)}^2 \cdot \alpha_{S^{2-}(H)}$$

由于 $\alpha_{Ag(NH_3)} = 1 + \beta_1[NH_3] + \beta_2[NH_3]^2$，所以必须先计算$[NH_3]$

$$[NH_3] = c_{(NH_3+NH_4^+)} \cdot \delta_{NH_3} = c_{(NH_3+NH_4^+)} \cdot \frac{K_a^{\ominus}}{[H^+]+K_a^{\ominus}}$$
$$= 2.8 \times \frac{5.70\times 10^{-10}}{10^{-9}+5.70\times 10^{-10}} = 1.0\text{mol}\cdot L^{-1}$$

将查表得的 $\beta_1 = 10^{3.40}$，$\beta_2 = 10^{7.40}$ 和由计算所得$[NH_3] = 1.0\text{mol}\cdot L^{-1}$代入 $\alpha_{Ag(NH_3)}$ 表达式，得

$$\alpha_{Ag(NH_3)} = 1 + \beta_1[NH_3] + \beta_2[NH_3]^2$$
$$= 1 + 10^{3.40}\times 1.0 + 10^{7.40}\times 1.0^2 = 10^{7.40}$$
$$\alpha_{S^{2-}(H)} = 1 + \frac{[H^+]}{K_{a2}^{\ominus}} + \frac{[H^+]^2}{K_{a2}^{\ominus}\cdot K_{a1}^{\ominus}}$$
$$= 1 + \frac{10^{-9.00}}{10^{-13.9}} + \frac{(10^{-9.00})^2}{10^{-13.9}\times 10^{-7.02}}$$
$$= 1 + 10^{4.9} + 10^{2.92} = 10^{4.9}$$

因而

$$s' = \sqrt[3]{\frac{K_{sp}^{\ominus}{}'}{4}} = \sqrt[3]{\frac{K_{sp}^{\ominus}\cdot \alpha_{Ag(NH_3)}^2 \cdot \alpha_{S(H)}}{4}}$$
$$= \sqrt[3]{\frac{10^{-48.7}\times(10^{7.40})^2\times 10^{4.9}}{4}}$$
$$= 1.4\times 10^{-10}\text{mol}\cdot L^{-1}$$

（纯水中 $s = \sqrt[3]{\dfrac{10^{-48.7}}{4}} = 3.7\times 10^{-17}\text{mol}\cdot L^{-1}$）

总结：①把沉淀溶解平衡 $A_mB_n(s) \rightleftharpoons mA^{n+} + nB^{m-}$ 中的酸效应和配位效应均看成副反应，并用 $\alpha_{A^{n+}}$ 和 $\alpha_{B^{m-}}$ 表示其副反应系数，则

$$s' = \sqrt[m+n]{\frac{K_{sp}^{\ominus}{}'}{m^m\cdot n^n}} = \sqrt[m+n]{\frac{K_{sp}^{\ominus}\alpha_{A^{n+}}^m\alpha_{B^{m-}}^n}{m^m\cdot n^n}}$$

故解题的关键是求副反应系数 $\alpha_{A^{n+}}$ 和 $\alpha_{B^{m-}}$（见例 6－10）。

②盐效应、酸效应、配位效应均使难溶强电解质的溶解度增大。

综 合 练 习

一、选择题

1. 若已知 Ag_2CrO_4 的溶度积 $K_{sp}^{\ominus}$，则 Ag_2CrO_4 的溶解度 s(mol · L^{-1})和 $K_{sp}^{\ominus}$ 的关系是________。

A. $s^2=K_{sp}^{\ominus}$　　B. $s^3=K_{sp}^{\ominus}$　　C. $4s^3=K_{sp}^{\ominus}$　　D. $2s^3=K_{sp}^{\ominus}$

2. 当溶液中 $c_{Cl^-}=c_{Br^-}=c_{CrO_4^{2-}}$ 时，向该溶液滴加 $AgNO_3$，则产生沉淀的次序是________。

A. Ag_2CrO_4、AgBr、AgCl　　B. AgCl、AgBr、Ag_2CrO_4

C. AgBr、AgCl、Ag_2CrO_4　　D. Ag_2CrO_4、AgCl、AgBr

3. 下列硫化物中能溶于稀 HCl 的是________。

A. CuS　　B. Ag_2S　　C. ZnS　　D. HgS

4. 能溶于浓 HCl，且其溶解方程式为 MS(s)＋4HCl(浓)══$H_2[MCl_4]$＋$H_2S\uparrow$ 的是____。

A. CuS　　B. HgS　　C. CdS　　D. PbS

5. 若想使某溶液中的 Fe^{3+} 以 $Fe(OH)_3$ 的形式沉淀完全，则所滴加沉淀剂 OH^- 的最低浓度是________ mol · L^{-1}[$K_{sp,Fe(OH)_3}^{\ominus}=4.0\times10^{-38}$]。

A. 3.4×10^{-11}　　B. 2.0×10^{-10}　　C. 6.3×10^{-17}　　D. 2.0×10^{-19}

6. $Ba(OH)_2$ 的 $K_{sp}^{\ominus}=5.0\times10^{-8}$，在 $Ba(OH)_2$ 的饱和水溶液中，OH^- 的浓度为________ mol · L^{-1}。

A. 4.6×10^{-3}　　B. 2.3×10^{-3}　　C. 3.5×10^{-4}　　D. 3.7×10^{-3}

7. 为了使 0.10mol Mg^{2+} 完全沉淀为 $Mg(OH)_2$，加入 OH^- 的物质的量最好为______ mol。

A. 0.20　　B. 0.60　　C. 0.25　　D. 0.50

8. HgS 可溶解于________中。

A. 王水　　B. 浓 Na_2S 溶液　　C. 浓 HNO_3　　D. 浓 HCl

9. 如果在 1.0L Na_2CO_3 溶液中，使 0.010mol 的 $BaSO_4$ 完全转化为 $BaCO_3$，则 Na_2CO_3 浓度不得低于______ mol · L^{-1}($K_{sp,BaSO_4}^{\ominus}=1.1\times10^{-10}$；$K_{sp,BaCO_3}^{\ominus}=5.1\times10^{-9}$)。

A. 0.40　　B. 0.46　　C. 0.47　　D. 0.36

10. The addition of $AgNO_3$ to a saturated solution of AgCl would ________.

A. cause more AgCl to precipitate

B. increase the solubility of AgCl due to the interionic attraction of NO_3^- and Ag^+

C. Lower the value of $K_{sp}^{\ominus}$ for AgCl

D. shift to the right the equilibrium $AgCl(s) \rightleftharpoons Ag^{+}(aq) + Cl^{-}(aq)$

11. 已知 $K_{sp,BaSO_4}^{\ominus} = 1.1 \times 10^{-10}$，$K_{sp,AgCl}^{\ominus} = 1.8 \times 10^{-10}$，将等体积的 0.002 $mol \cdot L^{-1}$ Ag_2SO_4 与 $2.0 \times 10^{-5} mol \cdot L^{-1}$ $BaCl_2$ 溶液混合，会出现________。

A. 仅有 $BaSO_4$ 沉淀　　B. 仅有 AgCl 沉淀

C. AgCl 与 $BaSO_4$ 共沉淀　　D. 无沉淀

12. 欲使 $CaCO_3$ 在水溶液中的溶解度增大，宜采用的方法是________。

A. 加入 $1.0 mol \cdot L^{-1}$ Na_2CO_3　　B. 加入适量 KNO_3

C. 加入 $1.0 mol \cdot L^{-1}$ $CaCl_2$　　D. 加入 $0.10 mol \cdot L^{-1}$ EDTA

13. 下列各种效应中，不能使难溶强电解质溶解度增大的是________。

A. 盐效应　　B. 同离子效应　　C. 酸效应　　D. 配位效应

二、填空题

1. 已知 $Ca_3(PO_4)_2$ 的 $K_{sp}^{\ominus} = 2.0 \times 10^{-29}$，则 $Ca_3(PO_4)_2$ 在纯水溶液中的溶解度 $s =$________________ $mol \cdot L^{-1}$。

2. 已知 $Mg(OH)_2$ 的 $K_{sp}^{\ominus} = 1.8 \times 10^{-11}$，则在 $Mg(OH)_2$ 的饱和水溶液中，$[Mg^{2+}] =$____________ $mol \cdot L^{-1}$；$[OH^{-}] =$____________ $mol \cdot L^{-1}$。

3. $Mg(OH)_2(s) + 2NH_4^{+} \rightleftharpoons Mg^{2+} + 2NH_3 \cdot H_2O$ 的平衡常数表达式为 $K^{\ominus} =$____________________[用 $K_{sp,Mg(OH)_2}^{\ominus}$ 和 $K_{NH_3 \cdot H_2O}^{\ominus}$ 表示]。

4. $FeS(s) + 2H^{+} \rightleftharpoons Fe^{2+} + H_2S(aq)$ 的平衡常数 $K^{\ominus} =$________________（$K_{sp,FeS}^{\ominus} = 6.0 \times 10^{-18}$；$K_{a1,H_2S}^{\ominus} = 9.5 \times 10^{-8}$；$K_{a2,H_2S}^{\ominus} = 1.3 \times 10^{-14}$）。

5. 同离子效应能使难溶电解质的溶解度______；盐效应使难溶电解质的溶解度______。

6. 已知 $K_{sp,Fe(OH)_3}^{\ominus} = 4.0 \times 10^{-38}$，$K_{sp,Cu(OH)_2}^{\ominus} = 2.2 \times 10^{-20}$，若将 $c_{Cu^{2+}} = 1.0 mol \cdot L^{-1}$的 $CuSO_4$ 中 Fe^{3+} 除去，应控制的 pH 范围为________。

7. 已知 $K_{sp,AgI}^{\ominus} = 9.3 \times 10^{-17}$；$K_{sp,AgCl}^{\ominus} = 1.8 \times 10^{-10}$，若 $c_{Cl^-} = c_{I^-} = 1.0 \times 10^{-2} mol \cdot L^{-1}$向其混合溶液中逐滴加入 $AgNO_3$ 溶液，先沉淀的是________沉淀；当第二种沉淀产生时，第一种离子的浓度是________ $mol \cdot L^{-1}$。

8. 若已知 $K_{sp,Fe(OH)_3}^{\ominus} = 4.0 \times 10^{-38}$，则反应 $Fe(OH)_3(s) + 3H^{+}(aq) = Fe^{3+}(aq) + 3H_2O(l)$的平衡常数 $K^{\ominus} =$________________。

9. $Co_3(PO_4)_2$ 的 $K_{sp}^{\ominus} = 2.0 \times 10^{-35}$，则 298K 时它在水中的溶解度为________ $mol \cdot L^{-1}$，$Co_3(PO_4)_2$ 在 $0.10 mol \cdot L^{-1}$ Na_3PO_4 水溶液中的溶解度为__________ $mol \cdot L^{-1}$，原因是由于____________效应，使 $Co_3(PO_4)_2$ 在 Na_3PO_4

溶液中的溶解度比在纯水中__________。

10. 在中性溶液中，以 K_2CrO_4 为指示剂，用 $AgNO_3$ 标准溶液滴定 Cl^-，称为____________法，本法是应用了____________的原理，这是由于 Ag_2CrO_4 的溶解度比 AgCl 的__________，溶液中[CrO_4^{2-}]应为________ $mol \cdot L^{-1}$，上述方法要求 pH 在____________之间，pH＜________时，________成为主要物种；pH＞________时，将产生________沉淀并迅速分解为________($K^{\ominus}_{sp,AgCl}=1.8\times10^{-10}$；$K^{\ominus}_{sp,Ag_2CrO_4}=2.0\times10^{-12}$)。

三、是非题

1. (　)由于 AgCl 的 $K^{\ominus}_{sp}=1.8\times10^{-10}$大于 Ag_2CrO_4 的 $K^{\ominus}_{sp}=2.0\times10^{-12}$，故 AgCl 的溶解度($mol \cdot L^{-1}$)大于 Ag_2CrO_4 的溶解度($mol \cdot L^{-1}$)。

2. (　)只要 $J=K^{\ominus}_{sp}$，那么就存在着沉淀溶解平衡。

3. (　)溶度积较大的难溶电解质容易转化为溶度积较小的难溶电解质。

4. (　)J 先达到或超过 $K^{\ominus}_{sp}$的物质先沉淀。

5. (　)溶解度较大的沉淀易转化为溶解度小的沉淀。

6. (　)对于难溶弱电解质 AB，则 $K^{\ominus}_{sp}$和溶解度 s($mol \cdot L^{-1}$)的关系是 $s=[AB]+\sqrt{K^{\ominus}_{sp,AB}}$。

7. (　)溶度积小的难溶物溶解度也一定小。

8. (　)所谓沉淀完全，就是指溶液中被沉淀的离子浓度$\leqslant10^{-6}mol \cdot L^{-1}$。

9. (　)所加沉淀剂越多，被沉淀的离子沉淀得越完全。

10. (　)陈化是将沉淀与母液放置一段时间，使小结晶逐渐转化为大结晶，以有利于沉淀的过滤与洗涤。

11. (　)沉淀溶解平衡的 $K^{\ominus\prime}_{sp}\geqslant K^{\ominus}_{sp}\geqslant K^{\ominus}_{ap}$。

12. (　)无论发生盐效应、酸效应还是配位效应，$s'_{Ag_2CrO_4}=\sqrt[3]{\dfrac{K^{\ominus\prime}_{sp,Ag_2CrO_4}}{4}}$。

四、计算题

1. (1) 在 10mL 1.5×10^{-3} $mol \cdot L^{-1}$ $MnSO_4$ 溶液中，加入 5.0mL 0.15 $mol \cdot L^{-1}$ $NH_3 \cdot H_2O$，问能否生成 $Mn(OH)_2$ 沉淀？[$K^{\ominus}_{sp,Mn(OH)_2}=1.9\times10^{-13}$，$K^{\ominus}_{NH_3 \cdot H_2O}=1.75\times10^{-5}$]

(2) 若在原 $MnSO_4$ 溶液中，先加入 0.496g $(NH_4)_2SO_4$ 固体(忽略体积变化)，然后再加入上述 $NH_3 \cdot H_2O$ 5.0mL，问能否生成 $Mn(OH)_2$ 沉淀[$(NH_4)_2SO_4$：132.14]。

2. 已知 CaF_2 的溶度积为 2.7×10^{-11}，求 CaF_2 在下列情况时的溶解度(以 $mol\cdot L^{-1}$ 的单位表示)。

(1) 在纯水中；

(2) 在 $1.0\times10^{-2}mol\cdot L^{-1}$ NaF 溶液中；

(3) 在 $1.0\times10^{-2}mol\cdot L^{-1}$ $CaCl_2$ 溶液中。

3. 将 50mL 含 0.952g $MgCl_2$ 溶液与等体积的 $2.6mol\cdot L^{-1}$ 氨水混合。问在所得的溶液中应加多少克固体 NH_4Cl，才可防止 $Mg(OH)_2$ 沉淀生成？[$K^{\ominus}_{sp,Mg(OH)_2}=1.8\times10^{-11}$]

4. 某溶液中含有 Fe^{3+} 和 Mg^{2+} 离子，它们的浓度均为 $0.10mol\cdot L^{-1}$，若向其中逐滴加入浓 NaOH 溶液(忽略溶液体积的变化)，使两者分离，溶液的 pH 应控制在什么范围？[$K^{\ominus}_{sp,Fe(OH)_3}=4.0\times10^{-38}$]

5. 一种混合溶液中含有 $2.0\times10^{-2}mol\cdot L^{-1}$ Cu^{2+} 和 $4.0\times10^{-2}mol\cdot L^{-1}$ Zn^{2+}，问若向其中逐滴加入 Na_2S(忽略体积变化)，使两者分离，溶液的 $[S^{2-}]$ 应控制在什么范围？若通 H_2S 气体至饱和来实现上述目的，溶液的 $[H^+]$ 应控制在什么范围？($K^{\ominus}_{sp,CuS}=6\times10^{-36}$；$K^{\ominus}_{sp,ZnS}=2\times10^{-22}$；$K^{\ominus}_{a1,H_2S}=9.5\times10^{-8}$；$K^{\ominus}_{a2,H_2S}=1.3\times10^{-14}$)

6. 欲溶解 0.010mol MnS，需要 1.0L 最低多大浓度的 HAc？($K^{\ominus}_{sp,MnS}=2\times10^{-13}$；$K^{\ominus}_{a1,H_2S}=9.5\times10^{-8}$；$K^{\ominus}_{a2,H_2S}=1.3\times10^{-14}$；$K^{\ominus}_{HAc}=1.75\times10^{-5}$)

7. 向含有浓度为 $0.10mol\cdot L^{-1}$ 的 $MnSO_4$ 溶液中，滴加 Na_2S 溶液，试问是先生成 MnS 沉淀，还是先生成 $Mn(OH)_2$ 沉淀？

[提示：先计算产生 MnS 所需 $c_{S^{2-}}$，再计算 S^{2-} 在此浓度水解时 c_{OH^-}，再用 J 判断 $Mn(OH)_2$ 能否沉淀。$K^{\ominus}_{sp,MnS}=2\times10^{-13}$；$K^{\ominus}_{a2,H_2S}=1.3\times10^{-14}$；$K^{\ominus}_{sp,Mn(OH)_2}=1.9\times10^{-13}$]

8. 25℃时，$Ba(IO_3)_2$ 在纯水中的溶解度为 $5.46\times10^{-4}mol\cdot L^{-1}$，试计算该盐在 $0.01mol\cdot L^{-1}$ $CaCl_2$ 溶液中的溶解度 s'($r_{Ba^{2+}}=0.444$；$r_{IO_3^-}=0.816$)。

9. 已知 $K^{\ominus}_{sp,CaC_2O_4}=10^{-8.70}$，$K^{\ominus}_{a1,H_2C_2O_4}=10^{-1.25}$，$K^{\ominus}_{a2,H_2C_2O_4}=10^{-4.27}$，计算 CaC_2O_4 在 pH=1.00 时的溶解度 s'。

10. 已知 $K^{\ominus}_{sp,AgCl}=10^{-9.75}$，$K^{\ominus}_{sp,AgI}=10^{-16.1}$，分别计算(1) AgCl 和(2) AgI 在 $0.10mol\cdot L^{-1}$ NH_3 溶液中的溶解度 s'($[Ag(NH_3)_2]^+$ 的 $\beta_1=10^{3.40}$；$\beta_2=10^{7.40}$)。

第七章　氧化还原反应

基本要求

（1）掌握氧化、还原及氧化还原反应的基本概念，能熟练应用离子电子法配平氧化还原反应方程式。

（2）理解氧化值和化合价的概念，熟悉氧化值法配平氧化还原反应方程式。

（3）了解原电池的构成，理解氧化还原电对、盐桥、电极、惰性电极的概念及电极电势的意义。

（4）掌握原电池符号和电极反应式的书写。

（5）掌握能斯特方程式的有关计算(浓度、酸度、分压对电极电势的影响、弱电解质和沉淀的生成对电极电势的影响，如 $E^{\ominus}_{HA/H_2}$ 和 $K^{\ominus}_{HA}$、$E^{\ominus}_{AgCl/Ag}$ 和 $K^{\ominus}_{sp,AgCl}$ 等的相互计算)。

（6）掌握电极电势的应用(判断氧化还原剂的相对强弱、氧化还原反应的方向及计算标准平衡常数)及标准元素电势图的应用。

（7）理解条件电极电势的概念，会用 $E^{\ominus}$ 计算 E，掌握 $c_{Ox}=c_{Red}$ 时 $E^{\ominus}$ 的计算式。

（8）理解氧化还原滴定法及滴定反应必须具备的条件，了解氧化还原预处理及常用的氧化剂和还原剂，了解氧化还原指示剂的分类。

（9）理解氧化还原滴定曲线的绘制方法，掌握化学计量点的电极电势的计算通式，会计算氧化还原滴定突跃。

（10）掌握常用的氧化还原滴定方法：高锰酸钾法、重铬酸钾法、碘量法的标准溶液的配制、标定、应用及指示剂的选用。

本章内容主要包括两大部分。第一部分是氧化还原反应；第二部分为氧化还原滴定法。

重点内容与学习指导

第一部分

一、氧化还原反应的基本概念及氧化还原反应方程式的配平

1. 氧化还原反应的基本概念

氧化：物质失去电子的作用，如

$$Zn = Zn^{2+} + 2e$$

还原:物质得到电子的作用,如

$$Cu^{2+} + 2e = Cu$$

氧化还原反应:凡涉及电子转移(得失和偏移)的反应,如

$$Zn + Cu^{2+} = Zn^{2+} + Cu$$

$$H_2 + Cl_2 = 2HCl$$

氧化值:某元素的一个原子的表观电荷数。

确定氧化值的原则:假定把每一化学键中的电子指定给电负性较大的原子。

(1) 任何形态的单质中,原子的氧化值为零。

(2) 多原子的中性分子中,所有原子的氧化值的代数和为零。

(3) 单原子离子的氧化值等于它所带的电荷数。

(4) 多原子离子中,所有原子的氧化值的代数和为离子所带的电荷数。

(5) 共价化合物中,把共用电子对归属于电负性较大的元素,再由各原子的电荷数确定它们的氧化值。

(6) 若干元素的原子在化合物中的氧化值有定值,见表 7-1。

表 7-1 氢元素和氧元素在化合物中的氧化值

元素	氧化值	存在形式	实例
氢	+1	除金属氢化物外的各种化合物	H_2O
	−1	金属氢化物	NaH
氧	−2	氧化物、含氧酸及其盐	CaO
	−1	过氧化物	H_2O_2、Na_2O_2
	−0.5	超氧化物	KO_2
	+1 或+2	氟化物	O_2F_2、OF_2

学习了氧化值的概念后,我们也可以这样理解氧化和还原的定义:

氧化为氧化值升高的过程。

还原为氧化值降低的过程。

氧化剂为氧化值降低的物质。

还原剂为氧化值升高的物质。

在反应 $Zn + Cu^{2+} = Zn^{2+} + Cu$ 中,Zn 氧化值升高,为还原剂,被氧化;Cu^{2+} 氧化值降低,为氧化剂,被还原。

2. 氧化还原反应方程式的配平

(1) 氧化值法

配平方程式的具体步骤如下:

①根据实验确定反应物和产物,如反应

$$KMnO_4 + NaCl + H_2SO_4 \longrightarrow Cl_2 + MnSO_4 + K_2SO_4 + Na_2SO_4$$

②确定元素原子氧化值的变化：

$$\begin{array}{lll} Mn & +7 \rightarrow +2 & \downarrow 5 \\ 2Cl & 2(-1 \rightarrow 0) & \uparrow 2 \end{array}$$

③按照氧化还原反应发生时电子得失数目必相等的原则进行配平：

$$\begin{array}{llll} Mn & +7 \rightarrow +2 & \downarrow 5 & \times 2 \\ 2Cl & 2(-1 \rightarrow 0) & \uparrow 2 & \times 5 \end{array}$$

$$2KMnO_4 + 10NaCl + H_2SO_4 \longrightarrow 5Cl_2 + 2MnSO_4 + K_2SO_4 + Na_2SO_4$$

④配平反应前后氧化值没有变化的原子数，氢氧的原子数目通过参加反应或生成的水分子数来找平

$$2KMnO_4 + 10NaCl + 8H_2SO_4 = 5Cl_2 + 2MnSO_4 + K_2SO_4 + 5Na_2SO_4 + 8H_2O$$

(2) 离子电子法

配平方程式的具体步骤如下：

①用离子式写出主要反应物和产物(气体、纯液体、固体和弱电解质则写分子式)，如上述反应的离子方程式为

$$MnO_4^- + Cl^- + H^+ \longrightarrow Cl_2 + Mn^{2+} + H_2O$$

②将反应分解为氧化和还原两个半反应式，并配平两个半反应的原子数和电荷数，反应为

$$MnO_4^- + 8H^+ + 5e = Mn^{2+} + 4H_2O$$

$$2Cl^- = Cl_2 + 2e$$

③按照氧化还原反应发生时电子得失数目必相等的原则把两个半反应式合并成一个配平的离子方程式(有时根据需要可将其改为分子方程式)

$$\left.\begin{array}{r} MnO_4^- + 8H^+ + 5e = Mn^{2+} + 4H_2O \\ 2Cl^- = Cl_2 + 2e \end{array}\right| \begin{array}{l} \times 2 \\ \times 5 \end{array}$$

$$2MnO_4^- + 10Cl^- + 16H^+ = 5Cl_2 + 2Mn^{2+} + 8H_2O$$

【例 7-1】 用离子电子法配平下列氧化还原反应方程式。

(1) $KMnO_4 + K_2SO_3 + H_2SO_4 \longrightarrow MnSO_4 + K_2SO_4$

解　①写出离子反应方程式

$$MnO_4^- + SO_3^{2-} + H^+ \longrightarrow Mn^{2+} + SO_4^{2-} + H_2O$$

②写出半反应式并配平

$$\left.\begin{array}{r} MnO_4^- + 8H^+ + 5e = Mn^{2+} + 4H_2O \\ SO_3^{2-} + H_2O = SO_4^{2-} + 2H^+ + 2e \end{array}\right| \begin{array}{l} \times 2 \\ \times 5 \end{array}$$

③根据电子得失数目必相等的原则合并两个半反应式

$$2MnO_4^- + 5SO_3^{2-} + 6H^+ = 2Mn^{2+} + 5SO_4^{2-} + 3H_2O$$

④恢复成分子反应方程式

$$2KMnO_4 + 5K_2SO_3 + 3H_2SO_4 = 2MnSO_4 + 6K_2SO_4 + 3H_2O$$

(2) $Cr(OH)_3 + KOH + Br_2 \longrightarrow K_2CrO_4 + KBr$

解　①写出离子反应方程式

$$Cr(OH)_3 + OH^- + Br_2 \longrightarrow CrO_4^{2-} + Br^-$$

②写出半反应式并配平

$$Br_2 + 2e = 2Br^- \quad \times 3$$

$$Cr(OH)_3 + 5OH^- = CrO_4^{2-} + 4H_2O + 3e \quad \times 2$$

③根据电子得失数目必相等的原则合并两个半反应式

$$2Cr(OH)_3 + 10OH^- + 3Br_2 = 2CrO_4^{2-} + 6Br^- + 8H_2O$$

④恢复成分子反应方程式

$$2Cr(OH)_3 + 10KOH + 3Br_2 = 2K_2CrO_4 + 6KBr + 8H_2O$$

(3) $MnO_4^- + SO_3^{2-} \longrightarrow MnO_2 + SO_4^{2-}$（中性介质）

解　①写出半反应式并配平

$$MnO_4^- + 2H_2O + 3e = MnO_2 + 4OH^- \quad \times 2$$

$$SO_3^{2-} + 2OH^- = SO_4^{2-} + H_2O + 2e \quad \times 3$$

②根据电子得失数目必相等的原则合并两个半反应式

$$2MnO_4^- + 3SO_3^{2-} + H_2O = 2MnO_2 + 3SO_4^{2-} + 2OH^-$$

小结:用离子电子法书写氧化还原两个半反应式时,应注意反应中介质的影响。酸性介质中,若反应式的一侧多 n 个 O,则 $+2n$ 个 H^+,另一侧 $+n$ 个 H_2O;碱性介质中,若反应式的一侧多 n 个 O,则 $+n$ 个 H_2O,另一侧 $+2n$ 个 OH^-;中性介质中,若反应式的左边多 n 个 O,则 $+n$ 个 H_2O,右边 $+2n$ 个 OH^-;若反应式的右边多 n 个 O,则 $+2n$ 个 H^+,左边 $+n$ 个 H_2O。

二、原电池和电极电势

1. 原电池

(1) 原电池:将化学能转变成电能的装置,如铜锌原电池

负极:电子流出,发生氧化反应　　$Zn = Zn^{2+} + 2e$

正极:电子流入,发生还原反应　　$Cu^{2+} + 2e = Cu$

电池反应:　　$Zn + Cu^{2+} = Zn^{2+} + Cu$

电极反应:半电池反应

通式为:氧化态 $+ ne$ = 还原态

(2) 氧化还原电对:氧化态/还原态。

金属及其对应的金属盐溶液,如 Zn^{2+}/Zn,Cu^{2+}/Cu。

非金属单质及其对应的非金属离子，如 H^+/H_2，Cl_2/Cl^-，O_2/OH^-。

同一种金属、非金属不同价态的物种，如 Fe^{3+}/Fe^{2+}，MnO_4^-/Mn^{2+}，ClO_3^-/Cl_2。

(3) 电极：金属导体如 Cu、Zn；惰性导体如 Pt、石墨棒。

(4) 原电池的表示符号：铜锌原电池可表示成(－)$Zn|Zn^{2+}(1.0mol \cdot L^{-1})\|Cu^{2+}(1.0mol \cdot L^{-1})|Cu$(＋)

书写规则：①负极"－"在左边，正极"＋"在右边，盐桥"‖"在中间；②半电池中两相界面用"|"分开，同相不同物种用","分开，溶液、气体要注明 c_i、p_i；③凡电极反应式中有金属者，如 Cu-Zn，Ag-Fe 等原电池，其原电池符号比较容易写，如反应 $2Ag^+(c_1)+Fe(s) = 2Ag(s)+Fe^{2+}(c_2)$，其原电池符号为

$$(-)\ Fe|Fe^{2+}(c_2)\|Ag^+(c_1)|Ag(+)$$

下面列举 3 例说明电极反应式中无金属，或者有介质(H^+，OH^-)、沉淀剂(如 S^{2-})、配位剂(如 Cl^-、NH_3)，或者反应中有气体、沉淀产生的氧化还原反应的原电池符号的书写。

【例 7－2】 写出下列反应的原电池符号：

$$2MnO_4^-(1.0\ mol \cdot L^{-1})+16H^+(2.0\ mol \cdot L^{-1})+10Cl^-(0.10\ mol \cdot L^{-1}) = 2Mn^{2+}(1.0\ mol \cdot L^{-1})+5Cl_2(p^\ominus)+8H_2O(l)$$

解　首先写出电极反应式

MnO_4^- 作氧化剂为正极；Cl^- 作还原剂为负极

正极：　$MnO_4^- + 8H^+ + 5e = Mn^{2+} + 4H_2O$

负极：　$2Cl^- - 2e = Cl_2$

由于电极反应中均无金属导体，故必须用惰性电极 Pt(或石墨 C)。

(－)$Pt,Cl_2(p^\ominus)|Cl^-(0.10\ mol \cdot L^{-1})\|MnO_4^-(1.0\ mol \cdot L^{-1}),H^+(2.0\ mol \cdot L^{-1}),Mn^{2+}(1.0\ mol \cdot L^{-1})|Pt$(＋)

注意：介质对含氧酸盐氧化性是有影响的，故写原电池符号时，凡电极反应式中涉及的 H^+、OH^- 均应表示在相应的半电池一边。

【例 7－3】 写出下列反应的原电池符号

$$2HgCl_2(c_1)+Sn^{2+}(c_2) = Hg_2Cl_2(s)+Sn^{4+}(c_3)+2Cl^-(c_4)$$

解　氧化剂 $HgCl_2$ 为正极，还原剂 Sn^{2+} 为负极，电极反应式为

正极：　$2HgCl_2 + 2e = Hg_2Cl_2(s) + 2Cl^-$

负极：　$Sn^{2+} - 2e = Sn^{4+}$

由于以上电极反应中无金属导体，也必须用惰性电极 Pt(或石墨 C)。

(－)$Pt|Sn^{2+}(c_2),Sn^{4+}(c_3)\|HgCl_2(c_1),Cl^-(c_4)|Hg_2Cl_2(s),Pt$(＋)

注意：①由于 Cl^- 出现在正极的电极反应式中，故正极的半电池符号中应包含它，因为 Cl^- 的浓度大小会影响 $HgCl_2$ 的氧化性。

②$HgCl_2$为弱电解质，在其他物质以离子式表示时，它应写分子式，Hg_2Cl_2为难溶物，将它写在其电极一边。

总之，凡是氧化还原反应均可设计成原电池，并用原电池符号表示它们，其中：①若电极反应中有金属者，则直接用该金属作电极；若电极反应中无金属者，则必须用惰性电极 Pt 或 C(石墨)；②凡电极反应中有沉淀、气体或纯液体者，均将它们写在电极一边，并用"，"与电极隔开；③凡电极反应中有介质(H^+，OH^-)或沉淀剂、配位剂者均应写在有关半电池中；④电池符号中，物种后面小括号中的 c_1、c_2… 符号表示该物种的浓度，若浓度已知，则标出具体浓度。

【例 7-4】 将下列氧化还原反应设计成原电池，写出其原电池符号。

(1) $Pb^{2+}(c_1)+Cu(s)+S^{2-}(c_2)=\!=\!=Pb(s)+CuS(s)$

(2) $Cu+Cu^{2+}(c_1)+4Cl^-(c_2)=\!=\!=2[CuCl_2]^-(c_3)$

解 (1) 电极反应式如下

正极：$Pb^{2+}+2e=\!=\!=Pb(s)$

负极：$Cu(s)+S^{2-}-2e=\!=\!=CuS(s)$

原电池符号：(－) $Cu,CuS|S^{2-}(c_2)\parallel Pb^{2+}(c_1)|Pb(+)$

(2) 电极反应式如下

正极：$Cu^{2+}+2Cl^-+e=\!=\!=[CuCl_2]^-$

负极：$Cu+2Cl^--e=\!=\!=[CuCl_2]^-$

原电池符号：

$(-)Cu|[CuCl_2]^-(c_3),Cl^-(c_2)\parallel Cu^{2+}(c_1),[CuCl_2]^-(c_3),Cl^-(c_2)|Pt(+)$

由此可见，写出电极反应式，再由它写原电池的符号是很必要的，因为由电极反应可确定：①正负极；②出现在原电池符号中的参加电极反应的所有物种。

2. 电极电势

电极电势：金属与其盐溶液间的电势差称为电极电势。

影响因素：金属的本性、金属离子的浓度和溶液的温度。

标准电极电势：规定在指定温度(通常为 298K)下，金属与该金属离子浓度为 $1mol\cdot L^{-1}$的溶液所产生的电势为该电对的标准电极电势，用符号 $E^\ominus$ 表示。其绝对值不可知，可测其相对值。

测定标准电极电势时，化学上常采用标准氢电极作参比电极，并规定其标准电极电势为零，记为：$E^\ominus_{H^+/H_2}=0.0000V$。标准氢电极是将镀有铂黑的铂片浸入 $c_{H^+}=1.0\ mol\cdot L^{-1}$的水溶液中，并通入标准压力(100kPa)的氢气组成的电极[$H^+(1.0\ mol\cdot L^{-1})|H_2(p^\ominus),Pt$]，其电极反应为：$2H^+(1.0mol\cdot L^{-1})+2e=\!=\!=H_2(100kPa)$。

用被测电极与标准氢电极组成原电池(将标准氢电极作原电池的负极)，则实验温度下，被测电极的电极电势即为原电池的电动势。若被测电极中各物质均处于热力学标准态，则得到的电极电势为标准电极电势。电极电势为正值，说明电极电势高于标准氢电极的电极电势，此电极在原电池中为正极；电极电势为负值，说明电极电势低于标准氢电极的电极电势，此电极在原电池中为负极。

将各电极测得的标准电极电势值归纳成表，即为标准电极电势表，从其表中可看出：

(1) $E^{\ominus}$ 值大的电对中的氧化态物质的氧化能力强，$E^{\ominus}$ 值小的电对中的还原态物质的还原能力强，如

$$\underset{(2.87\mathrm{V})}{E^{\ominus}_{F_2/F^-}} > \underset{(1.3595\mathrm{V})}{E^{\ominus}_{Cl_2/Cl^-}} > \underset{(1.0652\mathrm{V})}{E^{\ominus}_{Br_2/Br^-}} > \underset{(0.536\mathrm{V})}{E^{\ominus}_{I_2/I^-}}$$

氧化能力：$F_2 > Cl_2 > Br_2 > I_2$

还原能力：$I^- > Br^- > Cl^- > F^-$

(2) $E^{\ominus}$ 值不具有加和性。

当电极反应为：　$Cl_2 + 2e = 2Cl^-$　　　$E^{\ominus}_{Cl_2/Cl^-} = 1.3595\mathrm{V}$

当电极反应为：　$\frac{1}{2}Cl_2 + e = Cl^-$　　　$E^{\ominus}_{Cl_2/Cl^-} = 1.3595\mathrm{V}$

(3) 某些电对的 $E^{\ominus}$ 值与介质的酸碱性有关。

$MnO_4^- + 4H^+ + 3e = MnO_2 + 2H_2O$　　$E^{\ominus}_{A,MnO_4^-/MnO_2} = 1.695\mathrm{V}$

$MnO_4^- + 2H_2O + 3e = MnO_2 + 4OH^-$　　$E^{\ominus}_{B,MnO_4^-/MnO_2} = 0.60\mathrm{V}$

3. 浓度、温度对电极电势的影响——能斯特(Nernst)方程式

电极电势 E 与浓度、温度间的定量关系可由能斯特方程式给出。对电极反应

$$a\ \text{氧化态} + ne = b\ \text{还原态}$$

能斯特方程式为

$$E = E^{\ominus} + \frac{RT}{nF}\ln\frac{(a_{\text{氧化态}})^a}{(a_{\text{还原态}})^b} = E^{\ominus} + \frac{2.303RT}{nF}\lg\frac{(a_{\text{氧化态}})^a}{(a_{\text{还原态}})^b}$$

式中：R——摩尔气体常量(8.314J·mol^{-1}·K^{-1})；

F——法拉第常量(96 485C·mol^{-1})；

T——热力学温度；

n——电极反应得失的电子数目；

$a_{\text{氧化态}}$，$a_{\text{还原态}}$——电极反应式中两型态物质的活度。

如果是稀溶液，$a = c/c^{\ominus}$；若是压力较低的气体，$a = p/p^{\ominus}$；若为固体或纯液体，$a = 1$。

当温度为298.15K时，有

$$E=E^{\ominus}+\frac{0.0592}{n}\lg\frac{(a_{\text{氧化态}})^a}{(a_{\text{还原态}})^b}$$

由能斯特方程式可看出：当其他条件不变时，只增加氧化态物质的浓度，电对的电极电势增加，其氧化能力增强；反之，增加还原态物质的浓度，电极电势降低。

【例7-5】 写出下列电极反应中电对的电极电势的计算式(298.15K)。

(1) $MnO_4^- + 8H^+ + 5e \rightleftharpoons Mn^{2+} + 4H_2O$

(2) $SO_4^{2-} + 2H^+ + 2e \rightleftharpoons SO_3^{2-} + H_2O$

(3) $CrO_4^{2-} + 4H_2O + 3e \rightleftharpoons Cr(OH)_3(s) + 5OH^-$

(4) $O_2(g) + 4H^+ + 4e \rightleftharpoons 2H_2O$

解 根据能斯特方程式有

(1) $$E_{MnO_4^-/Mn^{2+}}=E^{\ominus}+\frac{0.0592}{5}\lg\frac{(c_{MnO_4^-}/c^{\ominus})\cdot(c_{H^+}/c^{\ominus})^8}{c_{Mn^{2+}}/c^{\ominus}}$$

(2) $$E_{SO_4^{2-}/SO_3^{2-}}=E^{\ominus}+\frac{0.0592}{2}\lg\frac{(c_{SO_4^{2-}}/c^{\ominus})\cdot(c_{H^+}/c^{\ominus})^2}{c_{SO_3^{2-}}/c^{\ominus}}$$

(3) $$E_{CrO_4^{2-}/Cr(OH)_3}=E^{\ominus}+\frac{0.0592}{3}\lg\frac{c_{CrO_4^{2-}}/c^{\ominus}}{(c_{OH^-}/c^{\ominus})^5}$$

(4) $$E_{O_2/H_2O}=E^{\ominus}+\frac{0.0592}{4}\lg[(p_{O_2}/p^{\ominus})\cdot(c_{H^+}/c^{\ominus})^4]$$

三、电极电势的应用

1. 判断氧化剂和还原剂的相对强弱

由前可知，某电对的标准电极电势值越小，其还原态作为还原剂也越强；标准电极电势值越大，其氧化态作为氧化剂也越强。

2. 判断氧化还原反应进行的方向

对恒温恒压下的电池反应来说，系统吉布斯自由能的减少等于系统对外所做的最大电功，有

$$-\Delta G=W_E=zFE \qquad \text{即} \qquad \Delta G=-zFE$$

若电池反应处于标准态，$\Delta G^{\ominus}=-zFE^{\ominus}$。所以，对于恒温恒压下的电池反应，其反应进行的方向可作如下分析

$\Delta G<0 \Rightarrow E>0 \Rightarrow E_+>E_- \Rightarrow$ 正向反应可自发进行

$\Delta G=0 \Rightarrow E=0 \Rightarrow E_+=E_- \Rightarrow$ 正逆反应处于平衡状态

$\Delta G>0 \Rightarrow E<0 \Rightarrow E_+<E_- \Rightarrow$ 逆向反应可自发进行

【例7-6】 试分别判断反应：$Pb^{2+} + Sn \rightleftharpoons Pb + Sn^{2+}$ 在标准状态下和在

$c_{Sn^{2+}}=1.0mol \cdot L^{-1}$.$c_{Pb^{2+}}=0.10mol \cdot L^{-1}$时能否自发进行？

解　(1) 标准状态下，有

$$E=E^{\ominus}_{Pb^{2+}/Pb}-E^{\ominus}_{Sn^{2+}/Sn}=-0.126-(-0.136)=0.010V>0$$

故反应可自发进行。

(2) 当 $c_{Sn^{2+}}=1.0mol \cdot L^{-1}$，$c_{Pb^{2+}}=0.10mol \cdot L^{-1}$时，有

$$E_{Pb^{2+}/Pb}=E^{\ominus}+\frac{0.0592}{2}\lg(c_{Pb^{2+}}/c^{\ominus})=-0.126+\frac{0.0592}{2}\lg 0.10=-0.156V$$

$$E=E_{Pb^{2+}/Pb}-E^{\ominus}_{Sn^{2+}/Sn}=-0.156-(-0.136)=-0.020V<0$$

故正反应不能自发进行，而逆反应却可以自发进行。

注意：一般 $E^{\ominus}=|E^{\ominus}_{+}-E^{\ominus}_{-}|>0.20V$ 时，可用标准电极电势 $E^{\ominus}$ 判断任意状态下的氧化还原反应的方向，因为这时反应物浓度的改变不足以改变 $E^{\ominus}_{+}>E^{\ominus}_{-}$ 的现状。但若 $E^{\ominus}=|E^{\ominus}_{+}-E^{\ominus}_{-}|<0.20V$，则改变氧化剂或还原剂的浓度就可能使 $E^{\ominus}_{+}<E^{\ominus}_{-}$，因而反应方向改变，即从逆反应向正反应进行(见例 7-6)，此时不能用标准电极电势判断反应方向，必须先根据能斯特方程式求任意状态的电极电势，再根据 E 判断反应的方向。还要注意，如果电极反应中包含 H^{+} 或 OH^{-} 时，介质的酸碱性对 E 值影响较大，这时只有当 ΔE 大于 0.5V 时，才能直接用 $E^{\ominus}$ 去判断。

3. 判断氧化还原反应进行的程度

一个反应的进行程度可用平衡常数来判断。因为

$$\Delta G^{\ominus}=-2.303RT\lg K^{\ominus}=-zFE^{\ominus}$$

当 $T=298.15K$

$$\lg K^{\ominus}=\frac{zFE^{\ominus}}{2.303RT}=\frac{z(E^{\ominus}_{+}-E^{\ominus}_{-})}{0.0592}$$

可见，氧化还原反应平衡常数的大小直接由氧化还原反应中两电对的标准电极电势值之差决定，差值越大，平衡常数值越大，反应进行也就越完全。

【例 7-7】　计算 298.15K 时反应 $H_3AsO_4+2H^{+}+2I^{-}=\!=\!=HAsO_2+I_2+2H_2O$的标准平衡常数。

解　查表得　　$E^{\ominus}_{H_3AsO_4/HAsO_2}=0.559V$　　$E^{\ominus}_{I_2/I^-}=0.536V$

$$\lg K^{\ominus}=\frac{z(E^{\ominus}_{+}-E^{\ominus}_{-})}{0.0592}=\frac{2(0.559-0.536)}{0.0592}=0.777 \qquad K^{\ominus}=5.98$$

特别注意：$\lg K^{\ominus}=\frac{z(E^{\ominus}_{+}-E^{\ominus}_{-})}{0.0592}$中的电极电势分别是 $E^{\ominus}_{+}$、$E^{\ominus}_{-}$，而不是 E_{+} 和 E_{-}。只有标准态的 $E^{\ominus}_{+}-E^{\ominus}_{-}$才与 $\lg K^{\ominus}$ 有关系，因为氧化还原平衡常数 $K^{\ominus}$ 与其它平衡常数一样，只与温度有关，与浓度无关。若错记成 $\lg K^{\ominus}=\frac{z(E_{+}-E_{-})}{0.0592}$，则由于 E_{+} 和 E_{-} 分别与氧化剂和还原剂浓度有关，就会导致 $K^{\ominus}$ 与浓度有关的错误

结论。

【例 7-8】 已知反应：$2MnO_4^- + 10Cl^- + 16H^+ \longrightarrow 2Mn^{2+} + 5Cl_2 + 8H_2O$

(1) 试判断上述反应在标准态时能否正向进行？

(2) 若 $c_{H^+} = 1.0\times10^{-5}\,mol\cdot L^{-1}$，其他物质仍处于标准态，试判断上述反应的方向？

(3) 计算上述反应的标准平衡常数 $K^\ominus$。

解 (1) 由于 $E_+^\ominus = E_{MnO_4^-/Mn^{2+}}^\ominus = 1.51V > E_-^\ominus = E_{Cl_2/Cl^-}^\ominus = 1.3595V$
所以，反应能正向进行。

(2) 上述反应的电极反应式分别为

正极：　　$MnO_4^- + 8H^+ + 5e \longrightarrow Mn^{2+} + 4H_2O$

负极：　　$2Cl^- - 2e \longrightarrow Cl_2$

故正极 MnO_4^-/Mn^{2+} 的电极电势受 c_{H^+} 的影响；负极 Cl_2/Cl^- 的电极电势不受 c_{H^+} 的影响。在 $c_{H^+} = 1.0\times10^{-5}\,mol\cdot L^{-1}$，其他处于标准态时，有

$$E_{MnO_4^-/Mn^{2+}} = E_{MnO_4^-/Mn^{2+}}^\ominus + \frac{0.0592}{5}\lg(c_{H^+}/c^\ominus)^8$$

$$= 1.51 + \frac{0.0592}{5}\lg(1.0\times10^{-5})^8 = 1.04V$$

所以

$$E_{MnO_4^-/Mn^{2+}} = 1.04V < E_{Cl_2/Cl^-} = 1.3595V$$

故上述反应不能正向进行。

(3)
$$\lg K^\ominus = \frac{z(E_+^\ominus - E_-^\ominus)}{0.0592} = \frac{10\times(1.51 - 1.3595)}{0.0592} = 25.42$$

$$K^\ominus = 2.63\times10^{25}$$

请注意容易犯的错误

$$\lg K^\ominus = \frac{10\times(1.04 - 1.3595)}{0.0592} = -53.97 \qquad K^\ominus = 1.07\times10^{-54}$$

4. 选择合适的氧化剂和还原剂

【例 7-9】 只氧化 I^-，而不氧化 Br^- 和 Cl^-，在 Fe^{3+}、MnO_4^- 及 Sn^{4+} 中，应选择哪一种氧化剂？

解 查标准电极电势表可知：$E_{Cl_2/Cl^-}^\ominus = 1.3595V$；$E_{Br_2/Br^-}^\ominus = 1.0652V$；$E_{I_2/I^-}^\ominus = 0.536V$；$E_{Fe^{3+}/Fe^{2+}}^\ominus = 0.771V$；$E_{MnO_4^-/Mn^{2+}}^\ominus = 1.51V$；$E_{Sn^{4+}/Sn^{2+}}^\ominus = 0.15V$。

可见，MnO_4^- 可将 3 种离子全部氧化；Sn^{4+} 均不能将这 3 种离子氧化，只有 Fe^{3+} 可氧化 I^-，而不能氧化 Br^- 和 Cl^-，是合适的氧化剂。

5. 与弱电解质的解离平衡常数、难溶强电解质的溶度积常数和配合物的稳定

常数之间的换算

(1) 与弱电解质的解离平衡常数之间的换算。

【例 7-10】 在氢电极的半电池中，加入 NaAc 溶液生成 HAc，当平衡时保持 $p_{(H_2)}=p^{\ominus}$，[HAc]=[Ac^-]=1.0mol · L^{-1}时，求 E_{H^+/H_2}=? 并求此时 $E^{\ominus}_{HAc/H_2}$=?

解 溶液中存在着 HAc 的解离平衡如下

$$HAc \rightleftharpoons H^+ + Ac^- \qquad K_a^{\ominus}=\frac{\{[H^+]/c^{\ominus}\}\cdot\{[Ac^-]/c^{\ominus}\}}{[HAc]/c^{\ominus}}$$

由上式可知：当[HAc]=[Ac^-]=1.0mol · L^{-1}时，[H^+]=$K_a^{\ominus}$，故对于电极反应

$$2H^+ + 2e \rightleftharpoons H_2$$

$$E_{H^+/H_2}=E^{\ominus}+\frac{0.0592}{2}\lg\frac{\{[H^+]/c^{\ominus}\}^2}{p_{H_2}/p^{\ominus}}$$

$$=0.0000+\frac{0.0592}{2}\lg(1.76\times10^{-5})^2=-0.281V$$

若求 $E^{\ominus}_{HAc/H_2}$=?，则此时电极反应为

$$2HAc+2e \rightleftharpoons H_2+2Ac^-$$

知[HAc]=[Ac^-]=1.0mol · L^{-1}，所以

$$E^{\ominus}_{HAc/H_2}=E_{H^+/H_2}=-0.281V$$

对于一元弱酸 HA(如 HAc、HF、HCN、HClO)等，可用下列公式求 $E^{\ominus}$

$$E^{\ominus}_{HA/H_2}=0.0592\lg K^{\ominus}_{HA}$$

(2) 与难溶强电解质的溶度积常数之间的换算。

【例 7-11】 已知 $E^{\ominus}_{Ag^+/Ag}$=0.7991V，若在 Ag^+ 和 Ag 组成的半电池中加入 NaCl 会产生 AgCl(s)，当 c_{Cl^-}=1.0 mol · L^{-1}时，$E_{Ag^+/Ag}$=? 此时 $E^{\ominus}_{AgCl/Ag}$=?

解 当[Cl^-]=1.0 mol · L^{-1}时，电极反应 $Ag^+ + e \rightleftharpoons Ag$ 处于非标准态，因为这时[Ag^+]≠1.0 mol · L^{-1}，而是由下列沉淀溶解平衡决定

$$AgCl(s) \rightleftharpoons Ag^+(aq)+Cl^-(aq) \qquad K^{\ominus}_{sp}=[Ag^+]\cdot[Cl^-]$$

因而当[Cl^-]=1.0mol · L^{-1}时，[Ag^+]=$K^{\ominus}_{sp}$。但这时对于电极反应 $AgCl+e \rightleftharpoons Ag+Cl^-$ 来说，由于[Cl^-]=1.0 mol · L^{-1}，AgCl 和 Ag 为固态，故此电极电势为标准态电极电势。因而

$$E^{\ominus}_{AgCl/Ag}=E_{Ag^+/Ag}=E^{\ominus}+0.0592\lg\{[Ag^+]/c^{\ominus}\}$$

$$=0.799+0.0592\lg(1.8\times10^{-10})=0.222V$$

由本题可推广得如下结果(标准态时)：

①$AB_m(s)$水溶液中A^{n+}的浓度$[A^{n+}]=K^{\ominus}_{sp,AB_m(s)}$。这是因为$AB_m(s)$══$A^{n+}+mB^{-\frac{n}{m}}$[$m$和$n$可以相等，如AgCl、$CaF_2$、$Fe(OH)_3$等；也可以不相等，如$PbSO_4$、$BaCrO_4$、$FePO_4$等]，故$K^{\ominus}_{sp,AB_m(s)}=[A^{n+}][B^{\frac{n}{m}-}]^m=[A^{n+}]\times1.0^m=[A^{n+}]$

例如，标准态时，

$PbSO_4(s)$水溶液中：　　$[Pb^{2+}]=K^{\ominus}_{sp,PbSO_4}$

$Fe(OH)_3(s)$水溶液中：　　$[Fe^{3+}]=K^{\ominus}_{sp,Fe(OH)_3}$

AgBr(s)水溶液中：　　$[Ag^+]=K^{\ominus}_{sp,AgBr}$

$CaF_2(s)$水溶液中：　　$[Ca^{2+}]=K^{\ominus}_{sp,CaF_2}$

所以

$$E^{\ominus}_{AB_m/A}=E_{A^{n+}/A}=E^{\ominus}_{A^{n+}/A}+\frac{0.0592}{n}\lg K^{\ominus}_{sp,AB_m}$$

如

$$E^{\ominus}_{PbSO_4/Pb}=E^{\ominus}_{Pb^{2+}/Pb}+\frac{0.0592}{2}\lg K^{\ominus}_{sp,PbSO_4}$$

$$E^{\ominus}_{Fe(OH)_3/Fe(OH)_2}=E_{Fe^{3+}/Fe^{2+}}=E^{\ominus}_{Fe^{3+}/Fe^{2+}}+0.0592\lg\frac{K^{\ominus}_{sp,Fe(OH)_3}}{K^{\ominus}_{sp,Fe(OH)_2}}$$

$$E^{\ominus}_{Cu^{2+}/CuI}=E_{Cu^{2+}/Cu^+}=E^{\ominus}_{Cu^{2+}/Cu^+}+0.0592\lg\frac{1}{K^{\ominus}_{sp,CuI}}$$

②同理$A_mB(s)$水溶液中，$[A^+]=\sqrt[m]{K^{\ominus}_{sp,A_mB}}$

$$A_mB(s)══mA^++B^{m-}$$

$$K^{\ominus}_{sp}=[A^+]^m\cdot[B^{m-}]$$

标准态时：$[B^{m-}]=1.0\ mol\cdot L^{-1}$，所以

$$[A^+]=\sqrt[m]{K^{\ominus}_{sp,A_mB}}$$

例如：Ag_2S和Ag_3PO_4水溶液中，Ag^+浓度分别为

$$[Ag^+]=\sqrt{K^{\ominus}_{sp,Ag_2S}}\qquad[Ag^+]=\sqrt[3]{K^{\ominus}_{sp,Ag_3PO_4}}$$

因而

$$E^{\ominus}_{Ag_2S/Ag}=E_{Ag^+/Ag}=E^{\ominus}_{Ag^+/Ag}+0.0592\lg\sqrt{K^{\ominus}_{sp,Ag_2S}}$$

$$E^{\ominus}_{Ag_3PO_4/Ag}=E_{Ag^+/Ag}=E^{\ominus}_{Ag^+/Ag}+0.0592\lg\sqrt[3]{K^{\ominus}_{sp,Ag_3PO_4}}$$

③可以由$K^{\ominus}_{sp}$求$E^{\ominus}_{AB_m/A}$、$E^{\ominus}_{A_mB/A}$；反之，也可由$E^{\ominus}_{AB_m/A}$、$E^{\ominus}_{A_mB/A}$和$E^{\ominus}_{A^{n+}/A}$求$K^{\ominus}_{sp}$

【例7-12】 已知$E^{\ominus}_{Fe(OH)_3/Fe(OH)_2}=-0.549V$，$E^{\ominus}_{Fe^{3+}/Fe^{2+}}=0.771V$，$K^{\ominus}_{sp,Fe(OH)_2}=8.0\times10^{-16}$，求$K^{\ominus}_{sp,Fe(OH)_3}$。

解
$$E^{\ominus}_{Fe(OH)_3/Fe(OH)_2}=E^{\ominus}_{Fe^{3+}/Fe^{2+}}+0.0592\lg\frac{K^{\ominus}_{sp,Fe(OH)_3}}{K^{\ominus}_{sp,Fe(OH)_2}}$$

$$-0.549=0.771+0.0592\lg\frac{K^{\ominus}_{sp,Fe(OH)_3}}{8.0\times10^{-16}}$$

即

$$\lg\frac{K^{\ominus}_{sp,Fe(OH)_3}}{8.0\times10^{-16}}=\frac{-0.549-0.771}{0.0592}=-22.2973$$

$$\frac{K^{\ominus}_{sp,Fe(OH)_3}}{8.0\times10^{-16}}=5.0\times10^{-23}$$

所以

$$K^{\ominus}_{sp,Fe(OH)_3}=4.0\times10^{-38}$$

④由 $K^{\ominus}_{sp}$ 不仅可以求如 $E^{\ominus}_{Ag_2S/Ag}$ 等标准电极电势，而且也可以求如 $E_{Ag_2S/Ag}$ 等非标准电极电势。

【例 7-13】 已知 $E^{\ominus}_{Ag^+/Ag}=0.7991V$，$K^{\ominus}_{sp,Ag_2S}=2\times10^{-49}$，$[S^{2-}]=0.10\ mol\cdot L^{-1}$，求 $E_{Ag_2S/Ag}$。

解 电极反应式可写作：$Ag_2S+2e═══2Ag+S^{2-}$

$$E_{Ag_2S/Ag}=E^{\ominus}_{Ag_2S/Ag}+\frac{0.0592}{2}\lg\frac{1}{\{[S^{2-}]/c^{\ominus}\}}$$

$$=E^{\ominus}_{Ag^+/Ag}+0.0592\lg\sqrt{K^{\ominus}_{sp,Ag_2S}}+\frac{0.0592}{2}\lg\frac{1}{\{[S^{2-}]/c^{\ominus}\}}$$

$$=E^{\ominus}_{Ag^+/Ag}+0.0592\lg\sqrt{\frac{K^{\ominus}_{sp}}{[S^{2-}]/c^{\ominus}}}=-0.613V$$

(3) 与配合物的稳定常数之间的换算。

【例 7-14】 已知 $E^{\ominus}_{Cu^{2+}/Cu}=0.337V$，$K_{f([Cu(NH_3)_4]^{2+})}=10^{12.59}$。

在 Cu^{2+} 和 Cu 组成的半电池中加入氨水，当 $[NH_3]=1.0\ mol\cdot L^{-1}$，$[Cu(NH_3)_4^{2+}]=1.0mol\cdot L^{-1}$ 时，$E_{Cu^{2+}/Cu}=$？并求 $E^{\ominus}_{[Cu(NH_3)_4]^{2+}/Cu}=$？

解 溶液中存在着 $[Cu(NH_3)_4]^{2+}$ 的配位解离平衡如下

$$Cu^{2+}+4NH_3═══[Cu(NH_3)_4]^{2+}\qquad K^{\ominus}_f=\frac{\{Cu(NH_3)_4^{2+}]/c^{\ominus}}{\{[Cu^{2+}]/c^{\ominus}\}\cdot\{[NH_3]/c^{\ominus}\}^4}$$

由上式可知：

当 $[NH_3]=1.0\ mol\cdot L^{-1}$，$[Cu(NH_3)_4^{2+}]=1.0mol\cdot L^{-1}$ 时，$[Cu^{2+}]=1/K^{\ominus}_f$，故

$$E_{Cu^{2+}/Cu}=E^{\ominus}_{Cu^{2+}/Cu}+\frac{0.0592}{2}\lg\{[Cu^{2+}]/c^{\ominus}\}$$

$$=0.337+\frac{0.0592}{2}\lg\frac{1}{10^{12.59}}=-0.0357\text{V}$$

若求 $E^{\ominus}_{[Cu(NH_3)_4]^{2+}/Cu}=?$,则此时电极反应为

$$[Cu(NH_3)_4]^{2+}+2e=\!=\!=Cu+4NH_3$$

则

$$E^{\ominus}_{[Cu(NH_3)_4]^{2+}/Cu}=E_{Cu^{2+}/Cu}=-0.0357\text{V}$$

由本题可得:配位剂和配离子浓度为 1.0 mol·L^{-1}时,其中心离子 A^{n+} 的浓度 $[A^{n+}]=1/K^{\ominus}_f$,由此可计算 $E_{A^{n+}/A}$,$E_{A^{n+}/A}$等于配离子/金属电对的标准电极电势。

四、元素电势图及其应用

若一种元素有几种氧化态,就可形成多种氧化还原电对,也就有多种标准电极电势。物理学家拉蒂默,把不同氧化态间的标准电极电势按照氧化态依次降低的顺序排成图解,两种氧化态之间连线上的数字是该电对的标准电极电势。这种表示一种元素各种不同氧化态之间标准电极电势关系的图解称为元素电势图。元素电势图有如下几种重要的应用。

1. 判断氧化剂还原剂的相对强弱

以锰在酸性(pH=0)和碱性(pH=14)介质中的电势图为例

酸性溶液

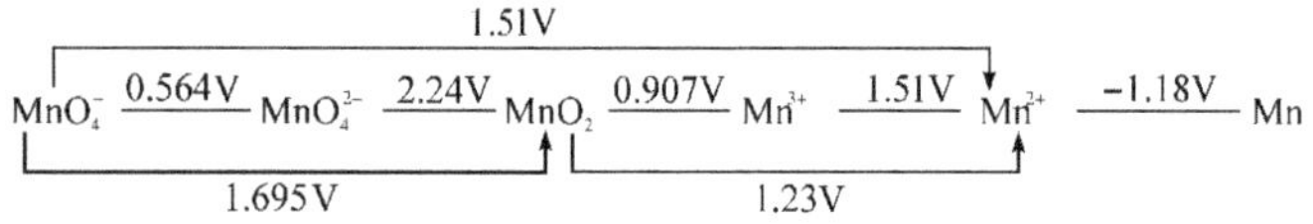

碱性溶液

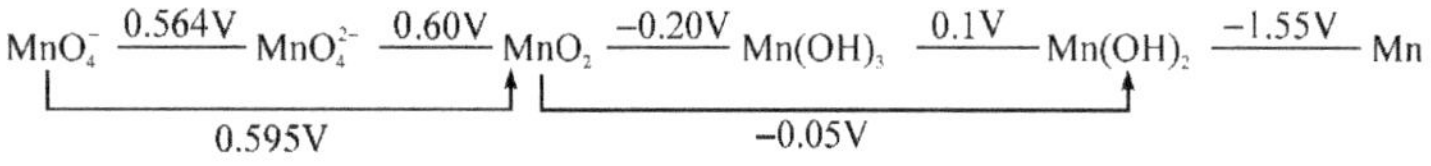

可见,在酸性介质中 $E^{\ominus}_{MnO_4^-/Mn^{2+}}$、$E^{\ominus}_{MnO_2/Mn^{2+}}$ 等其值都比较高,因而在酸性介质中 MnO_4^-、MnO_2等都是强氧化剂。但在碱性介质中,相应氧化值的电对 $MnO_4^-/Mn(OH)_2$、$MnO_2/Mn(OH)_2$等 $E^{\ominus}$ 值都较小,表明 MnO_4^-、MnO_2 在碱性溶液中氧化能力都较弱。相反,$Mn(OH)_2$的还原能力比酸性介质中的 Mn^{2+} 强。

2. 判断是否发生歧化反应

同一元素的不同氧化态的任何 3 种物种组成的两个电对按氧化态由高到低排列如下:

$$A\xrightarrow{\quad E^{\ominus}_{左}\quad}B\xrightarrow{\quad E^{\ominus}_{右}\quad}C$$

①若 $E^{\ominus}_{右}>E^{\ominus}_{左}$,即 $E^{\ominus}_{B/C}>E^{\ominus}_{A/B}$,则 B 发生歧化反应:$B\longrightarrow A+C$;

②若 $E^{\ominus}_{右}<E^{\ominus}_{左}$，即 $E^{\ominus}_{B/C}<E^{\ominus}_{A/B}$，则 B 不能发生歧化反应，而是 A 作氧化剂，C 作还原剂，发生歧化反应的逆反应：$A+C \longrightarrow B$。

由此，在上图中可看出，在酸性溶液中，MnO_4^{2-} 和 Mn^{3+} 能发生歧化反应；在碱性溶液中，MnO_4^{2-} 和 $Mn(OH)_3$ 能发生歧化反应。

3. 计算电对的未知标准电极电势 $E^{\ominus}$

$$A \xrightarrow[n_1]{E_1^{\ominus}} B \xrightarrow[n_2]{E_2^{\ominus}} C \xrightarrow[n_3]{E_3^{\ominus}} D$$
$$A \xrightarrow[n]{E^{\ominus}} D$$

上述电极反应依次为

$$A+n_1e = B \qquad \Delta G_1^{\ominus}=-n_1FE_1^{\ominus}$$
$$B+n_2e = C \qquad \Delta G_2^{\ominus}=-n_2FE_2^{\ominus}$$
$$C+n_3e = D \qquad \Delta G_3^{\ominus}=-n_3FE_3^{\ominus}$$

将上述 3 个式子相加，得

$$A+ne = D \quad \Delta G^{\ominus}=-nFE^{\ominus}=\Delta G_1^{\ominus}+\Delta G_2^{\ominus}+\Delta G_3^{\ominus}$$

故有

$$-nFE^{\ominus}=-n_1FE_1^{\ominus}-n_2FE_2^{\ominus}-n_3FE_3^{\ominus}$$

所以

$$E^{\ominus}=\frac{n_1E_1^{\ominus}+n_2E_2^{\ominus}+n_3E_3^{\ominus}}{n}=\frac{n_1E_1^{\ominus}+n_2E_2^{\ominus}+n_3E_3^{\ominus}}{n_1+n_2+n_3}$$

【例 7-15】 已知 Cl 的部分标准电极电势图如下，试求 $E^{\ominus}_{Cl_2/Cl^-}=?$

$$ClO^- \xrightarrow{0.420} Cl_2 \xrightarrow{?} Cl^-$$
$$ClO^- \xrightarrow{0.8902} Cl^-$$

解　$1\times E^{\ominus}_{ClO^-/Cl_2}+1\times E^{\ominus}_{Cl_2/Cl^-}=2\times E^{\ominus}_{ClO^-/Cl^-}$

所以

$$E^{\ominus}_{Cl_2/Cl^-}=2\times 0.8902V-0.420V=1.360V$$

第二部分　氧化还原滴定法

一、氧化还原电对的电势

对于可逆的均相氧化还原电对的电势可用能斯特公式求得

例如：Ox-Red 电对

$$Ox+ne = Red$$

$$E=E^{\ominus}+\frac{0.0592}{n}\lg\frac{a_{Ox}}{a_{Red}}$$

式中，a_{Ox}，a_{Red}分别为氧化态和还原态活度。若以浓度代替活度，应引入相应的活度系数 γ_{Ox}，γ_{Red}。考虑副反应的影响，应引入相应的副反应系数 α_{Ox}，α_{Red}。此时当 $c_{Ox}=c_{Red}=1\text{mol}\cdot L^{-1}$或 $c_{Ox}/c_{Red}=1$ 时，得

$$E=E^{\ominus}+\frac{0.0592}{n}\lg\frac{\gamma_{Ox}\alpha_{Red}}{\gamma_{Red}\alpha_{Ox}}+\frac{0.0592}{n}\lg\frac{c_{Ox}}{c_{Red}}$$

$$E^{\ominus\prime}=E^{\ominus}+\frac{0.0592}{n}\lg\frac{\gamma_{Ox}\alpha_{Red}}{\gamma_{Red}\alpha_{Ox}}$$

式中，$E^{\ominus\prime}$称为条件电极电势，它是在特定的条件下，氧化态和还原态的分析浓度均为1 $\text{mol}\cdot L^{-1}$，或它们的比值为 1 时，校正了离子强度及副反应的影响后的实际电极电势，在条件一定时为常数。各种条件下的 $E^{\ominus\prime}$值都是由实验测定的，可查表得到，若没有相同条件的 $E^{\ominus\prime}$值，可采用条件相近的 $E^{\ominus\prime}$值，若没有 $E^{\ominus\prime}$值，则只能采用标准电极电势 $E^{\ominus}$。

引入条件电极电势后，能斯特方程可表示成

$$E=E^{\ominus\prime}+\frac{0.0592}{n}\lg\frac{c_{Ox}}{c_{Red}}$$

二、氧化还原滴定法基本原理

1. 滴定曲线

在氧化还原滴定中，随着滴定剂的加入，物质的氧化态和还原态的浓度逐渐改变，有关电对的电势也随之不断地变化，在化学计量点附近，体系的电势发生突跃。这种电势的改变情况可以用滴定曲线来表示。

若用氧化剂 Ox_1 来滴定还原剂 Red_2 时，有关的电对反应和能斯特方程

$$Ox_1+n_1e = Red_1 \qquad E_1=E_1^{\ominus\prime}+\frac{0.0592}{n_1}\lg\frac{c_{Ox1}}{c_{Red1}}$$

$$Ox_2+n_2e = Red_2 \qquad E_2=E_2^{\ominus\prime}+\frac{0.0592}{n_2}\lg\frac{c_{Ox2}}{c_{Red2}}$$

在滴定过程中的任一点，达到平衡时，两电对的电势相等，因此在滴定的不同阶段可选用方便计算的电对代入能斯特方程计算体系的电势。

在化学计量点以前，体系的电势按被滴定的物质的电对计算；在化学计量点以后，体系的电势按滴定剂的电对计算；当达到化学计量点时，体系的电势为

$$E_{sp}=\frac{n_1E_1^{\ominus\prime}+n_2E_2^{\ominus\prime}}{n_1+n_2}$$

滴定的电势突跃范围为

$$E_2^{\ominus\prime}+\frac{3\times0.0592}{n_2}\sim E_1^{\ominus\prime}-\frac{3\times0.0592}{n_1}$$

在 1 mol · L^{-1} H_2SO_4 介质中，用 $Ce(SO_4)_2$ 滴定 Fe^{2+}，化学计量点时的电势为 1.06V，滴定突跃为 0.86～1.26V。

氧化还原滴定突跃的大小取决于两电对的电极电势的差值，相差越大，突跃越大。

2. 氧化还原滴定的指示剂

在氧化还原滴定法中，常用的指示剂有三类。

(1) 氧化还原指示剂。这类指示剂本身具有氧化还原性，其氧化态和还原态具有不同的颜色。在滴定过程中，体系的电势发生变化使得指示剂因氧化或还原而发生颜色变化从而指示终点。指示剂变色的电势范围为

$$E_{In}^{\ominus\prime}\pm\frac{0.0592}{n}(V)$$

当体系的电势等于指示剂的条件电势 $E_{In}^{\ominus\prime}$ 时，指示剂呈中间色，即指示剂的变色点。选择指示剂时，应使指示剂的条件电势 $E_{In}^{\ominus\prime}$ 在滴定的电势突跃范围内，并尽量与化学计量点时的电势一致。

(2) 自身指示剂。这类指示剂就是利用滴定剂或被测物质本身的颜色变化来指示滴定终点无需另加指示剂。例如：$KMnO_4$ 法就是利用当达到化学计量点后，$KMnO_4$ 稍微过量，溶液即呈粉红色指示终点。

(3) 特殊指示剂。这类指示剂是利用了某些物质能与滴定剂或被测物产生某种特殊的颜色，从而指示终点。例如：碘量法就是利用了可溶性淀粉与 I_2 能够生成深蓝色的吸附化合物，从而指示终点。反应灵敏、特效，又称为专属指示剂。

三、氧化还原滴定法的分类和应用示例

根据滴定剂的不同，氧化还原滴定法可分为高锰酸钾法、重铬酸钾法、碘量法、溴酸钾法和铈量法等。

要求掌握高锰酸钾法和碘量法

方法名称	高锰酸钾法
滴定反应	$MnO_4^- + 8H^+ + 5e \longrightarrow Mn^{2+} + 4H_2O$
标准溶液	$KMnO_4$ 1. 配制。称取略多于理论计算量的固体 $KMnO_4$，溶于一定体积蒸馏水中加热煮沸，保持微沸 1h 或暗处静置 7～10d，用微孔玻璃漏斗过滤除去 $MnO(OH)_2$ 沉淀，将过滤后的 $KMnO_4$ 溶液储于棕色瓶中，置于暗处，待标定。 2. 标定。基准物 $H_2C_2O_4 \cdot 2H_2O$，$Na_2C_2O_4$，As_2O_3，$(NH_4)_2Fe(SO_4)_2 \cdot 6H_2O$ 常用 $Na_2C_2O_4$ 作基准物 标定反应：$2MnO_4^- + 5C_2O_4^{2-} + 16H^+ \longrightarrow 2Mn^{2+} + 10CO_2 + 8H_2O$ 标定条件：温度 75～85℃，酸度 0.5～1mol · L^{-1} H_2SO_4 介质，滴定开始速度要缓慢
指示剂	$KMnO_4$ 自身指示剂
应用示例	1. 直接滴定法测定具有还原性的物质，如 H_2O_2，NO_2^-，$C_2O_4^{2-}$，Fe^{2+} 等 2. 返滴定法测定具有氧化性的物质，如 MnO_2、PbO_2 和一些有机物等 3. 间接滴定法测定即不具有氧化性也不具有还原性的物质，如 Ca^{2+}
方法名称	碘量法(间接碘量法)
滴定反应	$I_3^- + 2e \longrightarrow 3I^-$　　$I_2 + 2S_2O_3^{2-} \longrightarrow 2I^- + S_4O_6^{2-}$
标准溶液	$Na_2S_2O_3$ 1. 配制。称取略多于理论计算量的固体 $Na_2S_2O_3 \cdot 5H_2O$，溶于新煮沸并冷却的蒸馏水中加入少量 Na_2CO_3，使溶液呈弱碱性，以抑制细菌生长，溶液储于棕色瓶中置于暗处，待标定。 2. 标定。基准物 $K_2Cr_2O_7$，KIO_3、$KBrO_3$ 等 标定反应：$Cr_2O_7^{2-} + 6I^- + 14H^+ \longrightarrow 2Cr^{3+} + 3I_2 + 7H_2O$ $I_2 + 2S_2O_3^{2-} \longrightarrow 2I^- + S_4O_6^{2-}$ 标定条件：加入过量 KI，0.4mol · L^{-1} H_2SO_4 介质中，暗处放置 5min，待反应完全后滴定析出的 I_2
指示剂	淀粉
应用示例	直接碘法测定钢样中的 S 以及 As^{3+}、SO_3^{2-}、Sn^{2+} 等还原性物质 间接碘法测定 MnO_4^-、$Cr_2O_7^{2-}$、H_2O_2、Cu^{2+}、Fe^{3+} 等氧化性物质 返滴定法测定葡萄糖的含量
误差来源	I_2 的挥发和在酸性溶液中 I^- 易被空气氧化

综 合 练 习

一、选择题

1. 将反应 $Zn + 2Ag^+ \longrightarrow 2Ag + Zn^{2+}$ 组成原电池，标准态下，该电池的电动势为________。

A. $E^\ominus = 2E^\ominus_{Ag^+/Ag} - E^\ominus_{Zn^{2+}/Zn}$　　B. $E^\ominus = (E^\ominus_{Ag^+/Ag})^2 - E^\ominus_{Zn^{2+}/Zn}$

C. $E^\ominus = E^\ominus_{Ag^+/Ag} - E^\ominus_{Zn^{2+}/Zn}$　　D. $E^\ominus = E^\ominus_{Zn^{2+}/Zn} - E^\ominus_{Ag^+/Ag}$

2. 根据 $E^{\ominus}_{Cu^{2+}/Cu}=0.337V$，$E^{\ominus}_{Fe^{2+}/Fe}=-0.441V$，标准态下能还原 Cu^{2+}，但不能还原 Fe^{2+} 的还原剂，与其对应的氧化态组成电极的 $E^{\ominus}$ 值所在范围是________。

A. $>-0.441V$　　B. $-0.441V\sim0.337V$

C. $<-0.441V$　　D. $<0.337V$

3. 根据 Fe 在酸性介质中标准电极电势图

$$E^{\ominus}_{A}/V \qquad Fe^{3+}\xrightarrow{0.771}Fe^{2+}\xrightarrow{-0.441}Fe$$

下列说法中错误的是________。

A. $E^{\ominus}_{Fe^{2+}/Fe}=-0.441V$

B. Fe 与稀酸反应生成 Fe^{2+} 和氢气

C. Fe^{3+} 可与 Fe 反应生成 Fe^{2+}

D. Fe^{2+} 在酸性溶液中可发生歧化反应

4. 已知 $K^{\ominus}_{sp,AgI}<K^{\ominus}_{sp,AgCl}$，则________。

A. $E^{\ominus}_{AgI/Ag}>E^{\ominus}_{AgCl/Ag}>E^{\ominus}_{Ag^+/Ag}$　　B. $E^{\ominus}_{Ag^+/Ag}>E^{\ominus}_{AgCl/Ag}>E^{\ominus}_{AgI/Ag}$

C. $E^{\ominus}_{Ag^+/Ag}>E^{\ominus}_{AgI/Ag}>E^{\ominus}_{AgCl/Ag}$　　D. $E^{\ominus}_{AgCl/Ag}>E^{\ominus}_{AgI/Ag}>E^{\ominus}_{Ag^+/Ag}$

5. 根据 $E^{\ominus}$ 值判断下列各组离子在酸性介质中能共存的是________。

A. Br_2 和 ClO_3^-　　B. Fe^{2+} 和 Sn^{4+}

C. Fe^{2+} 和 Pb^{2+}　　D. Sn^{2+} 和 I_2

6. 下列电对中 $E^{\ominus}$ 值最小的是________。

A. H^+/H_2　　B. OH^-/H_2　　C. HF/H_2　　D. HCN/H_2

7. 间接碘量法中，加入淀粉指示剂的适宜时间是________。

A. 滴定开始时　　B. 滴定近终点时

C. 在标准溶液滴定了近 50%时　　D. 滴定至溶液呈无色时

8. 下列反应的滴定曲线对称的是________。

A. $Cr_2O_7^{2-}+6Fe^{2+}+14H^+ = 2Cr^{3+}+6Fe^{3+}+7H_2O$

B. $Ce^{4+}+Fe^{2+} = Ce^{3+}+Fe^{3+}$

C. $MnO_4^-+5Fe^{2+}+8H^+ = Mn^{2+}+5Fe^{3+}+4H_2O$

D. $I_2+2S_2O_3^{2-} = 2I^-+S_4O_6^{2-}$

9. 氧化还原滴定法中，常用的预处理氧化剂有________。

A. $(NH_4)_2S_2O_8$　　B. $NaBiO_3$ C. $KMnO_4$　　D. $K_2Cr_2O_7$

10. 氧化还原滴定中，滴定突跃的范围为________。

A. $E^{\ominus\prime}_{还}-\dfrac{0.0592}{n_{还}}\times3\sim E^{\ominus\prime}_{氧}+\dfrac{0.0592}{n_{氧}}\times3$

B. $E^{\ominus\prime}_{还}+\dfrac{0.0592}{n_{还}}\times4\sim E^{\ominus\prime}_{氧}-\dfrac{0.0592}{n_{氧}}\times4$

C. $E^{\ominus}_{还}{}'+\frac{0.0592}{n_{还}}\times 3 \sim E^{\ominus}_{氧}{}'-\frac{0.0592}{n_{氧}}\times 3$

D. $E^{\ominus}_{还}{}' \sim E^{\ominus}_{氧}{}'$

11. 已知 $E^{\ominus}{}'_{Ce^{4+}/Ce^{3+}}=1.44V$；$E^{\ominus}{}'_{Sn^{4+}/Sn^{2+}}=0.14V$，则 $E_{计}$ 为______ V。

A. 0.57　　B. 1.01　　C. 0.86　　D. 0.79

二、填空题

1. 原电池中，发生还原反应的电极为__________极，发生氧化反应的电极为__________极。

2. 反应 $MnO_2+HCl(浓) \longrightarrow MnCl_2+Cl_2$ 的配平的方程式为：____。

3. 已知 $E^{\ominus}_{Mg^{2+}/Mg}=-2.375V$，$E^{\ominus}_{Zn^{2+}/Zn}=-0.763V$，$E^{\ominus}_{Cu^{2+}/Cu}=0.337V$，组成这3电对的各物质中，最强的氧化剂为________，最强的还原剂为__________。

4. 已知 $E^{\ominus}_{BrO^-/Br^-}=0.76V$，$E^{\ominus}_{Br_2/Br^-}=1.0652V$，则 $E^{\ominus}_{BrO^-/Br_2}=$________。

5. 原电池(－)Fe | Fe^{2+}(0.100 mol·L^{-1}) ‖ Ag^+(0.0100 mol·L^{-1}) | Ag(＋)，$E^{\ominus}_{Ag^+/Ag}=0.80V$，$E^{\ominus}_{Fe^{2+}/Fe}=-0.441V$，其电池电动势 $E=$________，电池反应的 $K^{\ominus}=$________。

6. 已知 $E^{\ominus}_{NO_3^-/NO}=0.96V$，$E^{\ominus}_{O_2/H_2O_2}=0.68V$，$E^{\ominus}_{MnO_4^-/Mn^{2+}}=1.51V$，这3电对中所含各物质中，最强的氧化剂为__________，最强的还原剂为______。

7. 以反应 $2MnO_4^- + 10Cl^- + 16H^+ = 2Mn^{2+} + 5Cl_2\uparrow + 8H_2O$ 组成原电池，表示此原电池的符号为________________________________。

8. 已知 $E^{\ominus}_{Cu^{2+}/Cu}=0.337V$，$E^{\ominus}_{Cu^{2+}/Cu^+}=0.153V$，则 $E^{\ominus}_{Cu^+/Cu}=$__________。反应 $Cu^{2+}+Cu = 2Cu^+$ 的标准平衡常数 $K^{\ominus}=$__________。

9. 已知 $E^{\ominus}_{Co^{3+}/Co^{2+}}=1.82V$，$E^{\ominus}_{Co(NH_3)_6^{3+}/Co(NH_3)_6^{2+}}=0.03V$，由此可知，$Co(NH_3)_6^{3+}$ 比 $Co(NH_3)_6^{2+}$ 的稳定性____________。

10. 当溶液的 pH 增大时，下面电对的电极电势变化为(以升高、降低、不变来表示)______。

(1) $CrO_4^{2-}/Cr(OH)_4^-$ ______；　(2) MnO_4^-/MnO_4^{2-} ______；

(3) ClO_3^-/Cl^- ______；　(4) $Fe(OH)_3/Fe(OH)_2$ ______。

11. 完成下列反应方程式：

(1) 酸性条件下，I^- 与过量的 MnO_4^- 反应

____；

(2) 酸性条件下，MnO_4^- 与过量的 I^- 反应

____；

(3) Cu_2O 与稀 H_2SO_4 反应

____。

12. 已知下面两元素的电势图($E^\ominus$/V)：

$$IO_3^- \xrightarrow{\ ?\ } HIO \xrightarrow{1.45} I_2 \xrightarrow{0.536} I^-$$

$$IO_3^- \xrightarrow{1.195} I_2$$

$$O_2 \xrightarrow{0.682} H_2O_2 \xrightarrow{1.77} H_2O$$

图中能发生歧化反应的物质是____________________；H_2O_2 与 I_2 反应时，可能的产物是____________。

13. 已知某反应 $3A(s)+2B^{3+}(aq)=\!=\!=3A^{2+}(aq)+2B(s)$ 在平衡时，$c_{B^{3+}}=0.02mol\cdot L^{-1}$，$c_{A^{2+}}=0.005mol\cdot L^{-1}$，若 $E^\ominus_{B^{3+}/B}=-0.26V$，则 $E^\ominus_{A^{2+}/A}=$______________。

14. 用 $K^\ominus_{sp,Ca_3(PO_4)_2}$ 和 $E^\ominus_{Ca^{2+}/Ca}$ 表示 $E^\ominus_{Ca_3(PO_4)_2/Ca}=$______________。

15. 当 $c_{Cl^-}=2.0mol\cdot L^{-1}$ 时，$E_{AgCl/Ag}=$______________(已知 $E^\ominus_{Ag^+/Ag}=0.7991V$，$K^\ominus_{sp,AgCl}=1.8\times10^{-10}$)。

16. 标定 $KMnO_4$ 的基准物有(写出 4 种)________________，常用的是____________，若 $KMnO_4$ 的浓度 $c_{\frac{1}{5}KMnO_4}=0.02\ mol\cdot L^{-1}$，那么配制 250mL $Na_2C_2O_4$ 溶液标定 $KMnO_4$ 溶液，$Na_2C_2O_4$ 的称量范围是______ g($Na_2C_2O_4$ 相对分子质量：134.00)。

17. 用 $Na_2C_2O_4$ 标定 $KMnO_4$ 溶液的条件是________________，所选用的指示剂是________________。

18. 标定 $Na_2S_2O_3$ 溶液的基准物是__________等，若小份称量 $K_2Cr_2O_7$(相对分子质量：294.18)来标定 $0.1mol\cdot L^{-1}$ 的 $Na_2S_2O_3$ 溶液，那么 $K_2Cr_2O_7$ 的称量范围为________ g。

三、用离子电子法配平下列反应式

1. $HgS(s)+NO_3^-(aq)+Cl^-(aq)\longrightarrow HgCl_4^{2-}(aq)+NO(g)+S(s)$
2. $MnO_4^-(aq)+SO_3^{2-}(aq)+OH^-(aq)\longrightarrow MnO_4^{2-}(aq)+SO_4^{2-}(aq)$
3. $Cr_2O_7^{2-}(aq)+H_2S(aq)+H^+(aq)\longrightarrow S(s)+Cr^{3+}(aq)$
4. $MnO_4^{2-}(aq)+H^+(aq)\longrightarrow MnO_4^-(aq)+MnO_2(s)$

四、写出下列原电池的电极反应式和电池反应式，并计算电池电动势

（提示：先求出各电极的非标准电极电势，判断正、负极再计算）

1. $Zn|Zn^{2+}(0.10mol \cdot L^{-1}) \| I^{-}(0.10mol \cdot L^{-1})|I_2(s),Pt$

$$E^{\ominus}_{Zn^{2+}/Zn}=-0.763V \qquad E^{\ominus}_{I_2/I^-}=0.536V$$

2. $Pt|Fe^{2+}(1mol \cdot L^{-1}),Fe^{3+}(1mol \cdot L^{-1}) \| Ce^{4+}(1mol \cdot L^{-1}),$
$Ce^{3+}(1\ mol \cdot L^{-1})|Pt$

$$E^{\ominus}_{Fe^{3+}/Fe^{2+}}=0.771V \qquad E^{\ominus}_{Ce^{4+}/Ce^{3+}}=1.72V$$

3. $Pt,H_2(p^{\ominus})|H^{+}(1.000\times10^{-3}mol \cdot L^{-1}) \| H^{+}(1\ mol \cdot L^{-1})|H_2(p^{\ominus}),$
Pt

五、根据标准电极电势，判断下列各反应能否进行？

1. $Zn+Pb^{2+} \longrightarrow Pb+Zn^{2+}$
2. $2Fe^{3+}+Cu \longrightarrow Cu^{2+}+2Fe^{2+}$
3. $I_2+2Fe^{2+} \longrightarrow 2Fe^{3+}+2I^{-}$
4. $I_2+2Br^{-} \longrightarrow 2I^{-}+Br_2$

六、应用电极电势表，判断下列反应中哪些能进行？若能进行，写出反应式

1. $Cd+HCl$
2. $Ag+Cu(NO_3)_2$
3. $Zn+MgSO_4$
4. $Cu+Hg(NO_3)_2$
5. $H_2SO_3+O_2$

七、计算题

1. 现有两个半反应

$$Hg_2Cl_2(s)+2e = 2Hg(l)+2Cl^{-} \qquad E^{\ominus}_{Hg_2Cl_2/Hg}=0.286V$$

$$2HCOOH+2e = 2HCOO^{-}+H_2$$

用它们组成原电池，测得其标准电池电动势为0.490V。

(1) 计算HCOOH的解离常数$K^{\ominus}$；

(2) 当调节HCOOH及$HCOO^{-}$溶液的pH=5.00，该电池的电动势为多少？

2. 已知298K时，$E^{\ominus}_{Ag^{+}/Ag}=0.7991V$，$E^{\ominus}_{Fe^{3+}/Fe^{2+}}=0.771V$，组成原电池。

(1) 求当$c_{Ag^{+}}=0.010mol \cdot L^{-1}$，$c_{Fe^{3+}}=c_{Fe^{2+}}=0.10mol \cdot L^{-1}$时，电池的电动势；

(2) 计算电池反应的标准平衡常数；

(3) 在 Ag^+/Ag 电极中加入固体 NaCl 并使$[Cl^-]=1.0mol\cdot L^{-1}$，$Fe^{3+}/Fe^{2+}$电极处于标准态，计算电动势说明 Fe^{3+} 能否氧化 Ag？（已知 $K^{\ominus}_{sp,AgCl}=1.8\times10^{-10}$）

3. 原电池(－)Ag，$Ag_2S|S^{2-}$(pH＝3，饱和 H_2S 水溶液)‖Cu^{2+}($1.0mol\cdot L^{-1}$)|Cu(＋)。求：

(1) 电池的电动势；

(2) 电池反应的标准平衡常数；

(3) 欲使电池电动势减少 0.020V，Cu^{2+} 浓度应稀释到原来的多少倍？

(已知：H_2S：$K^{\ominus}_{a1}=9.5\times10^{-8}$，$K^{\ominus}_{a2}=1.3\times10^{-14}$，$c_{H_2S}=0.1mol\cdot L^{-1}$，$E^{\ominus}_{Ag^+/Ag}=0.7991V$，$E^{\ominus}_{Cu^{2+}/Cu}=0.337V$，$K^{\ominus}_{sp,Ag_2S}=2\times10^{-49}$)

4. 已知：$K^{\ominus}_{f,[Ag(CN)_2]^-}=1.3\times10^{21}$，$K^{\ominus}_{sp,Ag_3PO_4}=1.4\times10^{-16}$，$E^{\ominus}_{Ag^+/Ag}=0.7991V$，计算 $E^{\ominus}_{Ag_3PO_4/Ag}$ 和 $E^{\ominus}_{Ag(CN)_2^-/Ag}$。

5. 实验测得由标准 $Cu|Cu^{2+}$ 电极和标准 Pb，$PbSO_4|SO_4^{2-}$(aq)电极组成的电池的标准电动势为 0.62V，计算 $PbSO_4$ 的 $K^{\ominus}_{sp,PbSO_4}$（已知：$E^{\ominus}_{Pb^{2+}/Pb}=-0.126V$，$E^{\ominus}_{Cu^{2+}/Cu}=0.337V$）。

6. 已知反应 $2Ag^+ + Zn \rightleftharpoons 2Ag + Zn^{2+}$，开始时，$c_{Ag^+}=0.10mol\cdot L^{-1}$，$c_{Zn^{2+}}=0.30\ mol\cdot L^{-1}$，$E^{\ominus}_{Ag^+/Ag}=0.7991V$，$E^{\ominus}_{Zn^{2+}/Zn}=-0.763V$，计算反应达到平衡时 Ag^+ 的浓度。

7. 计算说明 MnO_2 和 $10mol\cdot L^{-1}$ HCl(其余各物质均处于标准态）作用能否放出氯气？已知：$E^{\ominus}_{MnO_2/Mn^{2+}}=1.23V$，$E^{\ominus}_{Cl_2/Cl^-}=1.3595V$，写出反应式并求其平衡常数(25℃)。

8. 某元素的电势图($c_{H^+}=1\ mol\cdot L^{-1}$)：

$$MO_4^{2-}\xrightarrow{+1.2V}MO_3^-\xrightarrow{+0.4V}MO^{2+}\xrightarrow{+0.8V}M^{3+}\xrightarrow{+0.2V}M^{2+}\xrightarrow{-0.1V}M^+\xrightarrow{-0.3V}M$$

(1) M^+(aq)在水中遇到 Fe^{3+} 离子，能否发生作用？

(2) 在 M^{3+} 的水溶液中，加入金属锌，能否发生作用？

(3) 哪个离子不稳定，会发生歧化作用？

(4) 能否用过量氯气氧化 MO_3^- 至 MO_4^{2-}？

(5) MO_4^{2-} 离子在酸溶液中是否稳定？

能发生反应的，写出反应方程式。已知

$Zn^{2+}(aq)+2e \rightleftharpoons Zn(s)$　　$E^{\ominus}_{Zn^{2+}/Zn}=-0.763V$

$Fe^{3+}(aq)+e \rightleftharpoons Fe^{2+}(aq)$　　$E^{\ominus}_{Fe^{3+}/Fe^{2+}}=0.771V$

$Cl_2(g)+2e \rightleftharpoons 2Cl^-(aq)$　　$E^{\ominus}_{Cl_2/Cl^-}=1.3595V$

9. (1) From the table of standard potentials, determine whether the following disproportionation occurs spontaneously or not when all reactants are at unit concentration: $3Br_2(aq)+3H_2O = BrO_3^- +5Br^- +6H^+$.

(2) Calculate the equilibrium constant of the reaction.

10. 测铁矿石中的铁含量。称取铁矿石 0.6428g,溶于酸中,将铁还原为亚铁离子,用 $c_{\frac{1}{5}KMnO_4}=0.1052\ mol\cdot L^{-1}$ 的 $KMnO_4$ 标准溶液滴定,消耗 $KMnO_4$ 36.30mL,计算矿样中以 Fe、FeO、Fe_2O_3、Fe_3O_4 表示的质量分数。

11. 在 1 $mol\cdot L^{-1}$ H_2SO_4 介质中,用 $c_{\frac{1}{6}K_2Cr_2O_7}=0.1000\ mol\cdot L^{-1}$ $K_2Cr_2O_7$ 滴定 0.1000$mol\cdot L^{-1}$ Fe^{2+} 溶液时,计算化学计量点时的电势。

12. 移取 25.00mL H_2O_2 储备液于 250mL 容量瓶中,加水稀释至刻度摇匀。移取该稀溶液 25.00mL,H_2SO_4 酸化后,用 0.027 32 $mol\cdot L^{-1}$ 的 $KMnO_4$ 溶液滴定,需 35.86mL。计算浓 H_2O_2 的浓度。

第八章 原子结构

基本要求

（1）了解薛定谔方程和波函数。

（2）了解波函数与原子轨道的关系；电子云与概率密度的关系；会画原子轨道与电子云的角度分布图。

（3）理解四个量子数的含义；掌握四个量子数的取值及相互制约关系；会用四个量子数描述某电子的运动状态。

（4）会写一般元素的核外电子分布式和价层电子构型；并能根据价层电子构型推测元素在周期表中的位置（周期、族、区）或最高氧化值（并能知其一或其二而相互推测）。

（5）理解元素的核外电子分布与周期表的关系。掌握元素若干性质（电负性、金属性、非金属性、原子半径、电离能、电子亲和能、最高氧化值）在周期表中的变化规律。

重点内容与学习指导

一、核外电子运动状态的描述

1. 薛定谔方程　描述微观粒子运动规律的波动方程，叫薛定谔方程，它是一个二阶偏微分方程

$$\left(\frac{\partial^2\psi}{\partial x^2}+\frac{\partial^2\psi}{\partial y^2}+\frac{\partial^2\psi}{\partial z^2}\right)+\frac{8\pi^2 m}{h^2}(E-V)\psi=0$$

式中：ψ——波函数；

E——体系的总能量；

V——体系的势能；

h——普朗克常量；

m——微粒的质量；

x,y,z——微粒的空间坐标。

波函数 ψ 是薛定谔方程的合理解，它是描述核外电子运动状态的数学函数

式。薛定谔方程是很难解的，至今只能精确求解单电子体系（如 H、He^{+}、Li^{2+} 等）的薛定谔方程，对多电子体系只能求近似解，解薛定谔方程不是本门课程的内容，我们只要求了解量子力学处理原子结构问题的大概思路，以及解薛定谔方程所得到的重要结论。

我们把多电子原子中的每一个电子，近似看成处在原子核及其余电子组成的中心势场中独立运动，如同氢原子中的一个电子的运动一样，就可以把单电子的原子轨道的结果推广到多电子原子。

2. 波函数和原子轨道

波函数 ψ 既然是描述电子运动状态的数学函数式，而且是空间坐标 x、y、z（或球极坐标 r、θ、ϕ）的函数，其空间图像可以形象地理解为电子运动的空间范围，俗称"原子轨道"，严格说应称原子轨函，它和玻尔理论中的原子轨道截然不同，它不是固定轨道而是指电子在原子核外运动的某个空间范围。但由于习惯，人们仍称为原子轨道。为此，波函数与原子轨道常作同义词混用。

3. 电子云与概率密度 $|\psi|^2$

为了形象地描述电子出现概率密度的相对大小，常用小黑点的密和疏表示，小黑点密的地方，表示概率密度——单位体积内电子出现的机会多。用这种方法来描述电子在核外出现的概率密度分布所得的空间图像称为电子云。

概率密度又可以用 $|\psi|^2$ 表示。所以又可以说电子云是概率密度 $|\psi|^2$ 的形象化的描述。

4. 原子轨道 ψ 和电子云 $|\psi|^2$ 的角度分布图

波函数 ψ 可以分为 $R(r)$ 和 $Y(\theta,\phi)$ 两部分。原子轨道的角度分布图是根据 $Y(\theta,\phi)$ 随角度 θ、ϕ 变化做出的，而电子云 $|\psi|^2$ 的角度分布图是根据 $Y^2(\theta,\phi)$ 随角度 θ、ϕ 变化做出的，由于 $Y(\theta,\phi)$ 为三角函数，如

$$Y_{p_z}=\left(\frac{3}{4\pi}\right)^{1/2}\cos\phi$$

$$Y_{p_x}=\left(\frac{3}{4\pi}\right)^{1/2}\sin\theta\cos\phi$$

$$Y_{p_y}=\left(\frac{3}{4\pi}\right)^{1/2}\sin\theta\sin\phi$$

故根据 $Y(\theta,\phi)$ 和 $Y^2(\theta,\phi)$ 随角度 θ、ϕ 变化所作的图（剖面）基本相似，但有两点区别：①原子轨道角度分布图有正负号，而电子云的角度分布图均为正值（习惯上不标出）；②电子云的角度分布图比原子轨道的角度分布图要"瘦小"些。

这两点区别都是由于 $Y(\theta,\phi)$ 为三角函数，三角函数有正负，故根据 $Y(\theta,\phi)$ 作的图有正负，而 $Y(\theta,\phi)$ 一般小于 1，故根据 $Y^2(\theta,\phi)$ 所作的图比根据 $Y(\theta,\phi)$ 所作

的图“瘦小”些。原子轨道和电子云的角度分布图如图 8-1。

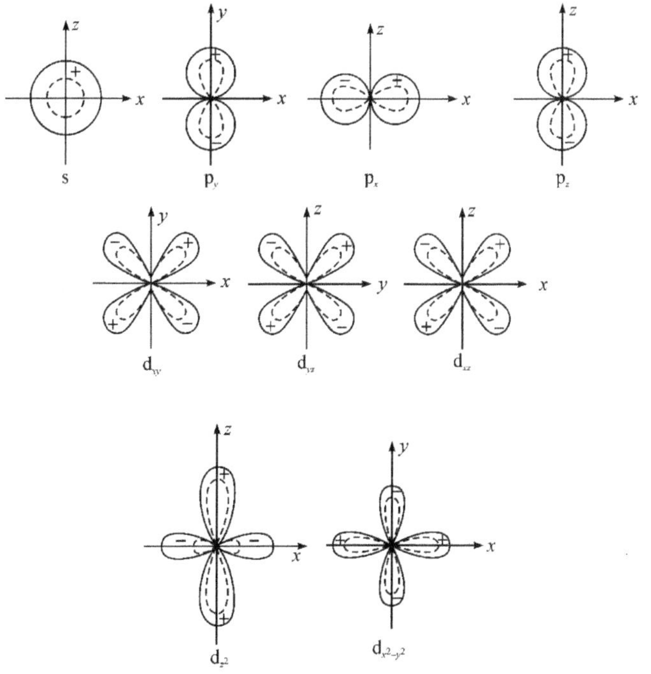

图 8-1 原子轨道和电子云的角度分布图

虚线表示电子云的角度分布图

原子轨道的角度分布图的伸展方向和正负号在讨论化学键的形成和分子构型时有重要的作用,故应该会画原子轨道和电子云的角度分布图。但要特别注意:

(1) 原子轨道和电子云的下角标与坐标轴的关系,如 p_x、p_y、p_z、d_{xy}、d_{yz}、d_{xz}、$d_{x^2-y^2}$、d_{z^2} 的下角标分别为 x、y、z、xy、yz、xz、x^2-y^2、z^2,故画它们的原子轨道和电子云的角度分布图时,坐标轴应分别含有 x、y、z,x 和 y、y 和 z、x 和 z、x 和 y、z 轴。

(2) 原子轨道和电子云的下角标与角度分布图伸展方向的关系。下角标分别为 x、y、z、xy、yz、xz、x^2-y^2、z^2 的 p_x、p_y、p_z、d_{xy}、d_{yz}、d_{xz}、$d_{x^2-y^2}$、d_{z^2} 的原子轨道和电子云的角度分布图的最大分布分别沿 x、y、z 轴,x 和 y 轴之间、y 和 z 轴之间、x 和 z 轴之间 45°角的方向及 x、y 轴和 z 轴的方向。

(3) 原子轨道的下角标与它的角度分布图正负号的关系。p_x、p_y、p_z 轨道的角度分布图的正负号与 x、y、z 轴的正负号一致;d_{xy}、d_{yz}、d_{xz} 的正负号与 x、y 和 y、z 及 x、z 在不同象限中的乘积一致,即一、三象限为正,二、四象限为负;$d_{x^2-y^2}$ 的正负号与 x^2 和 y^2 前的符号一致,即沿 x 轴(不管正方向、负方向)均为正;沿 y 轴(也不管正方向、负方向)均为负，d_{z^2}则沿 z 轴的均为正，小分布部分为负。

二、四个量子数

1. 为什么要引入四个量子数?

要描述原子中每个电子的运动状态，需要用四个量子数才能完全表达清楚。

2. 四个量子数中的前三个量子数，即主量子数 n、副(角)量子数 l、磁量子数 m，是在解薛定谔方程时，为了得到有意义的合理解 ψ 自然而然地引入的，实际上它们是解薛定谔方程时合理解的限定条件。第四个量子数，即自旋量子数 m_s 不是从解薛定谔方程中得到的，而是为了解释氢原子的一条谱线，在不均匀磁场中分裂成靠得很近的两条谱线的精细结构，而从实验和理论研究中引入的。

3. 四个量子数各自的含义，取值及相互制约关系。

1) 含义

主量子数 n(也就是电子层):表示核外电子出现概率最大的区域离核的远近。它和角量子数共同决定多电子原子中电子的能量(氢原子中电子的能量完全由 n 确定)，n 值越大，电子能量越高。

角(副)量子数 l:它决定原子轨道或电子云角度部分的形状，又代表电子角动量的大小，故名角量子数。在多电子原子中和主量子数 n 共同确定电子的能量。

磁量子数 m:它用来描述原子轨道或电子云角度部分的空间取向，也就是原子轨道数。

自旋量子数 m_s:表示电子两种不同的自旋状态。

2) n、l、m、m_s的取值及 n、l、m 之间取值的制约关系

①取值。

量子数	取值	取值个数
n	1、2、3、4、5、6、7… (拉丁字母 K、L、M、N、O、P、Q…)	n
l	0、1、2、3…$(n-1)$	n
m	从 0 经±1、±2…到$\pm l$	$(2l+1)$
m_s	只有两种$+\frac{1}{2}$和$-\frac{1}{2}$	2

②制约关系及每一电子层的轨道数。

l 值受 n 值的限制，m 值受 l 值的限制。

图 8-2 所示 $n=4$ 时，l、m 的取值，可以看到 n、l、m 取值是一环扣一环，从上到下好像从塔顶到塔底，宝塔式的增大。

也就是说，$n=4$ 时，亚层数也是 4，它们对应于 $l=0$、$l=1$、$l=2$、$l=3$；每个亚

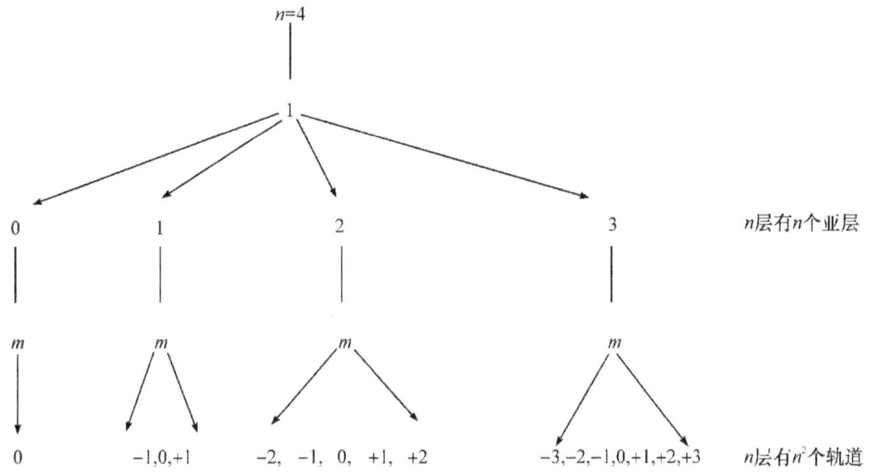

图 8-2 n、l、m 的取值及相互制约关系

层即每个形状的电子云或原子轨道的角度部分又有不同的伸展方向，即 m 的取值不同，有几个 m 值表示此亚层的电子云或原子轨道就有几个伸展方向，每一个伸展方向就是一条原子轨道。实际上图 8-2 也可说明其他电子层的 n、l、m 取值及制约关系以及每一个电子层的亚层数和轨道数。方法是：当 $n=3$ 时，挡掉$l=3$；当 $n=2$ 时，挡掉 $l=3$ 和 $l=2$；当 $n=1$ 时，挡掉 $l=3$、$l=2$ 和 $l=1$；对于 $n>4$，则由于目前只有 4 个亚层，故同 $n=4$。

总而言之，n 层有 n 个亚层（l 有 n 个取值）；n 层有 n^2 个原子轨道（m 有 n^2 个取值）；n 层中电子的最大容量为 $2n^2$。

4. l 的取值与光谱符号、电子云及原子轨道（角度部分）形状的对应关系

角量子数 l 取值	0	1	2	3
对应光谱符号	s	p	d	f
对应电子云和原子轨道的形状	球形	哑铃形	花瓣形	更复杂

5. 如何用四个量子数表示一个电子的运动状态？

我们已经知道 n 层就有 n 个亚层，从 $n=1$ 到 $n=7$ 亚层情况如下：

n	亚层数	亚层符号
1	1	1s
2	2	2s、2p
3	3	3s、3p、3d
4	4	4s、4p、4d、4f

5	5 目前只有	5s、5p、5d、5f
6	6 4 个亚层	6s、6p、6d、6f
7	7	7s、7p、7d、7f

下面举例说明如何用四个量子数表示一个电子的运动状态：

【例 8－1】 请用四个量子数表示氢原子中的电子。

解 基态氢原子中只有一个 1s 电子

$$n=1,\quad l=0,\quad m=0,\quad m_s=+\frac{1}{2}\text{或}\ m_s=-\frac{1}{2}$$

【例 8－2】 Mn 的价层电子构型为 $3d^5 4s^2$，请用四个量子数分别表示出这 7 个价层电子。

解 3d 上的 5 个价层电子可表示如下：

$n=3$ $l=2$ $m=-2$ $m_s=+\frac{1}{2}$(或$-\frac{1}{2}$)

$n=3$ $l=2$ $m=-1$ $m_s=+\frac{1}{2}$(或$-\frac{1}{2}$)

$n=3$ $l=2$ $m=0$ $m_s=+\frac{1}{2}$(或$-\frac{1}{2}$)

$n=3$ $l=2$ $m=+1$ $m_s=+\frac{1}{2}$(或$-\frac{1}{2}$)

$n=3$ $l=2$ $m=+2$ $m_s=+\frac{1}{2}$(或$-\frac{1}{2}$)

4s 上的两个价层电子可表示如下

$n=4$ $l=0$ $m=0$ $m_s=+\frac{1}{2}$

$n=4$ $l=0$ $m=0$ $m_s=-\frac{1}{2}$

注意：5 个 d 电子自旋方向要相同，即 m_s 或者均为 $+\frac{1}{2}$；或者均为 $-\frac{1}{2}$。

【例 8－3】 某一电子的四个量子数为：$n=4$；$l=3$；$m=-3$；$m_s=+\frac{1}{2}$，说出此电子所处的电子层和电子亚层？

解 因为

$$n=4,\quad l=3$$

所以该电子所处的电子层为 4；电子亚层为 f 亚层，即该电子为一个 4f 电子。

四个量子数是本章的重点之一，对于这部分要掌握：①四个量子数的含义；②四个量子数的取值及制约关系；③能正确地用四个量子数表示某电子的运动状态。

三、核外电子的分布

1. 基态原子中的分布原理

1) 保里不相容原理

在同一原子中不可能有四个量子数完全相同的两个电子存在。也就是说每个原子轨道中,最多可容纳两个自旋方向相反的电子。

例如,$3p_z$ 轨道中可容纳两个电子,这两个电子的 $n=3, l=1, m=0$,前三个量子数是相同的,那么第四个量子数即 m_s 必然不同:其中一个电子的 $m_s=+\frac{1}{2}$;另一个为 $m_s=-\frac{1}{2}$。

2) 能量最低原理

多电子原子处在基态时,核外电子的分布在不违背保里不相容原理的前提下,总是先分布在能量最低的轨道上,以使原子处于能量最低状态。

在多电子原子中轨道能量 E 的高低,由主量子数 n 和角量子数 l 共同决定(在 H 原子中,轨道能量的高低完全由 n 决定)。

①l 相同,n 不同时,n 值越大,轨道能量越高。

$l=0$ 时:$E_{1s}<E_{2s}<E_{3s}<E_{4s}<E_{5s}\cdots\cdots$

$l=1$ 时: $E_{2p}<E_{3p}<E_{4p}<E_{5p}\cdots\cdots$

$l=2$ 时: $E_{3d}<E_{4d}<E_{5d}\cdots\cdots$

$l=3$ 时: $E_{4f}<E_{5f}<E_{6f}\cdots\cdots$

②n 相同,l 不同时,l 值越大,轨道能量越高。

$n=2$ 时:$E_{2s}<E_{2p}$

$n=3$ 时:$E_{3s}<E_{3p}<E_{3d}$

$n=4$ 时:$E_{4s}<E_{4p}<E_{4d}<E_{4f}$

$n=5$ 时:$E_{5s}<E_{5p}<E_{5d}<E_{5f}$

③n、l 值均不同时,有时发生能级交错。

例如, $E_{4s}<E_{3d}$

$E_{5s}<E_{4d}$

$E_{6s}<E_{4f}<E_{5d}<E_{6p}$

$E_{7s}<E_{5f}<E_{6d}<E_{7p}$

应用鲍林近似能级图,并根据能量最低原理,可以设计出核外电子填入轨道顺序图(见图 8-3)。

注意:在单电子原子 H 中,原子轨道的能级只与主量子数有关,如

$$E_{3s}=E_{3p}=E_{3d};\quad E_{4s}=E_{4p}=E_{4d}=E_{4f}$$

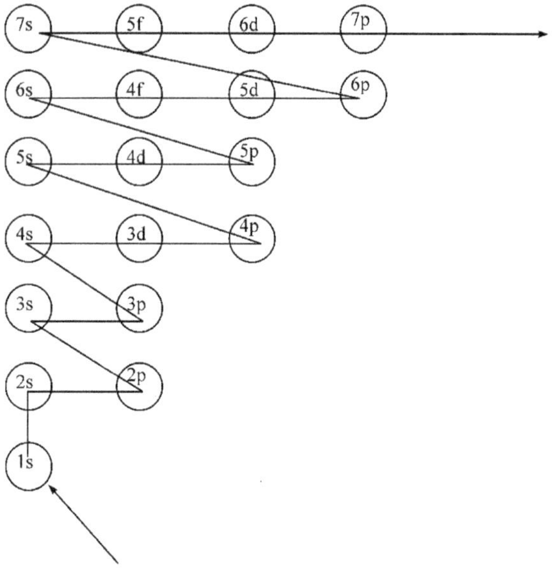

图 8－3　多电子原子的核外电子填充顺序图

④n、l 都相同时为简并轨道(或称等价轨道)，能级相同，如

$$E_{2Px}=E_{2Py}=E_{2Pz};\quad E_{3dxy}=E_{3dyz}=E_{3dxz}=E_{3dx^2-y^2}=E_{3dz^2}$$

3) 洪特规则

原子在同一亚层的等价轨道(或称简并轨道)上分布电子时，电子将尽可能地单独占据不同的轨道，而且保持自旋方向相同(或称自旋平行)。这样分布的原子能量较低，体系较稳定。

另外，在等价轨道上全充满(p^6、d^{10}、f^{14})，半充满(p^3、d^5、f^7)或全空(p^0、d^0、f^0)时，原子体系的能量较低，可以认为这 3 种情况是洪特规则的特例，而洪特规则符合能量最低原理。下面列 C 和 Mn 原子的轨道表示式说明洪特规则

原子　　　　轨 道 表 示 式

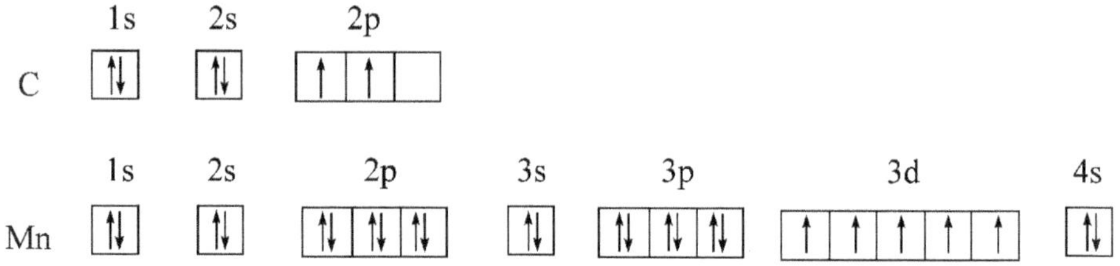

2. 核外电子分布式与价层电子构型

1）核外电子分布式

按照原子轨道的电子层 n 和电子亚层 l 从低到高，用光谱符号将原子轨道排队，并将填入的电子数标在光谱符号的右上角，这样的式子即为电子分布式。下面举几例说明。

原子序	原子	核外电子分布式
19	K	$1s^2 2s^2 2p^6 3s^2 3p^6 4s^1$
24	Cr	$1s^2 2s^2 2p^6 3s^2 3p^6 3d^5 4s^1$（半充满的特例）
26	Fe	$1s^2 2s^2 2p^6 3s^2 3p^6 3d^6 4s^2$
29	Cu	$1s^2 2s^2 2p^6 3s^2 3p^6 3d^{10} 4s^1$（全充满的特例）
35	Br	$1s^2 2s^2 2p^6 3s^2 3p^6 3d^{10} 4s^2 4p^5$
80	Hg	$1s^2 2s^2 2p^6 3s^2 3p^6 3d^{10} 4s^2 4p^6 4d^{10} 4f^{14} 5s^2 5p^6 5d^{10} 6s^2$

注意：电子的填充顺序和排布顺序的区别。

虽然根据能级交错：　$E_{3d} > E_{4s}$

$E_{4d} > E_{5s}$

$E_{5d} > E_{4f} > E_{6s}$

以上只是填充顺序，即电子在填充过程中先填 4s 电子，后填 3d；先填 6s 电子，后填 4f 电子，再填 5d 电子等。一旦 3d、4d 或 4f、5d 亚层填充上电子后，由于这些电子分别属于第三、第四或第五电子层的轨道上的电子，仍将 3d 写在 3p 之后，4d 写在 4p 之后，4f、5d 分别写在 4d 和 5p 之后，这是按原子轨道所处的电子层排布的，按后者写的才是电子分布式。以 80 号元素 Hg 原子为例说明。

电子填充顺序：$1s^2 2s^2 2p^6 3s^2 3p^6 4s^2 3d^{10} 4p^6 5s^2 4d^{10} 5p^6 6s^2 4f^{14} 5d^{10}$。

电子分布式：$1s^2 2s^2 2p^6 3s^2 3p^6 3d^{10} 4s^2 4p^6 4d^{10} 4f^{14} 5s^2 5p^6 5d^{10} 6s^2$。

如果将电子分布式写成电子填充顺序应该说是错误的，所以要注意两者的区分。

由于原子序数大的原子，电子数较多，写核外电子分布式要写很长，为简便起见，可用该元素前一周期的稀有气体的元素符号作为原子实，代替相应的电子分布部分。

例如：Hg 的电子分布式写作：[Xe] $4f^{14} 5d^{10} 6s^2$。

注意：Hg 前一周期稀有气体的原子实[Xe]中无 4f 和 5d 电子，所以写成[Xe] $5d^{10} 6s^2$ 或[Xe] $6s^2$ 等都是错误的。用其他稀有气体作原子实时也要注意这一点，如[Kr]中无 4d 电子等。

2）价层电子构型

书写原子序数较大的原子的电子排布时，往往写一大串，很麻烦，而且在参加化学反应时，内层电子基本不变，决定元素化学性质的主要是价层电子。所以为了简便，常常写出原子的价层电子排布，即价层电子构型。价层电子构型的写法是：主族(s区和p区元素)只写最外层的ns、np电子；副族(d区和ds区元素)只写$(n-1)d$、ns电子(f区的价层电子构型不要求)。

下面仍举19、24、26、29、35、80号元素说明：

原子序	原子	价层电子构型
19	K	$4s^1$
24	Cr	$3d^5 4s^1$
26	Fe	$3d^6 4s^2$
29	Cu	$3d^{10} 4s^1$
35	Br	$4s^2 4p^5$
80	Hg	$5d^{10} 6s^2$

四、核外电子排布和周期表的关系

1. 各周期元素的数目

$$各周期元素的数目 = ns + (n-2)f + (n-1)d + np\ 电子数$$

这是因为每周期都是从填充ns轨道上的电子开始的，经$(n-2)f$、$(n-1)d$到np结束，每填充上一个电子，就对应于一种元素，所以$ns \rightarrow (n-2)f \rightarrow (n-1)d \rightarrow np$轨道上共能填充多少电子，$n$周期就能出现多少种元素。

例如：$n=1$时对应于第一周期，这时无$(n-2)f$亚层，也无$(n-1)d$和np亚层，只有1s亚层，所以第一周期只有两种元素。同理$n=4$时对应于第四周期，这时有4s、无$(n-2)f$、有$(4-1)d$和4p，即只有填充4s、3d、4p亚层的电子所对应的元素处在第四周期。

各周期元素数目与原子结构的关系

周期	元素数目	相应轨道				相应轨道容纳电子总数
一	2	1s				2
二	8	2s			2p	8
三	8	3s			3p	8
四	18	4s		3d	4p	18
五	18	5s		4d	5p	18
六	32	6s	4f	5d	6p	32
七	未满	7s	5f	6d		未满

2. 周期与族

(1) 周期。周期表中共有 7 个周期。

元素所在的周期数＝该元素原子的电子层数

周期	元素数目	最后一种元素	最后一种元素的原子序
一	2	He	2
二	8	Ne	10
三	8	Ar	18
四	18	Kr	36
五	18	Xe	54
六	32	Rn	86
七	未满		

注意:记住每一周期的最后一种元素(稀有气体)及它的原子序,对于用原子实表示核外电子分布是大有好处的。

例如:Hg 是第六周期的元素,在用原子实写它的核外电子分布时,原子实应选 Xe,它是 54 号元素,核内有 54 个电子,而 Hg 是 80 号元素,所以 Hg 的核外电子分布式除写上[Xe]外,还应在[Xe]外面再写上 80－54＝26 个电子,即应写成[Xe] $4f^{14}5d^{10}6s^2$。

(2) 族。周期表中共有 18 个纵行 16 个族。

族又分主族和副族,还有Ⅷ族和零族。族号均用罗马字母表示,但主族在罗马字母后面加 A,副族在罗马字母后面加 B,Ⅷ族不标注 A、B,但Ⅷ族所包含的 9 种元素有的教科书上也将它们划为副族,并用ⅧB 族标出。

族与价层电子构型									
	主族	ⅠA	ⅡA	ⅢA	ⅣA	ⅤA	ⅥA	ⅦA	0(ⅧA)
	价层电子构型	ns^1	ns^2	ns^2np^1	ns^2np^2	ns^2np^3	ns^2np^4	ns^2np^5	ns^2np^6
	副族	ⅢB	ⅣB	ⅤB	ⅥB	ⅦB	Ⅷ (ⅧB)	ⅠB	ⅡB
	价层电子构型	$(n-1)d^1ns^2$	$(n-1)d^2ns^2$	$(n-1)d^3ns^2$	$(n-1)d^5ns^1$	$(n-1)d^5ns^2$	$(n-1)d^{6\sim8}ns^2$	$(n-1)d^{10}ns^1$	$(n-1)d^{10}ns^2$

主族元素电子的填充特征是:电子最后填入 s 或 p 亚层;副族元素电子的填充特征是:电子最后填入 d 亚层或 f 亚层。

$$族号\begin{cases}主族和IB、IIB族号＝最外层电子数＝最高氧化值（IB最高氧化值除外）\\ IIIB→VIIB族号＝(n-1)d+ns电子数＝最高氧化值\\ VIII（VIIIB）:(n-1)d+ns电子数＝8～10；最高氧化值一般为+3\\ 0（VIIIA）:最外层电子数为2或8\end{cases}$$

3. 元素在周期表中的分区

共有 5 个。

分区	s 区	p 区	d 区	ds 区	f 区
电子最后填充的亚层	s 亚层	p 亚层	d 亚层	d 亚层	f 亚层

可见,元素在周期表中的分区是根据电子最后填充的亚层区分的。ds 区的元素电子最后填充在 d 亚层上,但是 ds 区的元素最外层电子数＝(副)族号,故如同 s 区的元素,所以可以认为 ds 区的元素既具有 s 区的特征,又具有 d 区的特征,故称 ds 区。

4. 根据元素在周期表中的位置推测它的电子分布式

元素在周期表中的位置,主要指的是周期和族,其次还有区,它们是由该元素的核外电子的分布所决定的。所以,反过来我们可以根据元素在周期表中的位置(周期和族)推测元素原子的核外电子分布式。

元素在周期表中的分区和电子填充情况

族周期	I A	II A	III B	IV B	V B	VI B	VII B	VIII		I B	II B	III A	IV A	V A	VI A	VII
一	$1s^1$															
二	$2s^{1-2}$												$2p^{1-6}$			
三	$3s^{1-2}$ s												$3p^{1-6}$ p			
四	$4s^{1-2}$ 区			$3d^{1-10}$				d		ds			$4p^{1-6}$			
五	$5s^{1-2}$ 区			$4d^{1-10}$									$5p^{1-6}$ 区			
六	$6s^{1-2}$	$4f5d^1$		$5d^{1-10}$				区		区			$6p^{1-6}$			
七	$7s^{1-2}$	$5f6d^1$		$6d^{1-10}$												

	$4f^{1-14}$	f
	$5f^{1-14}$	区

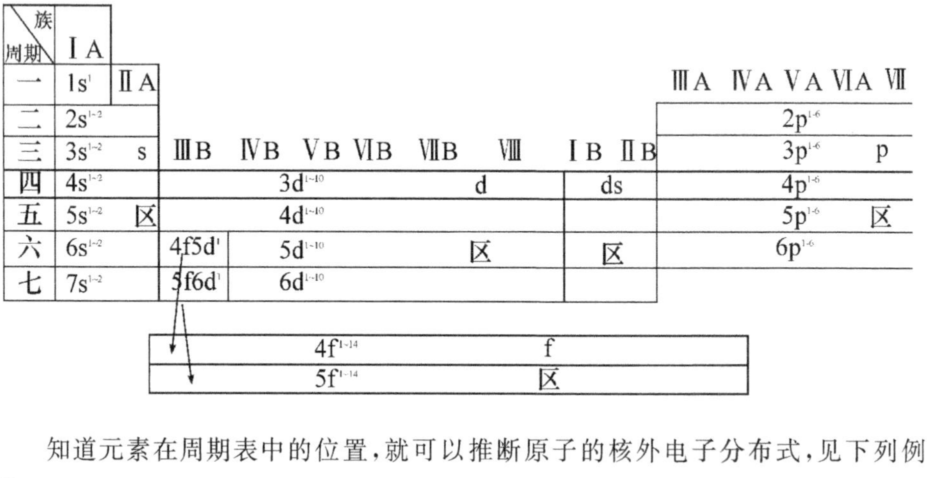

知道元素在周期表中的位置,就可以推断原子的核外电子分布式,见下列例题。

【例 8-4】 已知某元素为六周期 IIIA 族元素,推测它的核外电子分布式。

解　由于此元素在周期表中的位置是:六周期 IIIA 族,所以它的价层电子构型为 $6s^26p^1$,从元素在周期表中电子填充情况可知 6p 亚层上一旦有了电子,4f 和 5d 亚层上必然已经充满了电子,也就是说该元素的原子除 5f(应出现在 7s 后)亚层外，第六电子层以前的电子亚层都应该是充满的，所以我们可以放心大胆地写它的核外电子分布式：$1s^2 2s^2 2p^6 3s^2 3p^6 3d^{10} 4s^2 4p^6 4d^{10} 4f^{14} 5s^2 5p^6 5d^{10} 6s^2 6p^1$。

【例 8-5】 写出六周期ⅡA族元素原子的核外电子分布式。

解　因为该元素原子在周期表中的位置为六周期ⅡA，所以可推断它的价层电子构型为 $6s^2$，比 6s 亚层能级高的 4f、5d 亚层均无电子。该元素原子的核外电子排布式为：$1s^2 2s^2 2p^6 3s^2 3p^6 3d^{10} 4s^2 4p^6 4d^{10} 5s^2 5p^6 6s^2$。

五、元素性质的周期性

1. 原子半径

1) 主族元素的原子半径

同一周期的主族元素，从左向右，原子半径变化的总趋势是逐渐减小的。

同一主族的元素，从上向下过渡时，原子半径显著增大。

2) 副族元素的原子半径

同一周期的 d 区元素，从左向右过渡时，原子半径随有效核电荷的增加略有减小，从ⅠB开始由于 $(n-1)$d 电子全充满，屏蔽效应增大，原子半径反而有所增大。

副族元素除钪分族外，从上往下过渡时，原子半径增大幅度较小。第五、六周期的同族元素之间由于镧系收缩（即镧系元素原子半径和离子半径依次减小的现象）的原因，原子半径非常接近，造成了 Zr 和 Hf、Nb 和 Ta、Mo 和 W 性质相似，在自然界中共生共存，难以分离。

2. 电离能和电子亲和能

1) 电离能

(1) 第一电离能(I_1)。从基态的中性气态原子失去一个电子，形成气态阳离子所需要的能量，称为第一电离能。在此基础上再失去一个电子，形成+2 氧化值的气态阳离子所需的能量，称为第二电离能(I_2)，其余依次类推。

一般情况下，以第一电离能衡量原子失去电子的难易程度。显然，元素的电离能越小，原子就越易失去电子；反之则越难以失去电子。

(2) 第一电离能 I_1 在周期表中的变化规律。同一周期主族元素，从左向右过渡时，随着原子半径的逐渐减小，总的趋势（个别除外，如 $I_{1,N} > I_{1,O}$）I_1 逐渐增大。

同一主族元素，从上到下，随原子半径的增大，第一电离能 I_1 依次减小。

电离能用来衡量原子失去电子的难易程度。

我们可以说，电离能越小，元素的金属性越强；但是反之，我们不能说电离能越大，元素的非金属性越强（如稀有气体）。

2) 电子亲和能 A

电子亲和能与电离能定义相反。

(1) 电子亲和能。基态的气态原子得到一个电子,形成气态阴离子时所释放的能量,称为第一电子亲和能。由于第一电子亲和能是放出的能量,一般放热为负值。

亲和能和电离能相反,它用来衡量原子得到电子的难易程度。元素的第一电子亲和能代数值越小,原子就越容易得到电子,元素的非金属性就越强。反之,与电离能同理,不能说元素的第一亲和能代数值越大,元素的金属性就越强。

由于电子亲和能测定比较困难,数据较少,准确性也较差。

(2) 第一亲和能在周期表中的变化规律。同一周期主族元素,从左向右过渡时,随着元素非金属性的增强,得电子能力增强,第一电子亲和能代数值减小(放出的能量增加)。同一主族元素,从上向下过渡时,随着元素金属性增强,失电子能力增强,而得电子能力减弱,第一电子亲和能代数值增大(放出的能量减小)。但应注意的是,ⅥA 和ⅦA 中,电子亲和能最小的并不是 O 和 F,而是 S 和 Cl(原因是 O 和 F 半径小,电子密度大,电子间斥力强,故结合一个电子时放出的能量较少)。

再次强调:①电离能用来衡量原子失去电子的难易程度,衡量元素金属性的强弱;②电子亲和能用来衡量原子得到电子的难易程度,衡量元素非金属性的强弱。

注意:有的教科书规定 $A=-\Delta H$,故第一亲和能一般为正值,其在周期表中的变化规律与上述相反。

3. 电负性

电离能和电子亲和能各自从一个方面反映了原子争夺电子的能力。某原子难失去电子,不一定就容易得到电子;反之,某原子难得到电子,也不一定就容易失去电子。为了全面地描述原子争夺电子的能力,提出了电负性的概念。

(1) 电负性的定义。分子中元素的原子吸引电子的能力。

由于对电负性的计算方法不同,现有的几套数据略有不同。目前通用的是鲍林电负性标度。他指定最活泼的非金属元素原子 F 的电负性为 4.0,然后通过计算得到其他元素原子的电负性值。电负性是相对值,无量纲。

(2) 电负性在周期表中的变化规律。同一周期主族元素的原子,从左向右电负性逐渐增大。同一主族元素的原子,从上至下电负性逐渐减小。

一般电负性在 2.0 以上为非金属元素;电负性在 2.0 以下为金属元素(副族金属元素的电负性有的在 2.0 以上)。

在元素周期表中,电负性最大的原子是 F;电负性最小的原子是 Cs 和 Fr(Fr 为放射性元素)。

4. 元素的金属性和非金属性

在元素周期表中,金属元素占 4/5 左右,在 112 种元素中,只有 22 种非金属元素,其余均为金属元素。

同一周期的主族元素，从左向右过渡，元素的金属性减弱，非金属性增强。

同一主族元素由上向下过渡，元素的金属性增强，非金属性减弱。

综合练习

一、选择题(每题有1～2答案是对的)

1. S为16号元素，故S^{2-}的核外电子分布式为________。

A. [Ar] B. $[He]2s^2 2p^6 3s^2 3p^6$

C. $[Ne]3s^2 3p^6$ D. $1s^2 2s^2 2p^6 3s^2 3p^6$

2. Hg为80号元素，故Hg的核外电子分布式为________。

A. $[Xe]4f^{14} 5d^{10} 6s^2$ B. $[Xe]5d^{10} 6s^2$

C. $[Kr]4d^{10} 4f^{14} 5s^2 5p^6 5d^{10} 6s^2$ D. $[Xe]4f^{14} 6s^2$

3. 下列元素中，电负性最大的是________。

A. C B. Si C. O D. S

4. 某些原子的价层电子构型如下，其中氧化值最高的是________。

A. $3s^2 3p^6$ B. $3s^2 3p^5$ C. $3d^{10} 4s^2$ D. $3d^5 4s^2$

5. 在原子序数为1的H原子中，各亚层、轨道的能级之间________。

A. $E_{3s}=E_{3p}=E_{3d}$ B. $E_{3s}<E_{3p}<E_{3d}$

C. $E_{3s}>E_{3p}>E_{3d}$ D. 没有3s、3p、3d亚层无能级高低之分

6. 电负性最大的元素的________。

A. 第一电离能也比较大

B. 第一电子亲和能代数值较小，但比Cl的大

C. 第一电离能也比较小

D. 第一电子亲和能代数值也大

7. 排列顺序正好是电负性减小的顺序的是________。

A. Li、Be、B B. C、N、O C. F、Cl、Br D. N、O、F

8. ⅠB族元素的原子半径γ比同周期的Ⅷ族元素的原子半径大，原因是________。

A. d电子越多，γ越大

B. 同周期元素的原子，从左向右γ增大

C. 由于$(n-1)$d轨道全充满，屏蔽效应大

D. A、B、C说法都不正确。

9. 在周期表中，氡(Rn，86号元素)下面一个未发现的同族元素的原子序数应该是________。

A. 104　　B. 118　　C. 128　　D. 110

10. “镧系收缩”的结果，造成了下列原子的半径极为相近的是________。

A. Zr 与 Hf、Nb 与 Ta、Mo 与 W　　B. 只有 Zr 与 Hf、Nb 与 Ta

C. 只有 Nb 与 Ta、Mo 与 W　　D. 只有 Zr 与 Hf、Mo 与 W

11. Fe 的 3d、4s 电子可用轨道式表示为________。

A.

3d					4s
↓↑	↑	↑	↑	↑	↓↑

B.

3d					4s
↓↑	↑↓	↑↓	↑↓		

C.

3d					4s
↓↑	↑	↓	↑	↓	↓↑

D.

3d					4s
↓↑	↑↓	↑↓			↓↑

12. 在同一元素原子中，下列轨道为等价轨道的是________。

A. 3s、3p、3d　　B. 1s、2s、3s

C. $3p_x$、$3p_y$、$3p_z$　　D. $3d_{xy}$、$3d_{yz}$、$3d_{z^2}$

13. 下列各组量子数中，合理的是________。

A. $n=3$、$l=4$、$m=0$　　B. $n=3$、$l=0$、$m=1$

C. $n=3$、$l=1$、$m=0$　　D. $n=2$、$l=2$、$m=-1$

14. 3d 电子填充一半的元素是________。

A. Fe　　B. Co　　C. Cr　　D. Mn

15. 第四周期元素中，最外层仅有 1 个 4s 电子的元素是________。

A. K　　B. Cr　　C. Cu　　D. A、B、C 均是

16. 第四周期元素中，最高氧化值为＋2 的元素是________。

A. Mg　　B. Ca　　C. Zn　　D. Cd

17. 第四周期元素原子中，未成对电子最多可达________。

A. 5 个　　B. 6 个　　C. 7 个　　D. 8 个

18. 某元素失去 3 个电子后，它的副量子数等于 2 的轨道内恰好半满，该元素原子的价层电子构型为________。

A. $3d^8 4s^0$　　B. $3d^6 4s^2$　　C. $3d^5 4s^3$　　D. $3d^7 4s^1$

19. Cs、Sr、Se、Cl 4 种元素中，原子半径由大到小的顺序是________。

A. Cs、Sr、Se、Cl　　B. Cl、Se、Sr、Cs

C. Se、Cl、Sr、Cs　　D. Sr、Se、Cl、Cs

20. The possible values of the magnetic quantum number m of a 3p electron are ________.

A. 0、＋1、＋2　　B. ＋1、＋2、＋3

C. ＋1、0、－1　　D. ＋2、＋1、0、－1、－2

21. Consider these for orbitals in a nautral calcium atom: 2p、3p、3d and 4s. These orbitals arranged in order of increasing energy are ________.

A. 2p<3p<3d<4s　　B. 2p<4s<3p<3d

C. 2p<3p<4s<3d　　D. 4s<2p<3p<3d

二、填空题

1. 某元素为第四周期元素，其基态原子共有 7 个价电子，其中 $l=2$ 的亚层中有 5 个电子，该元素原子的价层电子构型为________，元素符号为________，族________，区________，金属还是非金属________，最高氧化值________。

2. 在元素周期表中，电负性最大的元素是________；电负性最小，但又不具有放射性的元素是________。

3. 第四电子层中电子的最大容量是________；第四周期中元素的数目是________。

4. Cr、Mo、W 均为 VIB 元素，Cr、Mo、W 的价层电子构型 Cr ________；Mo ________；W ________。

5. 通常所说的原子半径，是根据原子存在的不同形式来定义的，常用的有以下 3 种，它们分别为________半径；________半径；________半径。

6. Cr 的价层电子构型为________；Cr^{3+} 离子中 3 个价层电子的四个量子数分别为 $n=$________、$l=$________、$m=$________、$m_s=$________。

7. 第四周期某元素，其原子最外层只有 1 个电子，次外层有 18 个电子，该元素属于哪一族________，价层电子构型为________，元素符号________，区________。

8. 在元素周期表中，惟一的单质为液态的金属元素是________；惟一的单质为液态的非金属元素是________。

9. 在书写原子核外电子分布式时，为了简便起见，可用该元素________周期的稀有气体的元素符号作为原子实。Xe 为第五周期的稀有气体；[Xe]所表示的核外电子分布式中，既没有__________电子，又没有__________电子，故 Pb 的核外电子分布式用原子实表示时应为[Xe]__________。

10. 目前，在元素周期表中的 112 种元素中，只有________种元素，原子外层电子的分布情况稍有例外。

11. 原子核外出现第一个 2p 电子、3d 电子、4f 电子的元素，分别处于第______周期；第________周期；第______周期，故原子核外出现第一个 5g 电子(假定它存在的话，g 亚层的 $l=4$)的元素，处于第________周期，原子序数是______。

12. 填充下表：

原子序	电子分布式	周期	族	区	价层电子构型	最高氧化值	金属、非金属
21							
		五	ⅦA				
38							
		六	ⅤA				

13. 画出 4s、$3d_{xy}$、$2p_x$ 原子轨道的角度分布图：4s ______；$3d_{xy}$ ______；$2p_x$ ______。

三、是非题

1. (　　)波函数与原子轨道为同义语。

2. (　　)核外电子在原子核外绕着固定的轨道运动，比如 s 电子绕球形轨道，而 p 电子则绕哑铃形轨道运动。

3. (　　)核外电子的运动如同宏观物体的运动一样，它的位置和速率可以同时测准。

4. (　　)电子在原子核外某处出现的概率密度可用 $|\psi|^2$ 来表示。

5. (　　)电子在核外出现的概率密度分布所得的空间图象称为电子云。

6. (　　)所有主族元素中，离子的半径均比其原子的半径小，比如 $r_{Na^+} < r_{Na}$。

7. (　　)所有元素的最高氧化值均等于价电子总数。

8. (　　)由于某原子难失电子，所以它容易得到电子。

9. (　　)如果元素的原子最后填入电子的亚层为 d 或 f 亚层，则该元素便属副族元素或过渡元素，其中填入 f 亚层的，又称为内过渡元素。

10. (　　)价层中的电子一定全是价电子。

11. (　　)s 区元素的价层电子构型为 $ns^{1\sim2}$，故 p 区元素的价层电子构型为 $np^{1\sim6}$。

12. (　　)若将周期表中的元素分 5 个区，则电子最后填入 s 亚层的元素为 s 区元素，最后填充在 p 亚层上的为 p 区元素，故电子最后填充在 d 亚层上的元素即为 d 区元素。

13. (　　)根据原子序数与原子轨道能级关系图，氟原子的 2p 电子能量应比碳原子的 2p 电子能量高。

14. (　　)所有元素原子的最高氧化值均等于它们的族号。

15. (　　)4s、4p、4d 均为第四电子层中的亚层，故它们属于同一能级组。

16. (　　)在元素周期表中，每一周期元素的数目正好等于相应电子层中可容纳的电子数，如第二周期有 8 种元素，第二电子层可容 8 个电子。

17.（　　）元素的金属性和非金属性的强弱，与原子的半径、电子层结构和核电荷数直接有关。

18.（　　）所有的 d 区元素，f 区元素均为金属元素。

19.（　　）随着原子序数的增大，一般说来，各轨道的能量都下降，比如 $E_{4s,H}>E_{4s,K}$。

20.（　　）用原子的电离能衡量原子失去电子的难易程度；用亲和能衡量原子得到电子的难易程度。

21.（　　）在 H 原子中，电子的能级，只与主量子数 n 有关，故 $E_{4s}=E_{4p}=E_{4d}=E_{4f}$。

第九章 分子结构

基本要求

(1) 理解共价键的定义、形成条件、本质、特征、类型,重点掌握 σ 键和 π 键,会画 N_2、CO 等的价键结构式。

(2) 理解杂化轨道的形成、类型,并能用杂化轨道理论解释分子的空间构型。

(3) 重点掌握价层电子对互斥理论,尤其是会用价层电子对互斥理论推测 AB_n 型分子或离子中 A(主族元素)的杂化轨道类型、空间构型、分子的极性等。

(4) 了解分子轨道理论,并能用其处理二周期以前同核双原子分子、分子离子。

(5) 理解分子间力和氢键的形成、定义及存在范围,以及分子间力和氢键对物质物理性质的影响。

重点内容与学习指导

一、共价键(价键理论)

严格说共价键理论有两种:价键理论和分子轨道理论(是根据形成共价键的电子运动区域不同而划分的)。在这里我们习惯上所称的共价键,实际上应为价键理论。

(1) 共价键。靠共用电子对而形成的化学键称为共价键。

(2) 共价键形成的条件。成键两原子靠近时,只有自旋方向相反的未成对电子才可以配对形成共价键。

(3) 共价键形成的本质。对称性相同、能量相近的原子轨道发生了重叠。原子轨道重叠程度越大,所形成的共价键就越牢固——最大重叠原理。

第(2)点和第(3)点实际上就是价键理论要点。

(4) 共价键的特征。有饱和性,有方向性。这是由于共价键形成的条件和本质决定的。

(5) 成键原子轨道的对称性及重叠类型。对称性相同指的是成键原子轨道(角度分布图)符号相同。反之,称为对称性不同。

正重叠——原子轨道(角度分布图)以同号重叠("+"与"+","-"与"-")为有效重叠或正重叠(相当于位相相同的波峰和波峰以及波谷与波谷的叠加)。例如

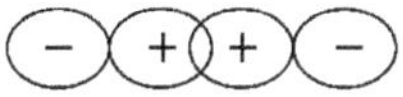

p_x-p_x

负重叠——原子轨道以异号重叠为非有效重叠或负重叠,难以成键(相当于波峰和波谷叠加)。例如

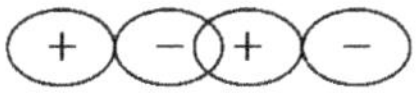

p_x-p_x

零重叠——正重叠、负重叠正好抵消的重叠,也为无效重叠,不能成键。例如

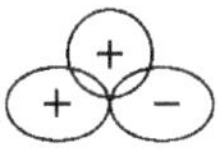

p_x-s

6. σ 键和 π 键

若按原子轨道重叠方式的不同,可将共价键分为 σ 键和 π 键。σ 键和 π 键的区别见表 9-1 所示。

表 9-1　σ 键和 π 键的区别

键的类型	重叠方式	成键方向	举例	键能
σ 键	"头碰头"	沿两原子核连线——键轴方向,一般是 x 轴方向	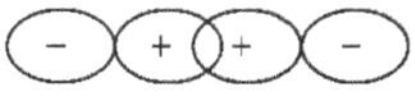 p_x-p_x	较高
π 键	"肩并肩"	垂直于两核连线(键轴),一般为 y 和 z 轴方向	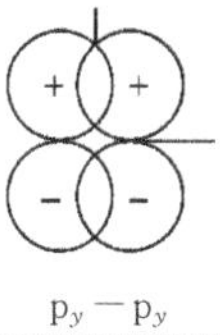 p_y-p_y	较低

在价键理论中,所有的共价单键均为 σ 键,如 H—Cl,H—H,Cl—O—H 中的单键均为 σ 键;所有的共价双键中,其中一条必为 σ 键,另一条为 π 键,如 O═C═O 中(其中 π 键为 π_3^4 大 π 键);所有的共价叁键中,一条必为 σ 键,沿 x 轴方向,另外两条为 π 键,一条沿 y 轴方向,一条沿 z 轴方向。

按价键理论,N_2 和 CO 的价键结构式如下

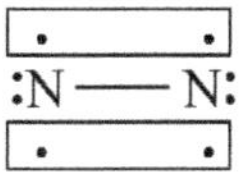

N_2价键结构式

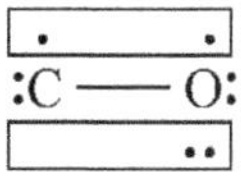

CO的价键结构式

价键结构式可形象地描述为:"点"、"杠"、"框"。

"点"为分子中，如 N_2 分子中两个 N 原子的未成键的 2s 孤对电子；

"杠"为分子中，如 N_2 分子中两个 N 原子的 $2p_x$ 上的未成对单电子，沿键轴（x 轴）方向形成的 σ 键。

"框"为分子中，如 N_2 分子中两个 N 原子的 $2p_y$、$2p_z$ 上的单电子形成的 π 键。而在 CO 分子中，其中一个 π 键的共用电子对是由价电子数比 C 多的 O 原子单方面提供的，称为 π 配键，将这一对电子点在 O 原子上方并加框，表示共用电子对由 O 原子提供而形成的 π 配键。

注意：①分子的价键结构式不要与分子结构式（路易斯结构式）混淆，如 N_2、CO 的分子结构式分别为

:N≡N:　　　　:C≡O:（其中一键为由 O 指向 C 的配键箭头）

②N_2 和 CO 具有相同的电子数目（均为 14 个电子）和相同的原子数目（均为 2 个原子），它们的结构相似（均为 3 重键，一个 σ 键，两个 π 键），这条规律叫做等电子原理，N_2 和 CO 叫等电子分子。

二、杂化轨道理论

价键理论虽然简明扼要地阐明了共价键的本质和特征，但对多原子分子的几何构型和稳定性难以作出合理的解释。为此，L. Pauling 在价键理论的基础上，提出杂化轨道理论，杂化轨道理论是对价键理论的补充和发展。

杂化轨道理论的基本要点：①原子在成键时，其价层中能级相近的 n 个原子轨道有可能混合起来，重新组合成 n 个新的原子轨道（杂化轨道）；②参加杂化的原子轨道数等于经杂化而形成的杂化轨道数；③杂化轨道形状改变，成键时轨道可以更大程度的重叠，使成键能力增强；④不同类型的杂化导致杂化轨道的空间取向和角度分布不同，常见的杂化轨道与所形成的分子的几何构型的关系如表 9－2 所示。

根据各杂化轨道中所含各原子轨道成分是否相同，又分为等性杂化和不等性杂化。表 9－2 所列举的分子均为中心原子采用**等性杂化所形成的分子，其分子的几何构型与杂化轨道的几何构型一致**。例如：CH_4 分子中碳原子采取 sp^3 杂化，形成的 4 个 sp^3 杂化轨道是等同的，每个 sp^3 杂化轨道均含有 $\frac{1}{4}$s 和 $\frac{3}{4}$p 轨道的成分，每个 sp^3 杂化轨道和 H 原子的 s 轨道重叠，形成正四面体的 CH_4 分子，这种杂化称为等性杂化。NH_3 分子中氮原子采取的 sp^3 不等性杂化，在 4 个 sp^3 杂化轨道中，孤对电子所在的杂化轨道含有的 s 轨道成分多一些。由于孤对电子不参与成键，且对成键电子有较大的排斥作用，使 NH_3 的键角从 109.5°压缩至 107.3°，NH_3 分子的几何构型为三角锥形，而 H_2O 分子中 O 也采用不等性 sp^3 杂化，但由于含两

对孤电子对，键角比 NH_3 分子更小，为 104.5°，故 H_2O 的空间构型为 V 形。

表 9-2 常见的杂化轨道与所形成的分子几何构型

杂化类型	参加杂化的原子轨道		杂化轨道夹角	分子的几何构型	举例
	种类	数目			
sp	*n*s *n*p	1 1	180°	直线形	$BeCl_2$，$HgCl_2$，O_2，CS_2
sp^2	*n*s *n*p	1 2	120°	平面三角形	BF_3，SO_3
sp^3	*n*s *n*p	1 3	109.5°	正四面体	CCl_4
sp^3d	*n*s *n*p *n*d	1 3 1	90° 120°	三角双锥形	PCl_5
sp^3d^2	*n*s *n*p *n*d	1 3 2	90°	正八面体	SF_6

三、价层电子对互斥理论

用杂化轨道理论来解释多原子分子的几何构型和稳定性，以及解释共价键的方向性、饱和性是非常成功的。但是有时我们很难确定分子中的中心原子采用的是什么杂化轨道，也就很难判断分子的几何构型以及稳定性。1940 年西奇威克等人提出了比杂化理论更有效的判据，1957 年吉利斯皮等人进一步发展了这一理论。

1. 价层电子对互斥理论的基本要点

(1) AB_n 型分子或离子的几何构型，决定于中心原子 A(主族元素或 d^0，d^5，d^{10} 的过渡元素的原子)周围的成键电子对数 BP 和孤电子对数 LP。

(2) 中心原子 A 的价层电子对(其数目 VP，VP＝BP＋LP)间尽可能彼此远离，以使价层电子对相互斥力最小(见表 9-3)。

表 9-3 静电斥力最小的电子对排布

价层电子对数	2	3	4	5	6
价层电子对的排布	直线	平面三角	正四面体	三角双锥	正八面体

2. **确定 AB_n 型分子或离子几何构型的步骤**

(1) 计算中心原子 A 的价层电子对数目 VP。

$$VP=\frac{1}{2}(\text{A 的价层电子数}+\text{B 提供的价层电子数-离子电荷})$$

关于A和B价层电子数的算法要注意的是：①卤素原子作中心原子A时，提供所有的价电子(共7个)，作配位原子B时只提供1个价电子；②氧族元素的原子作中心原子A时，提供所有的价电子(共6个)，作配位原子B时，一个价电子也不提供；③稀有气体，如Xe作中心原子A时，最外层电子均看成价层电子。

【例9-1】 计算 ClO_4^- 和 CCl_4 的价层电子对数VP。

解 ClO_4^- 的 $VP=\frac{1}{2}\times[7+4\times0-(-1)]=4$

CCl_4 的 $VP=\frac{1}{2}\times[4+4\times1]=4$

【例9-2】 计算 SO_2 和 PO_4^{3-} 的价层电子对数VP。

解 SO_2 的 $VP=\frac{1}{2}\times(6+2\times0)=3$

PO_4^{3-} 的 $VP=\frac{1}{2}\times[5+4\times0-(-3)]=4$

【例9-3】 计算 XeF_4 和 NH_4^+ 的价层电子对数VP。

解 XeF_4 的 $VP=\frac{1}{2}\times(8+4\times1)=6$

NH_4^+ 的 $VP=\frac{1}{2}\times[5+4\times1-(+1)]=4$

(2) 根据价层电子对数目VP和结合原子的数目 n，确定 AB_n 型分子或离子的几何构型。

①若 $VP=n$，即价层电子对数与结合原子数相等，则价层电子对的几何构型就是 AB_n 型分子或离子的几何构型，如表9-4所示。

表9-4 AB_n 型分子或离子及价层电子对的几何构型

分子或离子	价层电子对数VP	结合B原子数 n	价层电子对的几何构型	分子或离子的几何构型
SF_6	6	6	正八面体形	正八面体形
PCl_5	5	5	三角双锥形	三角双锥形
PO_4^{3-}	4	4	正四面体形	正四面体形
BF_3	3	3	平面三角形	平面三角形
BeH_2	2	2	直线形	直线形

②若价层电子对中有孤电子对者(即 $VP>n$)，则 AB_n 型分子或离子的几何构型与价层电子对的几何构型不一致。例如：SO_2 的 $VP=3$，结合原子数 $n=2$，则

SO_2的几何构型为 V 形；又例如：NH_3和 H_2O 的 VP 为 4，但由于 N 和 O 结合的 H 原子数分别为 3 和 2，故 NH_3和 H_2O 的几何构型与价层电子对的四面体构型不一致，NH_3的几何构型为三角锥，而 H_2O 的几何构型为 V 形（角折形）。

特别要注意的是：

a. 对于价层电子对为三角双锥（VP＝5 者）的几何构型，AB_n 的孤电子对尽先出现在三角平面上（这种排斥最小），见表 9－5。

表 9－5　价层电子对数为 5，含孤电子对的 AB_n 型分子或离子的几何构型

价层电子对数 VP	孤电子对数 LP	AB_n的几何构型	实例
5	1	变形四面体	$TeCl_4$，SF_4
5	2	T 形	ClF_3，BrF_3
5	3	直线形	XeF_2，I_3^-

b. 对于价层电子对为正八面体（VP＝6 者）的几何构型，AB_n 的孤电子对尽先出现在轴向上，见表 9－6。

表 9－6　价层电子对数为 6，含有孤电子对的 AB_n 的几何构型

价层电子对数 VP	孤电子对数 LP	AB_n的几何构型	实例
6	1	四方锥	IF_5，ClF_5
6	2	平面正方形	ICl_4^-，XeF_4

(3) 确定 AB_n 型分子或离子中 A 所采用的杂化轨道类型的经验。一般情况下有如表 9－7 所列对应关系（A 必须是主族元素原子）。

表 9－7　AB_n 分子或离子中，A 的价层电子对的几何构型与杂化类型的关系

价层电子对数 VP	2	3	4	5	6
A 的价层电子对的几何构型	直线形	平面三角形	正四面体	三角双锥	正八面体
A 的杂化类型	sp	sp^2	sp^3	sp^3d	sp^3d^2

(4) 用价层电子对互斥理论判断键角的相对大小：成键电子对越靠近中心原子 A，斥力越大，键角越大；反之，成键电子对若远离中心原子 A，则斥力小，键角小。

【例 9－4】　试用价层电子对互斥理论推测 NH_3，PH_3，AsH_3，SbH_3 键角的相对大小。

解　由于中心原子分别为 N，P，As，Sb，其电负性依次减小，故成键电子对在 NH_3中，由于受电负性大的 N 原子的吸引而靠近 N，越靠近 N，则成键电子对所占的空间越小，相互间斥力增大，因而成键电子对之间的夹角即键角增大，故在 NH_3 中键角最大，其次是 PH_3、AsH_3；在 SbH_3 中，由于 Sb 的电负性最小，成键电子对远离 Sb，成键电子对所占的空间最大，相互间斥力最小，因而键角最小，故键角的相对大小是：$NH_3 > PH_3 > AsH_3 > SbH_3$。

(5) 用价层电子对互斥理论判断分子是否有极性：若 AB_n 分子或离子的几何构型与价层电子对的几何构型一致，即无孤电子对者，由于结构对称而无极性；反之，若有孤电子对者，则分子由于结构不对称而有极性。例如：SO_3，VP＝3，结合的 O 原子数也为 3，故无孤对电子，其几何构型与 S 的价层电子对的几何构型一致为平面三角形，故由于结构对称而无极性；反之，SO_2 则由于含有孤对电子，结构不对称而有极性。

通过上面的叙述可见，价层电子对互斥理论具有直观、简捷的优点，不仅能快速的判断分子的几何构型，而且也可以推测中心原子所采用的杂化轨道，推测分子中键角的相对大小及分子是否有极性等等，故应该熟练掌握。当然和其他理论一样，也有它的局限性，比如键角的大小，只能定性地说明相对大小，而不能说出具体角度等，而且特别要清楚它只适用于 A 为主族元素或 d^0，d^5，d^{10} 的过渡元素的原子；只适用于孤立的分子或离子，而不适用于固体的空间结构。

四、分子轨道理论

分子轨道理论把分子作为一个整体来考虑，认为分子中的电子在整个分子范围内运动，其运动状态可以用波函数 ψ 来描述，称为分子轨道。分子轨道是由原子轨道线性组合而成的，分子轨道的数目等于组成分子的原子的原子轨道的数目之和。原子轨道线性组合成分子轨道应符合能量相近原则、最大重叠原则和对称性原则。原子轨道线性相加得到成键分子轨道，线性相减则得到反键分子轨道。成键轨道的能量低于原来原子轨道的能量，反键轨道的能量则高于原来原子轨道的能量。分子中的所有电子在分子轨道中的排布遵从原子轨道中电子排布的原则，即能量最低原理、泡利不相容原理和洪特规则。

分子轨道理论的突出特点是引入了分子轨道的概念。这一理论可以说明分子的成键情况、键的强弱和分子的磁性，在解释 O_2 分子的顺磁性上有独到之处。

同核双原子分子的原子轨道与分子轨道能量关系图有两种类型：一为 N_2 型；二为 O_2 型。前者适用于 Li_2，Be_2，B_2，C_2，N_2 等分子，后者适用于 O_2，F_2 等。

根据所选分子轨道图，将属于分子的电子依次排进，便可写出相应的分子轨道表示式(或分子轨道电子排布式)。例如

$$O_2[(\sigma 1s)^2(\sigma^* 1s)^2(\sigma 2s)^2(\sigma^* 2s)^2(\sigma 2p_x)^2(\pi 2p_y)^2(\pi 2p_z)^2(\pi^* 2p_y)^1(\pi^* 2p_z)^1]$$

在 $\pi^* 2p_y$ 和 $\pi^* 2p_z$ 轨道上各有 1 个电子，且它们的自旋方向相同，说明 O_2 是

顺磁性物质。

$$键级=\frac{1}{2}(成键轨道中的电子数-反键轨道中的电子数)$$

O_2的键级为 2。由上述方法可推得 O_2^+,O_2,O_2^-,O_2^{2-} 的键级依次减少,键能也依次减小。凡键级不为零的分子或离子均能存在,且键级越高,其分子或离子越稳定,故稳定性:$O_2^+>O_2>O_2^->O_2^{2-}$。

五、分子间力和氢键

1. 分子的偶极矩和极化率

分子的偶极矩和极化率是表征分子基本属性的两个重要物理量。

分子中原子核所带的正电荷的总和与电子所带负电荷的总和相等,所以整个分子呈电中性。但正、负电荷的中心不一定都重合,重合者为非极性分子,不重合者为极性分子。

分子极性的大小常用偶极矩 $\boldsymbol{\mu}$ 来度量

$$\boldsymbol{\mu}=Q\cdot d$$

Q 为正电中心或负电荷中心所带电量,d 为正电荷中心与负电中心间距离。偶极矩的单位是 C·m。偶极矩是一个矢量,它的方向规定为从正电荷中心指向负电荷中心。

以极性键结合的异核双原子分子是极性分子,其偶极矩不为零。

对于 CO_2、SF_6这类有对称中心的分子,虽然 C—O 键、S—F 键是极性键,但分子中前后、左右或上下的键矩一一对应,方向相反,互相抵消。所以,有对称中心的分子是非极性分子,其偶极矩为 0。

对于 BF_3、CH_4这样的分子,虽然它们没有对称中心,但它们的几何构型分别为平面三角形、四面体形,这种对称性结构也能抵消键的极性。具体地说,BF_3分子中两个 B—F 键的键矩矢量和,与第三个 B—F 键矩数值相等、方向相反,类似的是,CH_4分子中 3 个 C—H 键的键矩矢量和(即甲基的偶极矩)等于第四个 C—H 键矩的数值,方向相反,故 BF_3、CH_4分子的偶极矩为 0。

H_2O 分子为极性分子,因为其几何构型为 V 形,抵消不了键的极性。

极性分子具有固有偶极矩,非极性分子虽没有固有偶极矩,但是非极性分子也是有带正电荷的原子核与带负电荷的电子组成的,只是正电荷的中心与负电荷的中心重合在一起罢了。在电场作用下,分子的正电中心要向负极板移动,负电中心向正极板移动,分子骨架发生变形,有时分子骨架虽没变形,但价电子云相对于分子骨架发生相对位移,这样都会产生瞬时偶极矩 $\boldsymbol{\mu}$,其大小与电场强度 E 成正比,即

$$\boldsymbol{\mu} = \alpha E$$

比例系数 α 就是分子的极化率,单位是 $C \cdot m^2 \cdot V^{-1}$。

极化率大小可用以表征分子变形性的大小。上述变形情况不仅仅发生在非极性分子中,也发生在极性分子中。

2. 分子间力

(1) 定义。分子间存在的较弱的相互作用力,叫做分子间力,它比化学键小一、二个数量级。

(2) 分子间力的种类。分子间力包括取向力、诱导力和色散力。

(3) 分子间力存在的范围。取向力发生在极性分子之间,诱导力存在于极性分子和非极性分子之间以及极性分子与极性分子之间,而色散力则存在于任何分子之间。例如:CO_2,BF_3,CH_4,SF_6等分子间只存在色散力;HCl 和 CO_2分子间及 SO_2和 SO_3分子间存在色散力和诱导力;HCl 和 SO_2分子间存在着色散力、诱导力、取向力。

(4) 分子间力对物质性质的影响:与化学键一样,分子间力也影响共价型物质的性质,但前者主要影响其化学性质,后者主要影响其物理性质,如熔点、沸点、溶解度、黏度、硬度等。例如:F_2、Cl_2、Br_2、I_2的熔点、沸点依次升高,是因为它们的相对分子质量依次增大,分子的变形性依次增大,色散力依次增强的结果;又例如 HF、HCl、HBr、HI,后三者熔、沸点依次升高,但 HF 熔、沸点反常地高,因为 HF 分子间除分子间力外,还有氢键存在。

3. 氢键

(1) 定义。在 H 和电负性大、半径小的元素 X 原子所形成的共价化合物中,H 往往还可以和另一个电负性大、半径小,且有孤对电子的 Y 原子形成一种弱的键——氢键:X—H…Y。

(2) 形成氢键的条件。X、Y 均要电负性大、半径小,而且 Y 还要有孤对电子,符合此条件的原子主要是 F、O、N 原子。X、Y 原子的电负性越大,半径越小,形成氢键越强。氢键的强弱次序如下:F—H…F>O—H…O>N—H…F>N—H…O>N—H…N 。可见,与氢原子相连的两个原子 X 和 Y,可以是同种元素,也可以是不同元素。

(3) 氢键的特征。具有方向性和饱和性;由于氢键能与分子间作用能相当,所以通常把氢键归为分子间力。

(4) 氢键的分类。氢键可分为分子间氢键和分子内氢键。

(5) 氢键对物质性质的影响。氢键广泛存在于水、无机酸和醇、胺、羧酸等有机物中。氢键的存在主要影响物质的物理性质,如沸点、熔点、密度、黏度等。分子间氢键使沸点和熔点升高,使溶液的密度和黏度增大。分子内氢键使沸点和熔点降低，不会使溶液的密度和黏度增大。

综合练习

一、选择题（答案可能有1～2个）

1. BCl_3的空间构型是________。
   A. 三角锥形　B. 角折形　C. 平面三角形　D. 正四面体形
2. SiF_4的空间构型是________。
   A. 平面正方形　B. 正四面体形　C. 四方锥形　D. 三角双锥形
3. BeH_2分子中，Be采用的是________。
   A. sp^2杂化　B. 不等性sp^3杂化
   C. sp杂化　D. sp^3d^2杂化
4. 下列化合物中，分子为非极性分子的是________。
   A. NO_2　B. CO_2　C. SO_2　D. CS_2
5. 下列化合物中，没有氢键存在的是________。
   A. H_3BO_3　B. C_2H_6　C. HI　D. H_2O_2
6. 下列化合物中，分子间力从大到小的顺序________。
   A. F_2　Cl_2　Br_2　I_2　B. I_2　Br_2　Cl_2　F_2
   C. CH_4　SiH_4　GeH_4　SnH_4　D. SnH_4　GeH_4　SiH_4　CH_4
7. 下列分子中，键角最小的是________。
   A. NH_3　B. PH_3　C. AsH_3　D. SbH_3
8. 下列分子间，氢键强度最强的是________。
   A. NH_3　B. HF　C. H_2O　D. C_2H_5OH
9. 下列分子中，偶极矩不为零的是________。
   A. O_3　B. O_2　C. N_2　D. F_2
10. 下列物质中，具有三角锥构型的是________。
    A. BF_3　B. SO_3　C. NF_3　D. ClO_3^-
11. 下列物质中，具有四面体构型的是________。
    A. ICl_4^-　B. SF_4　C. ClO_4^-　D. XeF_4
12. 下列物质中，具有T形结构的有________。
    A. ClF_3　B. NF_3　C. BF_3　D. CO_3^{2-}
13. 下列晶体中，熔点最高的是________。
    A. MgO　B. SiO_2　C. NH_3　D. $MgCl_2$
14. 下列各晶体中，融化时只需克服色散力的是________。

A. K　　B. H_2O　　C. SiC　　D. SiF_4

15. 下列碳酸盐中,分解温度最低的是________。

A. Na_2CO_3　　B. $ZnCO_3$　　C. $MgCO_3$　　D. $(NH_4)_2CO_3$

16. The fact that BeF_2 molecule is linear implies that the Be—F bonds involve ________.

A. sp hybrids　　B. sp^2 hybrids　　C. sp^3 hybrids　　D. sp^3d hybrids

17. 属于18+2电子构型的离子有________。

A. Sn^{2+}　　B. Zn^{2+}　　C. Mg^{2+}　　D. Bi^{3+}

二、填空题

1. 若两原子间形成 σ 键,则其轨道重叠方式为________;若形成 π 键,则其轨道重叠方式为__________。

2. 氢键形成的条件是________________;氢键的主要特征是__________。

3. 氢键通常可用 X—H…Y 表示,X 和 Y 代表________等________大且半径较小的原子。

4. H_2O 和 NH_3 分子间存在的力有__________。

5. N_2 的价键结构式为__________,CO 的价键结构式为__________;由于它们的________数相等,故称为________体。

6. 在 N_2 分子中,有一条________键,两条________键。

7. sp 杂化是同一原子中,由________个 ns 和________个 np 轨道发生的杂化,sp 杂化轨道键夹角为________度。

8. CO_2 分子间存在的作用力有________。

9. HF 和 Cl_2 分子间存在的作用力有__________。

10. 两原子接近时,只有____________的价电子可能配对形成共价键。共价键的特征是____________,而离子键无__________。

11. C_2H_5OH 在水中的溶解度比 $CH_3—O—CH_3$ 大得多,这是由于 C_2H_5OH 与 H_2O 之间除了存在着________、________、________力外,还有________键作用的结果。

12. NaF,NaCl,NaBr,NaI 熔点由高到低的顺序为________________。

13. NH_3 和 PH_3 相比,熔沸点较高的是________。

14. PH_3 和 SbH_3 相比,熔沸点较高的是________。

三、是非题

1. (　　)色散力仅存在于非极性分子之间。

2.（　　）所有含 H 的化合物分子间都存在着氢键。

3.（　　）所有单质的分子都是非极性分子。

4.（　　）HF 分子间的氢键比 H_2O 分子间的氢键强度大。

5.（　　）极性分子中的化学键一定是极性键，非极性分子中的化学键一定是非极性键。

6.（　　）极性分子间只存在着取向力。

7.（　　）sp^2 杂化轨道是由同一原子中 1s 和 2p 轨道混合而成。

8.（　　）中心原子中的几条原子轨道参加杂化，必形成数目相同的杂化轨道。

9.（　　）杂化轨道的几何构型决定了分子的几何构型。

10.（　　）由于 H_2O 比 H_2S 分子量小，分子间力小，故熔沸点 $H_2O<H_2S$。

四、填表题

分子或离子	价层电子对数 VP	成键电子对数 BP	孤电子对数 LP	中心原子杂化轨道	分子或离子空间构型
CO_3^{2-}					
SF_6					
ClF_3					
PCl_5					
$SiCl_4$					
CO_2					
SO_3					
CS_2					
NF_3					
BCl_3					
XeF_4					
CH_4					
NH_3					
H_2O					
SO_4^{2-}					
PO_4^{3-}					
NH_4^+					
NO_3^-					
ClO_2^-					
IF_5					
XeF_2					

第十章　晶体结构

基本要求

(1) 理解晶体的定义、基本特征及与非晶体的区别。

(2) 理解点阵、晶格和晶胞的概念，了解7大晶系和14种空间格子的类型。

(3) 掌握晶体的类型及分类原则。

(4) 了解简单离子晶体的晶体结构及离子晶体中正负离子半径比对配位数与晶体构型的影响。

(5) 掌握离子极化的概念，离子极化力及其影响因素，离子的变形性及其影响因素，附加极化的概念，重点掌握离子极化对物质结构和性质的影响。

(6) 了解晶格能的概念及计算方法。

(7) 理解原子晶体、分子晶体、金属晶体和混合型晶体的简单特征并会判断。

(8) 了解晶体缺陷及对物质性质的影响。

(9) 了解液晶的概念。

重点内容与学习指导

一、晶体的基本特征

1. 晶体与非晶体的定义

晶体：物质的内部质点(分子、原子或离子)在空间有规律地重复排列所组成的固态物质。可分为单晶和多晶。

单晶：整个晶体内部都按一套规律排列。

多晶：许多单晶的集合体(或聚集体)。

非晶体：又称无定形物质，其内部质点的排列没有规律。

2. 晶体的基本特征

晶体有一定的几何外形，遵循晶面角守恒定律；晶体有固定的熔点；晶体具有各向异性。

二、晶体的微观结构

1．点阵、晶格和晶胞

（1）点阵。为便于研究晶体中粒子的排列规律，把晶体中有规则排列的微粒抽象为几何学中的点，称其为结点或质点，从而便把晶体与几何学中的点阵对应起来，分为：①直线点阵，即许多点等距离的排列，其连线形成一直线点阵；②平面点阵，即将直线点阵等距离平移，再将点连起来就形成一平面点阵；③空间点阵，即平面点阵在三维空间的扩展。

（2）晶格。描述各种晶体内部结构的空间几何图像称为晶体的空间格子，简称晶格。

（3）晶胞。晶格中能表现出结构所有特征的最小部分的平行六面体。

晶胞的大小和形状可用 6 个参数来决定：六面体中经过同一顶点的三条棱的长度 a、b、c 和通过同一顶点的 3 个棱的夹角 α、β、γ，晶胞参数可由 X 射线衍射法测得。

2．晶系与晶格的类型

（1）晶系。根据晶胞形状及晶胞参数的不同，可将晶体归结为 7 大晶系，依次为：立方晶系、四方晶系、正交晶系、三方晶系、单斜晶系、三斜晶系、六方晶系。

（2）晶格的类型。根据晶格结点在晶胞中的分布情况，晶系又可组成下列 14 种格子。

立方晶系：有简单立方、立方体心、立方面心 3 种格子。

四方晶系：有简单四方、四方体心 2 种格子。

正交晶系：有简单正交、正交体心、正交底心、正交面心 4 种格子。

三方晶系：有简单菱形格子。

单斜晶系：有简单单斜、底心单斜 2 种格子。

三斜晶系：有简单三斜格子。

六方晶系：有简单六方格子。

三、晶体的类型

根据晶格结点上粒子的种类和相互作用力的不同，晶体分类如表 10－1 所示。

表 10－1　晶体的类型

晶体的类型	晶格结点上的粒子	粒子间的作用力
离子晶体	正、负离子	离子键
原子晶体	原子	共价键
分子晶体	分子	分子间作用力（有的有氢键）
金属晶体	金属原子和离子	金属键
混合型晶体	原子或离子等	含两种或两种以上作用力

四、离子晶体

1. 简单离子晶体的晶体结构

对于最简单的AB型(即在晶体中只有一种正离子和一种负离子,且两者的电荷相同)离子晶体的空间结构,主要有三种典型的结构。

(1) CsCl型。属简单立方晶格,配位数为8,如CsCl、CsBr、CsI、TlCl等。

(2) NaCl型。属立方面心晶格,配位数为6,如NaCl、NaBr、KCl、LiF等。

(3) ZnS型。属立方面心晶格,配位数为4,如ZnS、ZnO、BaO等。

2. 正负离子半径比对配位数与晶体结构的影响

在AB型离子化合物中,正、负离子半径的相对大小与形成的离子晶体的空间结构有非常密切的关系。因为只有当正、负离子能紧密接触,同时同性离子尽可能远离时晶体的构型才是最稳定的。从几何学方法可获得关于AB型离子晶体的半径比与晶体构型的关系如表10-2所示。

表10-2　AB型离子晶体的半径比与晶体构型的关系

半径比(r_+/r_-)	配位数	晶体构型	实例
0.225～0.414	4	ZnS型	ZnS,ZnO,BaO,BeS,CuCl,CuBr等
0.414～0.732	6	NaCl型	NaCl,KCl,NaBr,LiF,CaO,MgO等
0.732～1	8	CsCl型	CsCl,CsBr,CsI,TlCl,NH_4Cl,TlCN等

注意:应用离子半径比规则判断离子晶体构型时,当半径比处于极限值附近时,该晶体可能有两种构型,且此规则只适用于离子晶体。

3. 离子的极化对其物质结构与性质的影响

(1) 离子的极化的概念。在外加电场的作用下,核外电子的运动状态发生变化,离子中的电子云被电场的正极吸引,原子核受负极吸引,从而使离子中的正、负电荷中心不重合,这种现象称为离子的极化。

(2) 离子的极化力。通常情况下,正离子由于核电荷数大于核外电子数,核对外层电子的吸引能力大,离子的半径小,产生的电场强,且本身的变形性小。因此,一般情况下只讨论正离子的极化能力大小。离子极化力的大小与离子的价层电子结构有很大的关系。其规律如下:①高电荷的正离子有较强的极化能力,如$Al^{3+}>Mg^{2+}>Na^+$;②半径越小的离子极化能力越强,如$Mg^{2+}>Ba^{2+}$,$Na^+>K^+$;③电荷相同、半径相近的正离子,极化能力大小的排序为18+2,18,2电子构型>9～17电子构型>8电子构型;④通常情况下,复杂离子的半径较大,极化力小,但复杂离子的电荷高时,也有一定的极化能力。

(3) 离子的变形性。对于负离子,由于核外电子数大于核电荷数,电子之间的排斥作用大，离子的半径大，产生的电场弱，极化能力弱。但其价电子层中有较多的电子，离子的电子云变形性大。因此，一般情况下只讨论负离子的变形性大小。能够导致核对外层电子的吸引能力降低的因素都将使离子的变形性加大，影响因素如下：①价电子层中含有 d 电子的离子的变形性大，规律为 18 + 2，18，9 ～ 17 电子构型 ＞ 8 电子构型 ＞ 2 电子构型；②对于电子层结构相同的离子，所带正电荷越多，离子的变形性越小，所带负电荷越多，离子的变形性越大；③离子的电子层数越多，半径越大，变形性越大；④一般情况下，复杂负离子的变形性都不大，复杂负离子的中心原子的氧化数越高，它的变形性越小。

离子变形性的大小可用离子极化率来衡量。

(4) 离子的附加极化。一般情况下在讨论离子极化时总是考虑正离子对负离子的极化作用，但如果正离子价电子层中含有 d 电子且半径较大时，也容易发生变形，变形后其正电荷中心向负离子靠近，从而对负离子具有更强的极化作用，使负离子产生更大的变形，这种加强了的极化作用称为离子的附加极化。

(5) 离子极化对物质结构和性质的影响。

①对化学键键型的影响。正负离子间无极化时形成理想的离子键；当有极化存在时，它们的外层原子轨道产生了不同程度的重叠，离子键向共价键过渡。

②对晶体构型的影响。当正负离子间有较强的极化作用时，不但会使化学键的键型由离子键向共价键过渡，并且会使正负离子的半径比发生变化，从而使晶体结构从高配位形式向低配位形式过渡。

③对化合物物理性质的影响。由于离子极化使化学键由离子键向共价键过渡，从而使这些物质在固态时的晶体类型向分子晶体过渡，并使物质的颜色、熔沸点、溶解度、热稳定性等物理性质发生变化。

以卤化银和碱土金属为例来说明离子极化对物质结构和性质的影响（见表 10－3和表 10－4）。

表 10－3　离子极化对物质结构和性质的影响（以卤化银为例）

项目	AgF	AgCl	AgBr	AgI
颜色	白色	白色	浅黄色	黄色
卤素离子的半径/pm	136	181	195	216
正、负离子半径之和/pm	246	277	288	299
键型	离子键	过渡键型	过渡键型	共价键
r_+/r_-	0.85	0.63	0.57	0.51
晶型	NaCl 型	NaCl 型	NaCl 型	ZnS 型
配位数	6	6	6	4
溶度积常数(25℃)	—	1.8×10^{-10}	5.0×10^{-13}	9.3×10^{-17}

表 10-4　离子极化对物质结构和性质的影响(以碱土金属为例)

项目	Be	Mg	Ca	Sr	Ba
氟化物熔点/℃	552	1263	1418	1477	1368
氯化物熔点/℃	405	714	772	873	963

从上述表 10-3 和表 10-4 可简单看出：极化作用增强使化合物颜色加深，熔点降低，溶解度减小。

4. 晶格能

(1) 晶格能的定义。在标准态下，拆开单位物质的量的离子晶体使其变为气态组分离子所需的能量，符号：U，单位：$kJ \cdot mol^{-1}$，晶格能的大小反映了离子键的强度。

(2) 晶格能的计算。目前还没有直接测定晶格能的方法，常用以下两种方法计算。

① 玻恩-哈伯循环法。根据热力学的基本定律，将离子晶体拆分成气态正负离子的若干步，设计出热力学循环，利用热力学数据间接计算出离子晶体的晶格能。

② 玻恩-朗德公式。

$$U = 1.389\ 40 \times 10^5 \times \frac{Z_+\ Z_-\ A}{R_0}\left(1 - \frac{1}{n}\right) kJ \cdot mol^{-1}$$

式中：Z_+，Z_-——正负离子电荷数的绝对值；

R_0——正负离子间的距离，即正负离子的半径之和，pm；

A——马德隆常数；

n——与离子的电子构型有关的常数。

A 与 n 可从有关手册上查到。

五、原子晶体、分子晶体、金属晶体和混合型晶体的简单特征

1. 原子晶体(又称共价晶体)

晶格结点上排列的是原子，原子间的作用力为共价键，故又称为共价晶体。原子晶体化合物没有确定的相对分子质量，由于共价键的结合力很强，故原子晶体熔点很高，硬度很大，通常情况下不导电，导热性差，熔融状态下也不能导电，在大多数溶剂中不溶解。金刚石、碳化硅、石英、氮化铝等固体都是原子晶体。

2. 分子晶体

晶格结点上排列的是分子，分子间通过分子间作用力相互吸引。分子晶体通

常熔点低、硬度小、易挥发，在固态和熔化时都不导电，晶体的密度较小。氯、溴、碘、干冰、冰等都是分子晶体。

3. 金属晶体

晶格结点上排列的是金属原子，金属原子间通过金属键相互结合。金属晶体中的原子可以看成是半径相等的圆球，金属原子在形成晶体时倾向于组成最为紧密的堆积结构，常见的密堆积方式如下。

(1) 体心立方密堆积。配位数为 8，原子的空间占有率为 68.02%，如 Ba，Ti，Cr，W 等。

(2) 六方密堆积。配位数为 12，原子的空间占有率为 74.05%，如 Ca，Sr，Mg，Zn 等。

(3) 面心立方密堆积。配位数为 12，原子的空间占有率为 74.05%，如 Al，Cu，Au，Ag 等。

4. 混合型晶体

有些晶体中，晶格结点上的粒子间有时并不只有一种类型的相互作用力，这种晶体称为混合型晶体，又称为过渡型晶体。因其结构的特点，同时具有了若干不同晶体的性质。常见的混合型晶体有如下两种。

(1) 层状混合晶体。如石墨，同层中的 C 原子 sp^2 杂化后以共价键相连，具有原子晶体的特征；层间的 C 原子以分子间作用力相连，具有分子晶体的特征；同层中的每个 C 原子的 2p 轨道相互重叠形成了一个巨大的 π 键，电子可以在整个层中自由运动，因此石墨晶体又具有金属晶体的性质。

(2) 链状混合晶体。如石棉，晶体中的硅以 sp^3 杂化轨道与氧形成了共价键，形成了硅氧四面体的链状结构，硅氧负离子的链之间填充了金属离子，这些金属离子通过静电作用力把链结合在一起。

六、晶体缺陷及对物质性质的影响

理想晶体：粒子的排列完全符合空间点阵规律的晶体，实际上并不存在。

晶体缺陷：晶体在生长过程中存在着各种各样的干扰，使生成的晶体难以达到理想状态，因此实际上得到的晶体无论在外形上还是内部结构上都会有各种各样的缺陷存在，使粒子的排列偏离理想的点阵结构，形成晶体缺陷。

1. 晶体缺陷的类型

根据晶体内部粒子偏离晶格点阵的情况可分为以下 4 种。

(1) 点缺陷。包括空位缺陷、填隙原子缺陷、杂质原子缺陷等。

①空位缺陷。晶格的结点上出现空穴，缺少粒子。

②填隙原子缺陷。在正常晶格的间隙里有原子无规则地充填在其间。

③杂质原子缺陷。某些晶格结点上的原子或离子被其他原子或离子取代，或杂质填充在晶格结点的间隙中。

(2) 线缺陷。在晶格点阵中空缺一系列原子而产生的晶体缺陷。

(3) 面缺陷。晶体中某一层原子整体缺少或向某一方向稍有位移，如层错。

(4) 体缺陷。晶体内部含有空洞、沉淀或杂质包裹物等所造成的缺陷。

2. 晶体缺陷对物质性质的影响

面缺陷和线缺陷将使晶体的机械性能降低；点缺陷常对晶体的功能性质产生巨大的影响；晶体缺陷的存在也能使晶体的光学性能、化学性能等发生巨大的变化。

七、液晶

有一部分物质的性质介于固体和液体之间，它们的力学性质类似于液体，可以自由流动；它的光学性质却像晶体，存在各向异性，处于这种中间状态的物质称为液晶。

综合练习

1. 何谓点阵、晶格和晶胞？

2. 根据晶胞参数，判断下列物质各属于什么晶系？

化合物	a	b	c	α	β	γ	晶系
$K_2S_2O_8$	5.10	6.83	4.40	106°54′	90°10′	102°35′	
$FeSO_4 \cdot 7H_2O$	15.34	10.98	20.02	90°	104°15′	90°	
CsCl	4.11	4.11	4.11	90°	90°	90°	
TiO_2	4.58	4.58	2.95	90°	90°	90°	
Sb	6.23	6.23	6.23	57°5′	57°5′	57°5′	

3. 某蛋白质是正交晶体，单位晶胞尺寸为 130×10^{-10}m$\times74.8\times10^{-10}$m$\times30.9\times10^{-10}$m，每个晶胞中有 6 个分子，若晶体密度为 1.315kg·L^{-1}，问此蛋白质的摩尔质量是多少？

4. 填写下表

物质	晶体中质点间的作用力	晶体类型	熔点高低
KCl			
SiC			
HI			
H_2O			
MgO			

5. 试根据晶体中正负离子半径比值，判断 AB 型离子化合物 CaS、BeO、NaF、CsF、MgS 的晶体类型。

附：各离子的半径分别如下

	Ca^{2+}	Be^{2+}	Na^{+}	Cs^{+}	Mg^{2+}	S^{2-}	O^{2-}	F^{-}
r/pm	99	31	95	169	65	184	132	133

6. 说明导致下列各组化合物间熔点差别的原因。

(1) NaF(992℃)、MgO(2800℃)

(2) MgO(2800℃)、BaO(1923℃)

(3) BeO(2530℃)、MgO(2800℃)、CaO(2570℃)、SrO(2430℃)、BaO(1923℃)

(4) NaF(992℃)、NaCl(800℃)、AgCl(455℃)

(5) $CaCl_2$(782℃)、$ZnCl_2$(215℃)

(6) $FeCl_2$(672℃)、$FeCl_3$(282℃)

7. 比较下列各组中化合物的离子极化的强弱，并预测溶解度的相对大小。

(1) ZnS、CdS、HgS

(2) PbF_2、$PbCl_2$、PbI_2

(3) CaS、FeS、ZnS

第十一章　配位化合物及配位平衡

基本要求

(1) 掌握配合物的组成、系统命名和化学式。要求根据化学式能正确命名。根据名称能正确书写化学式。

(2) 理解并掌握配合物的价键理论。要求能正确判断中心离子的杂化轨道类型、配合物是内轨型或外轨型、空间构型、磁性，能正确绘制中心离子价层电子构型。

(3) 掌握晶体场理论，能正确画出八面体场中，中心离子的 d 电子分布；计算晶体场稳定化能；正确判断配离子的高低自旋、磁性、稳定性、有无颜色及配体的相对强弱。

(4) 要求能利用 $K^{\ominus}_{稳}$，进行下列有关计算：①计算配合物溶液中有关物种的浓度；②判断难溶电解质与配合物之间转化的可能性，会计算溶解一定量难溶电解质，所需配位剂的量；③判断配离子之间能否转化，会计算转化反应的 $K^{\ominus}$；④利用 $K^{\ominus}_{稳}$，计算配离子与其金属电对的标准电极电势。

(5) 掌握配位平衡与配位滴定法的基本概念、原理及有关计算。

本章内容主要包括两大部分。第一部分为配位化合物；第二部分为配位平衡与配位滴定法。

重点内容与学习指导

第一部分　配位化合物

一、配合物的基本概念

1. 配合物的系统命名

配合物一般由内界、外界组成，这样的配合物有配位酸、配位碱、配位盐。有些配合物只有内界，没有外界，这样的配合物为中性分子。内界由形成体和配位体组成。命名的难点在于有多种配位体的配位盐。配位盐的命名分为两大类：一类是外界为无氧酸根时，称为某化某；另一类是外界为含氧酸根或配阴离子时，称为某酸某。内界的命名顺序为：配位数→配位体名称→合→形成体名称→形成体的氧化值。配位数用一、二、三、四等数字表示，形成体的氧化值用Ⅰ、Ⅱ、Ⅲ、Ⅳ等罗马数字表示，并用括号(　)括起来。

若配位体只有一种，命名时按化学式从右→左的顺序命名，如[$Cu(NH_3)_4$]SO_4，由于配位盐的外界是含氧酸根，应称为某酸某，具体命名为硫酸四氨合铜(Ⅱ)。

若配体不止一种，先命名哪种配体，后命名哪种配体呢？在这种情况应先命名阴离子，后命名中性分子；先无机，后有机；先简单，后复杂。同种配体按配位原子的英文字母顺序，在前者先命名。总之，命名配体时按从左→右的顺序，即先写者先命名。例如，[$CoCl_2(NH_3)_3(H_2O)$]Cl 由于这种配位盐的外界为无氧酸根，应称为某化某，具体命名为氯化二氯·三氨·一水合钴(Ⅲ)，注意不同配体之间用"·"点隔开。

2. 配合物的化学式

根据配合物的名称可以写出化学式，写时按以下规定书写。

(1) 内外界之间：阳离子在前，阴离子在后。

(2) 内界(配位个体)：按[形成体→配体→配位数]顺序书写，并将内界用方括号[　]括起来。

(3) 若配体不止一种，书写配体时按从左→右的顺序，即先读的先写。例如，一羟基·一草酸根·一水·一乙二胺合铬(Ⅲ)的化学式为：[$Cr(OH)(C_2O_4)(H_2O)(en)$]。

二、配合物的化学键理论

配合物的化学键理论是说明形成体与配位体之间结合力本质的理论。利用化学键理论可以解释，配位化合物为什么有不同的配位数和空间构型？不同配合物为什么稳定性差异很大？另外，还可以解释配合物显示一定颜色，呈现不同磁性的原因。

配位化合物的化学键理论有价键理论、晶体场理论、配位场理论和分子轨道理论等。本课教学中，只介绍价键理论和晶体场理论。

1. 价键理论的基本要点

形成体与配体之间以配位键相结合，形成体提供空的杂化轨道，配体提供孤电子对。

配合物的空间构型取决于杂化轨道的空间构型，配位数取决于空的杂化轨道数目。

形成体如果用($n-1$)d、ns、np 原子轨道杂化组成 dsp^2、d^2sp^3、dsp^3 杂化轨道，与配位原子成键，形成内轨型配键，其配合物称为内轨型配合物。形成体如果用

*n*s、*n*p 和 *n*s、*n*p、*n*d 外层轨道组成 sp、sp^2、sp^3 和 sp^3d、sp^3d^2 杂化轨道与配位原子成键，则形成外轨型配键，其配合物称为外轨型配合物。同一种形成体，配位数相同时，内轨型配合物比外轨型稳定。

2．轨道杂化类型与配合物的几何构型

由于形成体的杂化轨道具有一定的空间构型，所以配合物具有一定的几何构型。凡中心离(原)子采用 sp、sp^2、sp^3 杂化所形成的配离子的几何构型，分别为直线形、平面三角形、正四面体，这与分子结构中杂化轨道与分子的空间构型是一致的。这里特别要注意的是 dsp^2 杂化所形成的配离子的几何构型为平面正方形；sp^3d 和 dsp^3 杂化所形成的配离子的几何构型均为三角双锥；sp^3d^2 和 d^2sp^3 杂化所形成的配离子的几何构型均为八面体构型。反之，对于配位数 $n\leqslant4$ 的配离子，一般情况下我们也可以根据配离子的几何构型，推测其中心离子所采用的杂化轨道。例如，$[Ni(CN)_4]^{2-}$ 的几何构型为平面正方形，则可推知其中心离子 Ni^{2+} 采用的杂化轨道是 dsp^2 杂化。又如 $[Zn(NH_3)_4]^{2+}$ 的几何构型为正四面体，则 Zn^{2+} 采用的杂化轨道是 sp^3。还比如 $[Ag(NH_3)_2]^+$ 的几何构型为直线形，则 Ag^+ 采用的是 sp 杂化轨道。

但是对于配位数 $n\geqslant5$ 的配离子，由于中心离子是采用 dsp^3 或 sp^3d 杂化，其配离子的空间构型均为三角双锥；中心离子采用 sp^3d^2 或 d^2sp^3 杂化，其配离子的几何构型均为八面体。因此对于三角双锥和八面体构型的配离子，不能根据其几何构型来推测其中心离子的杂化类型(一般用磁矩判断，见下面内、外轨的判断)。

3．如何判断配合物是内轨型，还是外轨型？

判断配合物是内轨型还是外轨型，有 3 种方法。

第一种方法，根据配合物的空间构型判断。

如上所述，对于配位数 $n\leqslant4$，可根据配离子的空间构型来判断。

第二种方法，根据影响内外轨的因素来判断。

(1) 形成体的电子构型：d^{10}——外轨型；$d^1\sim d^3$——内轨型；$d^4\sim d^7$——内、外轨型都有；d^8——Ni^{2+}、Pt^{2+}、Pd^{2+} 等大多数情况下，形成内轨型配合物；d^9——Cu^{2+} 形成配位数为 4 的配合物时，一般为内轨型。

(2) 形成体的氧化值：形成体氧化值高，易形成内轨型；形成体氧化值低，易形成外轨型。

例如：$[Co(NH_3)_6]^{3+}$、$[Cu(NH_3)_4]^{2+}$ 为内轨型；$[Co(NH_3)_6]^{2+}$、$[Cu(NH_3)_2]^+$ 为外轨型配合物。

(3) 配位原子的电负性：配位原子的电负性高，易形成外轨型；配位原子的电负性低，易形成内轨型。

例如：$[FeF_6]^{3-}$为外轨型，$[Fe(CN)_6]^{3-}$为内轨型。以 CN^- 作配体时，一般形成内轨型（Ag^+、Cu^+、Zn^{2+}、Cd^{2+}、Hg^{2+} 等 18 电子构型的离子作中心离子者只能形成外轨型）。

第三种方法，根据测定的配合物磁矩判断。

根据测定的配合物磁矩，按公式 $\mu=\sqrt{n(n+2)}$ 计算出中心离子的未成对电子数 n。将此未成对电子数与自由金属离子的未成对电子数进行比较，若未成对电子数：中心离子＜自由金属离子，则肯定为内轨型。若二者未成对电子数相等，一般为外轨型。例如，$[FeF_6]^{3-}$ 测定的磁矩为 5.90B·M，根据 $\mu=\sqrt{n(n+2)}$ 公式可计算出中心离子 Fe^{3+} 有 5 个未成对电子，自由 Fe^{3+} 离子也有 5 个未成对电子，可以判断$[FeF_6]^{3-}$为外轨型，Fe^{3+} 发生 sp^3d^2 杂化。$[Fe(CN)_6]^{3-}$测定的磁矩为 2.0B·M，同样可计算出中心离子 Fe^{3+} 有一个未成对电子，而自由 Fe^{3+} 离子有 5 个未成对电子，故$[Fe(CN)_6]^{3-}$为内轨型，中心离子 Fe^{3+} 发生 d^2sp^3 杂化。但应该注意，方法三不适用于形成体电子构型为 $d^1 \sim d^3$，以及 Cu^{2+} 作中心离子配位数为 4 的配离子（在此类配离子中，Cu^{2+} 一般采用 dsp^2 杂化，所形成的配离子为内轨型）的判断。

4. 晶体场理论

1) 晶体场理论的主要内容

1929 年，德国物理学家贝塞和范·弗里克提出了晶体场理论。该理论的主要内容为：形成体与配体之间完全靠静电引力结合。形成体在周围配体晶体场（负电场）的影响下，原来 5 个简并的 d 轨道发生能级分裂，造成 d 电子在分裂的 d 轨道上重新排布，从而产生晶体场稳定化能。例如：在八面体场中，d_{xy}、d_{xz}、d_{yz}受配体负电场排斥作用较小，能量相同，而且比在球形场中能量低，称为 t_{2g}（或 d_ε）轨道，而 d_{z^2}、$d_{x^2-y^2}$受配体负电场排斥作用较大，能量比在球形场的高，称为 e_g（或 d_γ）轨道。

2) 分裂能及影响因素

图 11-1 表示在正八面体场中，d 轨道分裂的情况。

d 轨道分裂后，最高 d 轨道的能量与最低 d 轨道能量之差，称为分裂能，以 Δ 符号表示。

$$\Delta_0 = Ee_g - E_{t_{2g}}$$

影响分裂能大小的因素：

(1) 配离子的空间构型。同种配体，且与中心离子距离相同时，正四面体空间构型与正八面体构型的配合物分裂能的关系是：$\Delta_t = \frac{4}{9}\Delta_0$

(2) 中心离子的电荷。同种配体，同一过渡元素做中心离子，形成相同构型的配合物时，中心离子氧化值高的，Δ 大。

(3) 配体的强弱。同种中心离子，形成空间构型相同的配离子时，强场配体的 Δ 大。

(4) 中心离子的半径。同种配体，中心离子电荷相同的同族过渡元素所形成的配合物，半径大的 Δ 大。

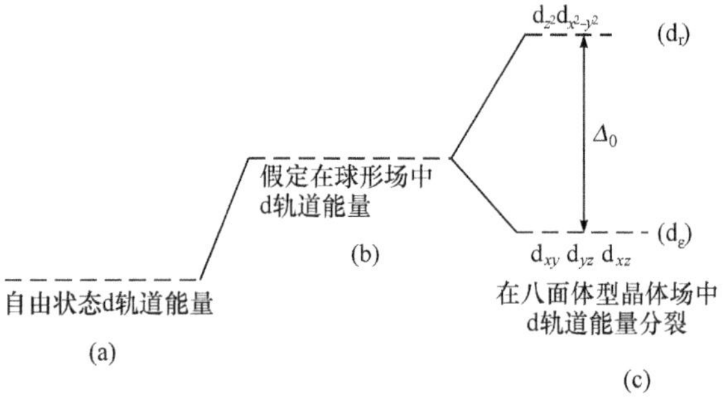

图 11-1　d 能级分裂示意图

3) 高自旋配合物和低自旋配合物

若 $\Delta > E_P$(电子成对能)，对于 $d^4 \sim d^7$ 电子构型的中心离子，d 电子在分裂的 d 轨道上排布时，未成对电子数较少，形成低自旋配合物，其晶体场称为强场。若 $\Delta < E_P$，未成对电子数较多，形成高自旋配合物，其晶体场称为弱场。

4) 晶体场的稳定化能

晶体场的稳定化能是指 d 电子进入分裂的 d 轨道比进入球形场中未分裂的 d 轨道时，总能量有所降低，总能量降低值称为晶体场稳定化能，用符号 CFSE 表示。

【例 11-1】 已知

	$[Co(NH_3)_6]^{2+}$	$[Co(NH_3)_6]^{3+}$
$\Delta_0/kJ\cdot mol^{-1}$	121	275
$E_P/kJ\cdot mol^{-1}$	269	251

判断它们稳定性高低、自旋状态及磁矩是多少？

解　由于在 $[Co(NH_3)_6]^{2+}$ 中 $\Delta_0 < E_P$，所以它为高自旋配合物。在 $[Co(NH_3)_6]^{3+}$ 中，由于 $\Delta_0 > E_P$，所以 $[Co(NH_3)_6]^{3+}$ 为低自旋配合物。

若中心离子的 d 电子分布为 $t_{2g}^a e_g^b$，根据稳定化能定义，可以总结出计算 CFSE 的公式如下

$$CFSE = (0.6b - 0.4a)\Delta_0 + (C - d)E_P$$

式中：a、b 分别为在 t_{2g}、e_g 轨道上分布的电子数；C 为在 t_{2g}、e_g 轨道上分布的成对电子的对数；d 为球形场中简并的 d 轨道上分布的成对电子的对数。

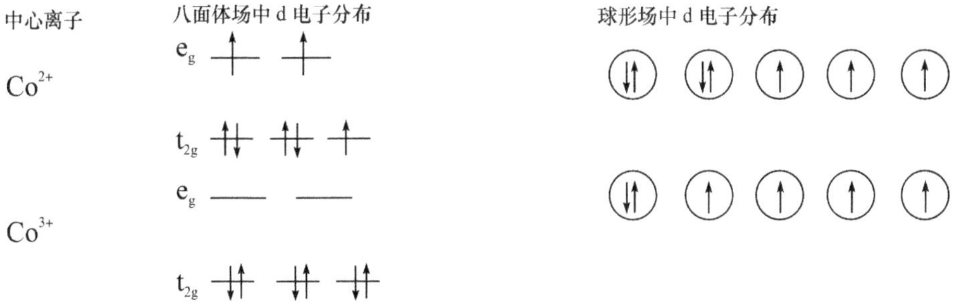

$$[Co(NH_3)_6]^{2+}\text{的 CFSE} = (0.6\times2-0.4\times5)\Delta_0+(2-2)E_P$$
$$= -0.8\times121$$
$$= -96.8\,kJ\cdot mol^{-1}$$
$$[Co(NH_3)_6]^{3+}\text{的 CFSE} = -0.4\times6\Delta_0+(3-1)E_P$$
$$= -0.4\times6\times269+2\times251$$
$$= -158\,kJ\cdot mol^{-1}$$

由于 $[Co(NH_3)_6]^{3+}$ 的 CFSE 比 $[Co(NH_3)_6]^{2+}$ 的小，所以稳定性为 $[Co(NH_3)_6]^{3+} > [Co(NH_3)_6]^{2+}$。

磁矩：$[Co(NH_3)_6]^{3+}$　$\mu = 0.0\,B\cdot M$

$[Co(NH_3)_6]^{2+}$　$\mu = \sqrt{n(n+2)} = \sqrt{3(3+2)}$

$= 3.87\,B\cdot M$

利用晶体场理论可以判断配合物的自旋状态及稳定性，也可以解释配合物的磁性、颜色等。但是由于晶体场理论只考虑中心离子与配体之间的静电作用，而不考虑它们之间存在着共价键，因此不能解释 $Ni(CO)_4$、$Fe(CO)_5$ 等羰合物以及某些复杂的配合物，也不能完全满意解释光谱化学序列。在解释配合物的配位数、空间构型等方面，更是无能为力。

三、配合物稳定常数 $K^{\ominus}_{稳}$ 的应用

配离子在水溶液中像弱电解质一样，也存在着解离平衡，其平衡常数有 $K^{\ominus}_{稳}$（或 β_n 标准积累稳定常数）和 $K^{\ominus}_{不稳}$，二者互为倒数关系。$K^{\ominus}_{稳}(\beta_n)$ 有以下应用。

1. 利用 $K^{\ominus}_{稳}(\beta_n)$ 可以计算配合物溶液中有关物种的浓度。

【例 11 - 2】　在 50.0mL 0.20mol·L^{-1} $AgNO_3$ 溶液中加入等体积的 1.0 mol·L^{-1} $NH_3\cdot H_2O$，计算平衡时溶液中 Ag^+、$[Ag(NH_3)_2]^+$ 和 NH_3 的浓度（将 $[Ag(NH_3)_2]^+$ 中 NH_3 近似看成一步配位和解离）。

解　设平衡时 Ag^+ 浓度为 $x\ mol\cdot L^{-1}$。

$$Ag^+ \quad + \quad 2NH_3 \rightleftharpoons [Ag(NH_3)_2]^+$$

$c_{始}/mol\cdot L^{-1}$	0.10	0.50	0
$c_{平}/mol\cdot L^{-1}$	x	$0.5-2(0.10-x)$	$0.10-x$

由于$[Ag(NH_3)_2]^+$的 $K^{\ominus}_{稳}=10^{7.05}$，很大，配位剂 $NH_3\cdot H_2O$ 大大过量，所以平衡时 x 是一个很小的量，因此

$$0.5-2(0.10-x)\approx 0.30,\ 0.10-x\approx 0.10$$

$$K^{\ominus}_{稳}=\frac{[Ag(NH_3)_2^+]}{[Ag^+]\cdot[NH_3]^2} \quad （省略了\ c^{\ominus}）$$

$$10^{7.40}=\frac{0.10}{x\times 0.30^2} \qquad x=4.4\times 10^{-8}mol\cdot L^{-1}$$

平衡时：$[Ag^+]=4.4\times 10^{-8}mol\cdot L^{-1}$

$[NH_3]=0.30mol\cdot L^{-1}$

$[Ag(NH_3)_2^+]=0.10mol\cdot L^{-1}$

注意：若配离子的 $K^{\ominus}_{稳}$ 较大，配位剂过量时，设平衡时的金属离子浓度为 $x mol\cdot L^{-1}$，计算方便简单。

2. 判断配离子与沉淀之间转化的可能性

【例 11－3】　已知平衡时$[Cu(NH_3)_4]^{2+}$、NH_3 浓度分别为 1.0×10^{-3} $mol\cdot L^{-1}$、$1.0mol\cdot L^{-1}$，在此 1.0L 溶液中加入 0.0010 mol 的 NaOH 固体，有无 $Cu(OH)_2$沉淀产生？若加入 0.0010 mol 的 Na_2S 固体，有无 CuS 沉淀产生(均忽略固体加入后的体积变化)？

解　设平衡时$[Cu^{2+}]=x\ mol\cdot L^{-1}$

$$Cu^{2+}+4NH_3 \rightleftharpoons [Cu(NH_3)_4]^{2+}$$

$c_{平}/mol\cdot L^{-1}$	x	1.0	0.0010

$$\frac{0.0010}{x\times 1.0^4}=10^{12.59}$$

$$x=2.6\times 10^{-16}mol\cdot L^{-1}$$

$$J=c_{Cu^{2+}}c^2_{OH^-}=2.6\times 10^{-16}\times(10^{-3})^2=2.6\times 10^{-22}$$

$$<K^{\ominus}_{sp,Cu(OH)_2}=2.2\times 10^{-20}$$

故没有 $Cu(OH)_2$ 沉淀产生。

$$J=c_{Cu^{2+}}c_{S^{2-}}=2.6\times 10^{-16}\times 10^{-3}=2.6\times 10^{-19}>K^{\ominus}_{sp,CuS}=6\times 10^{-36}$$

故有 CuS 沉淀产生。

在此溶液中加入同样物质量的 NaOH、Na_2S 后，$[Cu(NH_3)_4]^{2+}$可以转化为

CuS 沉淀，而不能转化为 $Cu(OH)_2$ 沉淀，即加入 Na_2S 后发生了如下反应

$$[Cu(NH_3)_4]^{2+} + S^{2-} \rightleftharpoons CuS\downarrow + 4NH_3$$

可以看出，难溶电解质的 $K_{sp}^{\ominus}$ 越小，配离子越易转化为沉淀。反之，难溶电解质的 $K_{sp}^{\ominus}$ 越大，配位剂浓度越高，沉淀越易转化为配离子。

【例 11－4】 若 AgCl、AgBr、AgI 均为 0.010 mol，计算它们溶于 1.0L 氨水中，所需氨水的最低浓度分别是多少？（如例 11－2 中的近似）

解 设溶解 0.010 mol 的 AgCl 所需氨水的最初浓度为 x mol·L^{-1}。

$$AgCl + 2NH_3 \rightleftharpoons [Ag(NH_3)_2]^+ + Cl^-$$

$c_{平}$/mol·L^{-1} $\quad x-0.020 \quad\quad 0.010 \quad\quad 0.010$

$$K^{\ominus} = \frac{[Ag(NH_3)_2^+]\cdot[Cl^-]}{[NH_3]^2} \times \frac{[Ag^+]}{[Ag^+]}$$

$$= K^{\ominus}_{sp,AgCl} \cdot K^{\ominus}_{稳,[Ag(NH_3)_2]^+}$$

$$\frac{(0.010)^2}{(x-0.020)^2} = K^{\ominus}_{sp,AgCl} \cdot K^{\ominus}_{稳,[Ag(NH_3)_2]^+}$$

$$x = 0.020 + \sqrt{\frac{0.010^2}{K^{\ominus}_{sp,AgCl} \cdot K^{\ominus}_{稳,[Ag(NH_3)_2]^+}}}$$

$$= 0.020 + \sqrt{\frac{0.010^2}{1.8\times10^{-10}\times10^{7.40}}} = 0.17 mol\cdot L^{-1}$$

用同样方法可计算 1.0L 氨水中溶解 0.010 mol 的 AgBr、AgI 所需氨水的最初浓度分别为 2.8 mol·L^{-1}、2.1×10^2mol·L^{-1}（浓氨水的浓度一般为 14～15 mol·L^{-1}）。

由此可见，①AgCl 可溶于氨水，AgBr 可溶于浓度较大的氨水，而 AgI 不溶于氨水；②用同一配位剂溶解相同量的同种类型的难溶解质，$K_{sp}^{\ominus}$ 越小者，所需配位剂的浓度越大。

3. 判断配离子之间转化的可能性

配离子之间可以转化，不稳定的配离子易转化为稳定的配离子，相同类型的两种配离子 $K_{稳}^{\ominus}$ 相差越大，转化得越完全。

【例 11－5】 判断下列反应进行的方向

(1) $[HgI_4]^{2-} + 4Cl^- \rightleftharpoons [HgCl_4]^{2-} + 4I^-$

(2) $[CdCl_4]^{2-} + 4I^- \rightleftharpoons [CdI_4]^{2-} + 4Cl^-$

解 (1) $K_1^{\ominus} = \dfrac{[HgCl_4^{2-}][I^-]^4}{[HgI_4^{2-}][Cl^-]^4} \times \dfrac{[Hg^{2+}]}{[Hg^{2+}]}$

$$= \frac{K^{\ominus}_{稳,[HgCl_4]^{2-}}}{K^{\ominus}_{稳,[HgI_4]^{2-}}} = \frac{10^{15.1}}{10^{29.8}} = 10^{-14.7}$$

(2) $K_2^{\ominus}=\dfrac{K^{\ominus}_{稳,[CdI_4]^{2-}}}{K^{\ominus}_{稳,[CdCl_4]^{2-}}}=\dfrac{10^{6.15}}{10^{2.80}}=10^{3.35}$

反应(1) $K_1^{\ominus}$ 很小,$[HgI_4]^{2-}$ 比 $[HgCl_4]^{2-}$ 稳定,反应向左进行。反应(2)的 $K_2^{\ominus}$ 较大,$[CdI_4]^{2-}$ 比 $[CdCl_4]^{2-}$ 稳定,因此反应向右进行。

4. 计算配离子有关电对的标准电极电势

金属离子形成配离子之后,由于金属离子浓度大大降低,使得配离子与其金属电对的标准电极电势大大小于相应金属离子与其金属电对的标准电极电势。

【例 11-6】 已知 $K^{\ominus}_{稳,[Ag(NH_3)_2]^+}=10^{7.40}$,$K^{\ominus}_{稳,[Ag(CN)_2]^-}=10^{21.1}$,$E^{\ominus}_{Ag^+/Ag}=0.7991V$。

(1) 计算 $E^{\ominus}_{[Ag(NH_3)_2]^+/Ag}$、$E^{\ominus}_{[Ag(CN)_2]^-/Ag}$;

(2) 在标准态时,比较 Ag^+、$[Ag(NH_3)_2]^+$、$[Ag(CN)_2]^-$ 的氧化能力的相对强弱。

解 (1) 因为要求计算 $E^{\ominus}_{[Ag(NH_3)_2]^+/Ag}$(注意标准态符号⊖),所以电极反应中的物种均处于标准状态

$$即[Ag(NH_3)_2]^+ + e \rightleftharpoons Ag + 2NH_3$$

$$c_{平}/mol \cdot L^{-1} \quad 1.0 \qquad\qquad 1.0$$

$$又\quad Ag^+ + 2NH_3 \rightleftharpoons [Ag(NH_3)_2]^+$$

$$K^{\ominus}_{稳}=\frac{[Ag(NH_3)_2^+]}{[Ag^+][NH_3]^2}=\frac{1.0}{[Ag^+]\times 1.0^2}$$

$$所以\quad [Ag^+]=\frac{1}{K^{\ominus}_{稳}}$$

$$E^{\ominus}_{[Ag(NH_3)_2]^+/Ag}=E_{Ag^+/Ag}=E^{\ominus}_{Ag^+/Ag}+0.0592\lg[Ag^+]/c^{\ominus}$$

$$=E^{\ominus}_{Ag^+/Ag}+0.0592\lg\frac{1}{K^{\ominus}_{稳}}$$

$$=0.7991+0.0592\lg\frac{1}{10^{7.40}}=0.36V$$

同理

$$E^{\ominus}_{[Ag(CN)_2]^-/Ag}=-0.45V$$

(2) 由于 $E^{\ominus}_{Ag^+/Ag}>E^{\ominus}_{[Ag(NH_3)_2]^+/Ag}>E^{\ominus}_{[Ag(CN)_2]^-/Ag}$,所以氧化能力:$Ag^+>[Ag(NH_3)_2]^+>[Ag(CN)_2]^-$。

从此题我们可以总结出以下两点结论

(1) 计算金属配离子与其金属电对的标准电极电势的公式为:

$$E^{\ominus}_{[MLa]/M}=E^{\ominus}_{M^{n+}/M}+\frac{0.0592}{n}\lg\frac{1}{K^{\ominus}_{稳,MLa}}$$

式中：MLa 为金属配离子；M^{n+} 为中心离子；L 为配位体；a 为配位数；M 为 M^{n+} 相对应的金属；n 为电极反应得失的电子数，即中心离子的氧化值。

(2) 在标准态，同一金属离子形成不同配体的配离子时，$K^{\ominus}_{稳}$ 大者，其配离子的氧化能力弱。

第二部分　配位平衡与配位滴定法

一、配合物在溶液中的离解平衡

以 M 代表金属离子，L 代表配合剂，对于配位比为 1∶1 的配合物，用 ML 表示；配位比为 1∶n 的配合物，用 ML_n 表示。常见的金属离子与 EDTA 所形成的配合物绝大多数是 1∶1 的配合物。

对于配位比为 1∶n 的配合物 ML_n，由于其形成和离解都是逐级进行的，因此，它有逐级稳定常数 $K_i^{\ominus}$、逐级离解常数 $K^{\ominus}_{i,不}$ 和累积稳定常数 β_i 之分，3 个常数之间的关系为

$$\beta_1 = K_1^{\ominus} = \frac{1}{K^{\ominus}_{n,不}}$$

$$\beta_2 = K_1^{\ominus} \cdot K_2^{\ominus} = \frac{1}{K^{\ominus}_{n,不} \cdot K^{\ominus}_{n-1,不}}$$

……

$$\beta_n = K_1^{\ominus} \cdot K_2^{\ominus} \cdot \cdots \cdot K_n^{\ominus} = \frac{1}{K^{\ominus}_{n,不} \cdot K^{\ominus}_{n-1,不} \cdot \cdots \cdot K^{\ominus}_{1,不}}$$

【例 11-7】 已知 $[Zn(OH)_3]^-$ 的 $\beta_3 = 10^{14.4}$；$[Zn(OH)_4]^{2-}$ 的 $\beta_4 = 10^{15.5}$，求反应 $[Zn(OH)_3]^- + OH^- \rightleftharpoons [Zn(OH)_4]^{2-}$ 的平衡常数 $K^{\ominus}$ 为多少？

解　$[Zn(OH)_3]^- + OH^- \rightleftharpoons [Zn(OH)_4]^{2-}$ 的 $K^{\ominus}$ 即为 $K_4^{\ominus}$。

由于 $\beta_4 = K_1^{\ominus} \cdot K_2^{\ominus} \cdot K_3^{\ominus} \cdot K_4^{\ominus}$；$\beta_3 = K_1^{\ominus} \cdot K_2^{\ominus} \cdot K_3^{\ominus}$，所以

$$K_4^{\ominus} = \frac{\beta_4}{K_1^{\ominus} \cdot K_2^{\ominus} \cdot K_3^{\ominus}} = \frac{\beta_4}{\beta_3} = \frac{10^{15.5}}{10^{14.4}} = 10^{1.1} = 12.6$$

二、副反应系数和条件稳定常数

1. 金属离子 M 的副反应系数 α_M

若金属离子 M 与其他配合剂 A 发生副反应，副反应系数

$$\alpha_{M(A)} = \frac{[M] + [MA] + [MA_2] + \cdots + [MA_n]}{[M]}$$

$$= 1 + \beta_1[A] + \beta_2[A]^2 + \cdots + \beta_n[A]^n$$

A既可以是滴定所需的缓冲剂或者是为防止金属离子水解所加的辅助配合剂，也可以是为消除干扰而加的掩蔽剂。若在高 pH 下滴定金属离子时，OH^-与 M 形成金属羟基配合物，此时 A 就代表 OH^-。

若有 p 个配合剂与金属离子发生副反应，则 α_M为

$$\alpha_M = \alpha_{M(A_1)} + \alpha_{M(A_2)} + \cdots + (1-p)$$

例如：M 既与 A 又与 B 发生副反应，则

$$\alpha_M = \alpha_{M(A)} + \alpha_{M(B)} - 1$$

2. 配合剂 Y(如 EDTA)的副反应系数 α_Y

EDTA 的副反应系数包括由溶液中的 H^+或其他金属离子 N 的存在所引起的，从而使 EDTA 参加主反应的能力下降。EDTA 的副反应系数可表示为

$$\alpha_Y = \alpha_{Y(H)} + \alpha_{Y(N)} - 1$$

其中

$$\alpha_{Y(H)} = 1 + \beta_1^H[H^+] + \beta_2^H[H^+]^2 + \cdots + \beta_n^H[H^+]^n$$

$$\alpha_{Y(N)} = 1 + K_{NY}^{\ominus}[N]$$

当 $\alpha_{Y(H)} \gg \alpha_{Y(N)}$时，酸效应是主要的；当 $\alpha_{Y(N)} \gg \alpha_{Y(H)}$时，共存离子的副反应是主要的。

3. 配合物 MY 的副反应系数 α_{MY}

在较高酸度下，MY 会形成酸式配合物 MHY，其副反应系数以 $\alpha_{MY(H)}$表示

$$\alpha_{MY(H)} = 1 + K_{MHY}^{H}[H^+]$$

在较低酸度下，MY 会形成碱式配合物 M(OH)Y，其副反应系数以 $\alpha_{MY(OH)}$表示

$$\alpha_{MY(OH)} = 1 + K_{M(OH)Y}^{OH}[OH^-]$$

由于配合物 MY 的副反应对主反应是有利的，其酸式和碱式配合物通常都不稳定，而且 $\alpha_{MY(H)}$和 $\alpha_{MY(OH)}$一般都较小，可忽略不计。

4. 条件稳定常数 K'_{MY}

在溶液中，金属离子 M 与滴定剂 EDTA 反应生成配合物 MY。若没有副反应发生，当达到平衡时，稳定常数 $K_{MY}^{\ominus}$，即绝对稳定常数；若有副反应发生，则反应将受到 M、Y 和 MY 的副反应的影响。

由于$[M'] = \alpha_M \cdot [M]$，$[Y'] = \alpha_Y \cdot [Y]$，$[MY'] = \alpha_{MY} \cdot [MY]$，将其代入下式

$$K'_{MY} = \frac{[MY']}{[M'][Y']} = \frac{\alpha_{MY}[MY]}{\alpha_M[M] \cdot \alpha_Y[Y]} = \frac{\alpha_{MY}}{\alpha_M \cdot \alpha_Y} \cdot \frac{[MY]}{[M] \cdot [Y]} = \frac{\alpha_{MY}}{\alpha_M \cdot \alpha_Y} K_{MY}^{\ominus}$$

取对数，得到

$$\lg K'_{MY} = \lg K_{MY}^{\ominus} - \lg \alpha_M - \lg \alpha_Y + \lg \alpha_{MY}$$

K'_{MY}又称为表观稳定常数，表示在有副反应的情况下，配位反应进行的程度。

【例 11-8】 计算 pH=9.00，$[NH_3+NH_4^+]=c_1=0.20mol\cdot L^{-1}$，$[CN^-]=c_2=10^{-5}mol\cdot L^{-1}$溶液的 $\lg K'_{NiY}$（Ni-NH_3 的 $\lg\beta_1\sim\lg\beta_6$ 分别为 2.75、4.95、6.64、7.79、8.50、8.49；Ni-CN^- 的 $\lg\beta_4$ 为 31.3；$K^{\ominus}_{HCN}=6.2\times10^{-10}$；$\lg K^{H}_{NiHY}=3.2$；$\lg K^{\ominus}_{NiY}=18.6$）。

解 Ni^{2+}与 Y^{4-}在水溶液中所发生的主反应及副反应如下(省略电荷)

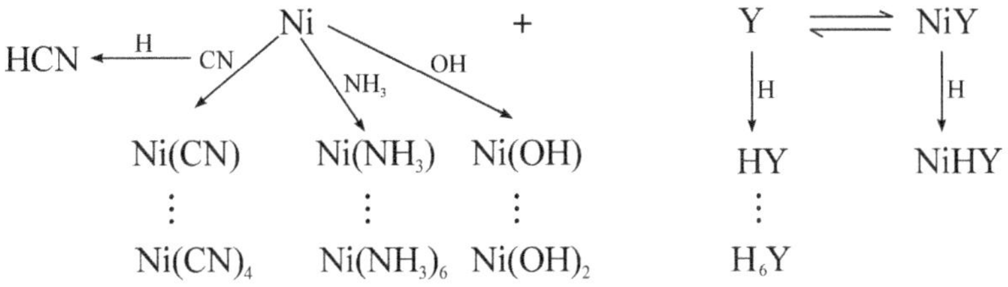

这时 $\lg K'_{NiY}=\lg K^{\ominus}_{NiY}-\lg\alpha_{Ni}-\lg\alpha_{Y(H)}+\lg\alpha_{NiHY}$若求得各项便得解。

$$\alpha_{Ni}=\alpha_{Ni(CN)}+\alpha_{Ni(NH_3)}+\alpha_{Ni(OH)}-2$$

pH=9.00 时，查得 $\alpha_{Ni(OH)}=10^{0.1}$，则

$$[CN^-]=c_2\delta=c_2\frac{K^{\ominus}_{HCN}}{[H^+]+K^{\ominus}_{HCN}}=10^{-5}\times\frac{6.2\times10^{-10}}{10^{-9}+6.2\times10^{-10}}$$
$$=10^{-5.42}mol\cdot L^{-1}$$

$$\alpha_{Ni(CN)}=1+\beta_4[CN^-]^4=1+10^{31.3}(10^{-5.42})^4=10^{9.62}$$

$$[NH_3]=c_1\delta=c_1\frac{K^{\ominus}_a}{[H^+]+K^{\ominus}_a}=0.20\times\frac{5.6\times10^{-10}}{10^{-9}+5.6\times10^{-10}}=10^{-1.14}mol\cdot L^{-1}$$

$\alpha_{Ni(NH_3)}$
$$=1+\beta_1[NH_3]+\beta_2[NH_3]^2+\beta_3[NH_3]^3+\beta_4[NH_3]^4+\beta_5[NH_3]^5+\beta_6[NH_3]^6$$
$$=1+10^{2.75-1.14}+10^{4.95-2.28}+10^{6.64-3.42}+10^{7.79-4.56}+10^{8.50-5.70}+10^{8.49-6.84}$$
$$=10^{3.66}$$

因而

$$\alpha_{Ni}=\alpha_{Ni(CN)}+\alpha_{Ni(NH_3)}+\alpha_{Ni(OH)}-2$$
$$=10^{9.62}+10^{3.66}+10^{0.1}-2$$
$$=10^{9.62}$$

查表：pH=9.00 时，$\lg\alpha_{Y(H)}=1.28$

$$\alpha_{NiHY}=1+K^{H}_{NiHY}[H^+]$$
$$=1+10^{3.2}\times10^{-9}=1$$

故

$$\lg K'_{NiY}=\lg K^{\ominus}_{NiY}-\lg\alpha_{Ni}-\lg\alpha_{Y(H)}+\lg\alpha_{NiHY}$$

$$=18.6-9.62-1.28+0$$
$$=7.70$$

从本题可见,由于 MY 很稳定,多数情况下可以忽略 MY 的副反应,这时

$$\lg K'_{MY}=\lg K^{\ominus}_{MY}-\lg\alpha_M-\lg\alpha_Y$$

三、配位滴定单一离子的条件

通常,当 $c_M=c_{EDTA}$,$\Delta pM'=\pm0.2$,滴定误差$\leqslant0.1\%$时,**$\lg cK'_{MY}\geqslant6$ 是配位滴定单一离子必须满足的条件。**

四、配位滴定法的基本原理

1. 滴定曲线

以 EDTA 滴定金属离子 M 为例,若 $c_M=c_{EDTA}$,则化学计量点时 pM′值计算公式

$$pM'=\frac{1}{2}(p\,c_M^{sp}+\lg K'_{MY})$$

式中,c_M^{sp}为化学计量点时金属离子的总浓度,

$$c_M^{sp}\approx[MY]_{计};\quad pM'=-\lg[M']$$

式中,[M′]为未与 Y 配位的化学计量点时金属离子的总浓度。

【例 11-9】 假定在 pH=2.00 时,用 0.005 00 $mol\cdot L^{-1}$ EDTA 滴定 0.0100 $mol\cdot L^{-1}Fe^{3+}$,计算:

(1) $\lg K'_{FeY}$(忽略 FeY 的酸效应);

(2) 化学计量点时游离的 Fe^{3+}浓度?

(3) 化学计量点时游离的 Y^{4-}浓度?

解: (1)由于 pH=2.00 酸性很强,又无其他配位剂,故

$$\alpha_{Fe}=\alpha_{Fe(OH)}=0$$

查表:EDTA 的 $K^{\ominus}_{a_6}\sim K^{\ominus}_{a_1}$分别为 $10^{-10.26}$,$10^{-6.16}$,$10^{-2.67}$,$10^{-2.0}$,$10^{-1.6}$,$10^{-0.9}$;$\lg K^{\ominus}_{FeY}=25.10$,则

$$\alpha_{Y(H)}=1+\frac{[H^+]}{K^{\ominus}_{a_6}}+\frac{[H^+]^2}{K^{\ominus}_{a_6}\cdot K^{\ominus}_{a_5}}+\frac{[H^+]^3}{K^{\ominus}_{a_6}\cdot K^{\ominus}_{a_5}\cdot K^{\ominus}_{a_4}}+\frac{[H^+]^4}{K^{\ominus}_{a_6}\cdot K^{\ominus}_{a_5}\cdot K^{\ominus}_{a_4}\cdot K^{\ominus}_{a_3}}$$
$$+\frac{[H^+]^5}{K^{\ominus}_{a_6}\cdot K^{\ominus}_{a_5}\cdot K^{\ominus}_{a_4}\cdot K^{\ominus}_{a_3}\cdot K^{\ominus}_{a_2}}+\frac{[H^+]^6}{K^{\ominus}_{a_6}\cdot K^{\ominus}_{a_5}\cdot K^{\ominus}_{a_4}\cdot K^{\ominus}_{a_3}\cdot K^{\ominus}_{a_2}\cdot K^{\ominus}_{a_1}}$$
$$=1+\beta_1[H^+]+\beta_2[H^+]^2+\beta_3[H^+]^3+\beta_4[H^+]^4+\beta_5[H^+]^5+\beta_6[H^+]^6$$
$$=1+10^{10.26-2.00}+10^{16.42-4.00}+10^{19.09-6.00}+10^{21.09-8.00}+10^{22.69-10.00}$$

$+10^{23.59-12.00}=10^{13.51}$[一般可查表直接得到 $\alpha_{Y(H)}$]

$$\lg K'_{FeY}=\lg K^{\ominus}_{FeY}-\lg\alpha_{Y(H)}$$
$$=25.10-13.51$$
$$=11.59$$

(2) 化学计量点时，由于 $\alpha_{Fe}=0$，所以

$$[Fe']=[Fe] \quad 且 \quad [Fe']=[Fe]=[Y']$$

又由于每一份 0.0100mol·L^{-1}的 Fe^{3+}，消耗 2 份 0.005 00mol·L^{-1}的 EDTA，因而化学计量点时，有

$$[FeY]=\frac{c_{Fe^{3+}}}{3}=\frac{0.0100}{3}\text{mol}\cdot\text{L}^{-1}$$

$$K'_{FeY}=\frac{[FeY]}{[Fe'][Y']}=\frac{[FeY]}{[Fe][Y']}=\frac{[FeY]}{[Fe]^2}$$

$$[Fe]=\sqrt{\frac{[FeY]}{K'_{FeY}}}=\sqrt{\frac{0.0100/3}{10^{11.59}}}$$
$$=9.26\times10^{-8}\text{mol}\cdot\text{L}^{-1}=[Fe^{3+}]$$

(3) $[Y]=\dfrac{[Y']}{\alpha_{Y(H)}}=\dfrac{9.26\times10^{-8}}{10^{13.51}}=2.86\times10^{-21}\text{mol}\cdot\text{L}^{-1}$

得到 pM_{sp}后，则可以判断配位滴定的准确度和选择合适的金属指示剂，此外，c_{sp}和 K_{MY}是决定配位滴定突跃范围大小的重要因素。当浓度一定的条件下，pH 越高，$\lg\alpha_{Y(H)}$越小，$\lg K'_{MY}$越大，滴定突跃越大。当条件稳定常数 K'_{MY}一定的条件下，被测金属离子浓度 c_M越大，滴定突跃越大。

2. 配位滴定的指示剂

(1) 金属指示剂的变色点。采用金属指示剂(In)指示配位滴定终点，指示剂与金属离子 M 形成配合物，存在如下的配位平衡关系

$$K^{\ominus}_{MIn}=\frac{[MIn]}{[M][In]}$$

若考虑指示剂的酸效应，则 MIn 配合物的条件稳定常数为

$$K'_{MIn}=\frac{[MIn]}{[M][In']}=\frac{K^{\ominus}_{MIn}}{\alpha_{In(H)}}$$

采用对数形式

$$\lg K'_{MIn}=pM+\lg\frac{[MIn]}{[In']}=\lg K^{\ominus}_{MIn}-\lg\alpha_{In(H)}$$

当[MIn]=[In′]时，$pM=\lg K^{\ominus}_{MIn}-\lg\alpha_{In(H)}$，即为指示剂的理论变色点，与溶液的 pH 有关。在滴定终点时，要使变色点的 pM 在化学计量点的 pM 突跃范围内。

指示剂的变色范围为：$\lg K'_{MIn}\pm1$。

（2）金属指示剂应具备以下条件。

①在滴定的 pH 范围内，金属指示剂配合物（MIn）与指示剂（In）的颜色要有明显的不同。

②MIn 的稳定性应足够大，但不能超过 M-EDTA 的稳定性。若 $K^{\ominus}_{MIn} > K^{\ominus}_{M\text{-}EDTA}$，则终点时，EDTA 无法夺取 MIn 中的 M，看不到溶液颜色的变化，这种现象称为指示剂的封闭现象。

③MIn 应易溶于水。若 MIn 是胶体或沉淀时，使 EDTA 交换缓慢，使终点拖长，颜色变化不灵敏，这种现象称为指示剂的僵化现象。

④指示剂应比较稳定。

（3）几种常用的指示剂如表 11－1 所示。

表 11－1　常用的指示剂

指示剂	适宜的pH范围	颜色变化		直接滴定的离子	封闭离子
		In	MIn		
铬黑 T	8～10	蓝	红	Mg^{2+}、Zn^{2+}、Pb^{2+}、Mn^{2+}、Cd^{2+}	Fe^{3+}、Al^{3+}、Cu^{2+}、Ni^{2+}
二甲酚橙	＜6	亮黄	红	pH＝1～3　Bi^{3+}、Th^{4+} pH＝5～6　Zn^{2+}、Pb^{2+}、Cd^{2+}、Ni^{2+}、Hg^{2+}	Fe^{3+}、Al^{3+}、Ni^{2+}
磺基水杨酸	1.5～2.5	无	紫红	Fe^{3+}	
钙指示剂	12～13	蓝	红	Ca^{2+}	Fe^{3+}、Al^{3+}、Cu^{2+}、Ni^{2+}、Co^{2+}、Mn^{2+}
PAN	4～5	黄	紫红	Pb^{2+}、Cd^{2+}、Cu^{2+}、Ni^{2+}、Zn^{2+}、Mn^{2+}	

3. 配位滴定中的酸度控制

单一离子滴定有一个最适宜的 pH 范围，若酸度过高，酸效应较大，K'_{MY}较小，不能满足准确滴定单一离子的条件；若酸度过低，金属离子将发生水解，终点难以确定。

（1）最高酸度（最小 pH）。准确滴定单一离子必须满足的条件：$\lg cK'_{MY} \geq 6$。根据 $\lg c + \lg K^{\ominus}_{MY} - \lg \alpha_{Y(H)} \geq 6$ 可求得 $\lg \alpha_{Y(H)}$，再查酸效应曲线或查$\lg \alpha_{Y(H)} \sim$ pH 表而求得 pH 即为最高酸度。

（2）最低酸度（最大 pH）。金属离子被滴定的最低酸度，可由 $M(OH)_n$的溶度积求得。由于

$$[M][OH^-]^n = K^{\ominus}_{sp}$$

$$[OH^-] = \sqrt[n]{\frac{K^{\ominus}_{sp}}{[M]}}$$

求出的 pH 即为滴定的最低酸度。

4．混合离子的滴定

(1) 混合离子连续滴定可行性判断如下

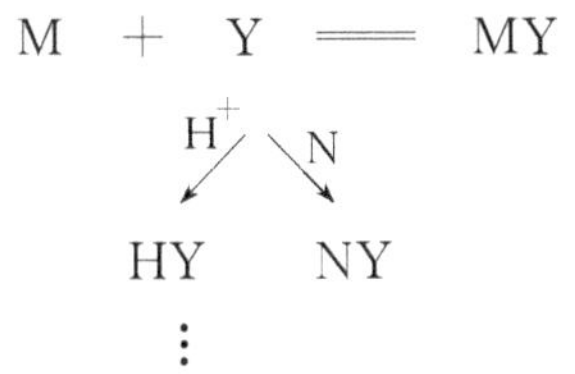

将另一个金属离子 N 看成副反应存在，若在较低酸度下，有

$$\alpha_{Y(N)} > \alpha_{Y(H)}, \quad \alpha \approx \alpha_{Y(N)}$$

此时，$K'_{MY} = K^{\ominus}_{MY}/\alpha_{Y(N)} = K^{\ominus}_{MY}/c_N K^{\ominus}_{NY}$

$$\lg c_M K'_{MY} = \Delta\lg K^{\ominus} + \lg(c_M/c_N)$$

若 $\Delta pM = \pm 0.2$，滴定误差$\leqslant 0.1\%$，则 $\lg c_M K'_{MY} \geqslant 6$。

由此得到 $\Delta\lg K^{\ominus} + \lg(c_M/c_N) \geqslant 6$ 作为判断能否准确分步滴定的条件。

若 $c_M = c_N$，则 $\Delta\lg K^{\ominus} \geqslant 6$ 作为判断能否准确分步滴定的条件。它表示滴定体系满足此条件时，只要有合适的指示终点的方法，则在 M 离子的适宜酸度范围内，都可以准确滴定 M 而 N 离子不干扰。

(2) 应用掩蔽剂进行选择性滴定。若被测金属离子配合物与干扰离子配合物的稳定性相差不够大，就不能用控制酸度的方法分步滴定，而采用加入掩蔽剂的掩蔽法，常用的掩蔽方法有配位掩蔽法、氧化还原掩蔽法和沉淀掩蔽法等，其中以配位掩蔽法应用最广泛。

①配位掩蔽法。配位掩蔽法是在混合体系中，加入配位掩蔽剂，使干扰组分与掩蔽剂形成稳定的配合物，降低了溶液中干扰离子的游离浓度，达到选择性滴定 M 的目的。

常用的配位掩蔽剂有 NH_4F、KCN、三乙醇胺、邻二氮菲、酒石酸等。

②氧化还原掩蔽法。利用氧化还原反应改变干扰离子的价态，从而改变其条件稳定常数以消除干扰的方法。

③沉淀掩蔽法。在溶液中加入一种沉淀剂，使干扰离子浓度下降，在不分离沉淀的情况下直接进行滴定。

5．配位滴定的方式

1) EDTA 标准溶液的配制和标定

(1) 配制。通常用 EDTA 二钠盐(也称 EDTA)配制成大约浓度的标准溶液置于聚乙烯塑料瓶或硬质玻璃瓶中待标定。

(2) 标定。常用的基准物有纯金属锌、铜以及 ZnO、$CaCO_3$、$MgSO_4 \cdot 7H_2O$ 等。

注意：标定条件要尽量与测定条件相一致。

2）EDTA 的滴定方式

配位滴定有四种方式：直接滴定法、返滴定法、置换滴定法、间接滴定法。

（1）直接滴定法示例如表 11－2 所示。

表 11－2　直接滴定法示例

被测离子	pH	指示剂	其他主要条件
Bi^{3+}	1	二甲酚橙	HNO_3介质
Fe^{3+}	2	磺基水杨酸	加热至 50～60℃
Cu^{2+}	2.5～10	PAN	加酒精或加热
Zn^{2+}、Cd^{2+}、Pb^{2+}	5.5	二甲酚橙	
	9～10	铬黑 T	氨性缓冲液
Mg^{2+}	10	铬黑 T	
Ca^{2+}	12～13	钙指示剂	

（2）返滴定法。下述情况需采用返滴定法：①被测离子与 EDTA 反应缓慢；②被测离子在滴定的 pH 下发生水解，又找不到合适的辅助配位剂；③被测离子对指示剂有封闭作用，又找不到合适的指示剂。返滴定法示例如表 11－3 所示。

表 11－3　返滴定法示例

被测离子	pH	指示剂	滴定剂	返滴定剂
Sn^{4+}	1～2	二甲酚橙	EDTA	Bi^{3+}
Al^{3+}、Cu^{2+}、Co^{2+}、Ni^{2+}	5～6	二甲酚橙	EDTA	Zn^{2+}
Al^{3+}	5～6	PAN	EDTA	Cu^{2+}
Co^{2+}、Ni^{2+}	12～13	钙指示剂	EDTA	Ca^{2+}
Ni^{2+}	10	铬黑 T	EDTA	Mg^{2+}、Zn^{2+}

（3）置换滴定法。包括两种情况。

①将被测离子和干扰离子先与 EDTA 反应完全，然后加入另一配位剂夺取被测离子而释放出与被测离子等物质的量的 EDTA，滴定释放出的 EDTA 的量即为被测离子的量。

例如：测定复杂铝试样中铝的含量，其中含有 Pb^{2+}、Zn^{2+}、Cd^{2+} 等金属离子，可以用置换滴定法。先加入过量的 EDTA，使所有的离子与 EDTA 反应完全，并用 Zn^{2+} 标准溶液滴定剩余的 EDTA，此时再加入 NaF 在加热的情况下发生如下置换反应

$$AlY^- + 6F^- + 2H^+ = AlF_6^{3-} + H_2Y^{2-}$$

置换出与铝等物质的量的 EDTA。溶液冷却后再用 Zn^{2+} 标准溶液滴定置换出的 EDTA，即得 Al^{3+} 的含量。

同样，也可用上述方法测定锡青铜（含 Sn^{4+}、Cu^{2+}、Pb^{2+}、Zn^{2+}）中的锡。

②用被测离子 M 置换出另一配合物 NL 中的 N 离子，用 EDTA 滴定出 N 离子的量，即可知 M 离子的含量。

例如：银币中银和铜的测定：将试样溶于硝酸后，加入氨调节 pH≈8，先用紫脲酸铵作指示剂，用 EDTA 滴定 Cu^{2+}；然后调节 pH≈10，加入过量的 $Ni(CN)_4^{2-}$，发生如下置换反应

$$2Ag^+ + Ni(CN)_4^{2-} = 2Ag(CN)_2^- + Ni^{2+}$$

再用 EDTA 滴定置换出的 Ni^{2+}，即得 Ag 的含量。

(4) 间接滴定法。有些离子（Li^+、K^+、Na^+ 等）与 EDTA 的配合物不稳定，而有些非金属离子（SO_4^{2-}、PO_4^{3-} 等）不与 EDTA 形成配合物，可以利用间接滴定法测定它们的含量。

例如：①K^+ 可沉淀为 $K_2NaCo(NO_2)_6 \cdot 6H_2O$，沉淀过滤溶解后，用 EDTA 滴定其中的 Co^{2+}，即可间接求出 K^+ 的含量；②PO_4^{3-} 可沉淀为 $MgNH_4PO_4 \cdot 6H_2O$，沉淀过滤溶解于 HCl 中，加入过量的 EDTA 标准溶液，并调至氨性，用 Mg^{2+} 标准溶液返滴过量的 EDTA，即可间接求出 P 的含量。

综 合 练 习

一、思考题

1. 写出下列配合物的中心离子、配体、配位原子、配位数、配离子电荷、外界、内界并命名。

(1) $[CrCl_2(H_2O)_4]Cl$　　(2) $[Co(NH_3)_4(H_2O)_2]SO_4$

(3) $K[CoCl(NO_2)(NH_3)_4]$　　(4) $K_2[Co(NCS)_4]$

2. 根据配合物的稳定常数和难溶盐的 $K_{sp}^{\ominus}$ 解释：(1) AgBr 沉淀可溶解于 KCN 溶液，但 Ag_2S 不溶；(2) AgI 沉淀不溶于氨水，但可溶于 KCN 溶液中（$K_{sp,AgBr}^{\ominus} = 5.0 \times 10^{-13}$，$K_{sp,AgI}^{\ominus} = 9.3 \times 10^{-17}$，$[Ag(CN)_2]^-$ 的 $K_f^{\ominus} = 10^{21.1}$）。

3. 已知 $[Fe(CN)_6]^{3-}$ 是内轨型，$[FeF_6]^{3-}$ 是外轨型配合物。画出中心离子价层电子分布示意图。

4. 根据测定的磁矩，判断下列各中心离子的杂化轨道类型、内外轨型和空间构型。

(1) $[Fe(CN)_6]^{4-}$　$\mu=0.00B \cdot M$

(2) $[Fe(H_2O)_6]^{3+}$　$\mu=5.90B \cdot M$

5. 已知下列配离子的分裂能、电子成对能如下

	$[Co(NH_3)_6]^{2+}$	$[Co(NH_3)_6]^{3+}$	$[Fe(H_2O)_6]^{2+}$
$E_P/kJ \cdot mol^{-1}$	269	251	210
$\Delta_0/kJ \cdot mol^{-1}$	121	275	124

画出中心离子的 d 电子在 t_{2g}、e_g 轨道上的分布情况，并计算稳定化能。

二、选择题

1. 下列配离子中，具有顺磁性的是＿＿＿＿＿。
   A. $[ZnF_4]^{2-}$　B. $[Fe(CN)_6]^{3-}$　C. $[Fe(CN)_6]^{4-}$　D. $[Ni(CN)_4]^{2-}$
2. $[Cu(OH)_4]^{2-}$的几何构型是＿＿＿＿＿。
   A. 平面正方形　B. 正四面体　C. 四棱锥　D. 三棱锥
3. 下面配离子中，分裂能最大的是＿＿＿＿＿。
   A. $[Co(NH_3)_6]^{2+}$　B. $[Co(NH_3)_6]^{3+}$
   C. $[CoF_6]^{3-}$　D. $[Rh(NH_3)_6]^{3+}$
4. AgBr 在下列相同浓度的 1.0L 溶液中，溶解量最多的是＿＿＿＿溶液。
   A. $NH_3 \cdot H_2O$　B. $Na_2S_2O_3$　C. KCN　D. KSCN
5. 根据下列配离子的 $K_{稳}^{\ominus}$值，判断下列 $E^{\ominus}$值最小的是＿＿＿＿。
   A. $E^{\ominus}_{[Cu(NH_3)_4]^{2+}/Cu}$　B. $E^{\ominus}_{[CuCl_4]^{2-}/Cu}$
   C. $E^{\ominus}_{[Cu(CN)_4]^{2-}/Cu}$　D. $E^{\ominus}_{[Cu(OH)_4]^{2-}/Cu}$
6. 下列配离子中，中心离子以 d^2sp^3 杂化轨道与配体成键的是＿＿＿＿。
   A. $[CoF_6]^{3-}$　B. $[Co(NH_3)_6]^{2+}$　C. $[Fe(CN)_6]^{3-}$　D. $[FeF_6]^{3-}$
7. 构型为 d^1～d^{10}的过渡元素的金属离子，所组成的八面体配合物中，有高低自旋之分的金属离子的构型为＿＿＿＿＿者。
   A. d^4～d^7　B. d^1～d^3　C. d^8～d^9　D. d^2～d^{10}
8. 配离子的空间构型是由＿＿＿＿＿决定的。
   A. 中心离子电荷　B. 杂化轨道的空间构型
   C. 配位体　D. 配位数。
9. 根据 $K_f^{\ominus}$，判断下面配离子在水溶液中最稳定的是＿＿＿＿＿。
   A. $[HgCl_4]^{2-}$　B. $[HgI_4]^{2-}$　C. $[Hg(CN)_4]^{2-}$　D. $[Hg(SCN)_4]^{2-}$
10. 一羟基·一草酸根·一水·一乙二胺合铬(Ⅲ)的化学式正确的是＿＿＿＿。
    A. $[Cr(OH)(C_2O_4)(H_2O)(en)]$　B. $[Cr(en)(H_2O)(C_2O_4)(OH)]$

C. $[Cr(C_2O_4)(OH)(H_2O)(en)]$　D. $[Cr(OH)(H_2O)(C_2O_4)(en)]$

三、填空题

1. 配合物$[CoCl_2(NH_3)_3(H_2O)]Cl$的配离子是________，中心离子是______，配位体是________，配位数是________，外界是________内外界的化学键是________键，命名为________。

2. $[FeF_6]^{3-}$与$[Fe(CN)_6]^{3-}$，分别是________（内或外）轨型配离子，其中Fe^{3+}分别以________杂化轨道与F、CN^-成键，它们的空间构型分别是________，磁矩分别是________ B·M。

3. 在下列各对配离子中，选出分裂能较大的一个（用>或<表示）。

(1) $[Co(NH_3)_6]^{2+}$________$[Co(NH_3)_6]^{3+}$

(2) $[Co(NH_3)_6]^{3+}$________$[Co(CN)_6]^{3-}$

(3) $[PdCl_4]^{2-}$________$[PtCl_4]^{2-}$

4. 实验测得$K_4[Mn(CN)_6]$的磁矩$\mu=2.00$B·M，$K_3[Cr(C_2O_4)_3]$的$\mu=3.38$B·M，它们分别是________，________型配合物；中心离子的杂化轨道分别为________，________。

5. Cu^+、Cu^{2+}、Ag^+、Au^+离子中，在通常情况下，在各自的配合物中不采取sp杂化轨道成键的是________。

6. 以EDTA滴定金属离子M，pH较高，则可忽略Y的酸效应，若$c_{M_{初}}=c_{EDTA_{初}}$，则化学计量点时$pM'=$________________，其中$c_M^{sp}=$____________。

7. 配位滴定单一离子必须满足的条件是________________。

8. 若$c_M=c_N$，则利用控制酸度分步准确滴定混合离子中M和N的条件是________________。

9. 对于$\Delta \lg K \leqslant 6$的混合离子溶液可利用掩蔽剂进行选择性滴定，掩蔽方法可分为以下几种________________________。

10. 铬黑T(EBT)在pH<6.3时呈________色，pH>11.6时呈______色，铬黑T与二价金属离子形成的MIn的颜色为________________，一般在pH=____________范围内可使用EBT作指示剂。

11. 配位滴定的方法有____。

12. 金属指示剂的变色范围约为__________________。

13. 金属指示剂In应具备的条件是____。

14．标定 EDTA 的基准物有________________________。

四、是非题

1．（　）配位体的数目，就是形成体的配位数。

2．（　）配合物在水溶液中的稳定性，可以用 $K^{\ominus}_{稳}$ 来衡量。$K^{\ominus}_{稳}$ 越大，配离子越稳定。

3．（　）配离子的几何构型取决于中心离子所采取的杂化轨道空间构型。

4．（　）同种中心离子形成相同配位数的配离子时，其稳定性一般内轨型比外轨型稳定。

5．（　）同种配体与同一过渡元素形成的配合物，中心离子氧化值低的分裂能大。

6．（　）根据晶体场理论，由于配位体的静电作用致使中心离子的 d 轨道发生能级分裂。因此配位体负电荷越多，分裂能越大。

7．（　）$[CdCl_4]^{2-}$、$[CuCl_4]^{2-}$、$[HgCl_4]^{2-}$ 中的中心离子都进行 sp^3 杂化。

8．（　）价键理论认为，只有形成体空的杂化轨道与具有孤对电子的配位原子的轨道重叠时，才能形成 σ 配位键。

9．（　）中心离子的 d 电子数越多，其晶体场的稳定化能越高。

10．（　）配离子电荷数等于中心离子的电荷数。

五、计算题

1．若在 $0.10mol·L^{-1}$ 的 $[Ag(NH_3)_2]^+$ 溶液中，加入 NaCl 使 NaCl 的浓度达到 $0.0010mol·L^{-1}$ 时，有无 AgCl 沉淀？同样在含有 $2.0mol·L^{-1}$ NH_3 的 $0.10 mol·L^{-1}$ $[Ag(NH_3)_2]^+$ 溶液中加入 NaCl，也使其浓度达到 $0.0010mol·L^{-1}$，问有无AgCl沉淀产生？{$K^{\ominus}_{sp,AgCl}=1.8\times10^{-10}$，$K^{\ominus}_{f,[Ag(NH_3)_2]^+}=10^{7.40}$，将 $[Ag(NH_3)_2]^+$ 近似看成一步解离出 Ag^+}

2．将含有 $0.20mol·L^{-1}$ 游离的 NH_3、$0.020\ mol·L^{-1}$ NH_4Cl 的溶液和 $0.30 mol·L^{-1}$ $[Cu(NH_3)_4]^{2+}$ 的溶液等体积混合，问能否有 $Cu(OH)_2$ 沉淀生成{$K^{\ominus}_{b,NH_3·H_2O}=1.75\times10^{-5}$，$[Cu(NH_3)_4]^{2+}$ 的 $K^{\ominus}_f=10^{12.59}$，$K^{\ominus}_{sp,Cu(OH)_2}=2.2\times10^{-20}$，将 $[Cu(NH_3)_4]^{2+}$ 近似看成一步解离出 Cu^{2+}}。

3．已知 $E^{\ominus}_{Co^{3+}/Co^{2+}}=1.82V$，计算 $E^{\ominus}_{[Co(NH_3)_6]^{3+}/[Co(NH_3)_6]^{2+}}$ 等于多少？{$[Co(NH_3)_6]^{2+}$ 的 $K^{\ominus}_f=10^{4.75}$，$[Co(NH_3)_6]^{3+}$ 的 $K^{\ominus}_f=10^{35.2}$}

4．已知 $E^{\ominus}_{Cu^{2+}/Cu}=0.337\ V$，计算 $E^{\ominus}_{[Cu(NH_3)_4]^{2+}/Cu}$ 值。并根据有关数据说明：在空气存在下，能否用铜制容器储存 $1.0mol·L^{-1}$ 的氨水？{假设 $p_{O_2}=100kPa$，

$E^{\ominus}_{O_2/OH^-}=0.401V$，$K^{\ominus}_{稳,[Cu(NH_3)_4]^{2+}}=10^{12.59}$｝

5. 计算下列反应的平衡常数，并判断反应进行的方向｛$K^{\ominus}_{稳,[Zn(OH)_4]^{2-}}=10^{15.5}$、$K^{\ominus}_{稳,[Zn(NH_3)_4]^{2+}}=10^{9.06}$、$K^{\ominus}_{稳,[Cu(CN)_2]^-}=10^{24.0}$、$K^{\ominus}_{稳,[Cu(NH_3)_2]^+}=10^{10.86}$｝。

(1) $[Zn(NH_3)_4]^{2+}+4OH^- \rightleftharpoons [Zn(OH)_4]^{2-}+4NH_3$

(2) $[Cu(CN)_2]^-+2NH_3 \rightleftharpoons [Cu(NH_3)_2]^++2CN^-$

6. 通过有关电对的 $E^{\ominus}$ 值，计算下列电对中配合物的 $K^{\ominus}_{稳}$ 值。

(1) $E^{\ominus}_{Zn^{2+}/Zn}=-0.763V$，$E^{\ominus}_{[Zn(NH_3)_4]^{2+}/Zn}=-1.03V$，$K^{\ominus}_{稳,[Zn(NH_3)_4]^{2+}}=?$

(2) $E^{\ominus}_{Hg^{2+}/Hg}=0.855V$，$E^{\ominus}_{[Hg(CN)_4]^{2-}/Hg}=-0.37V$，$K^{\ominus}_{稳,[Hg(CN)_4]^{2-}}=?$

7. 已知下列原电池：

(—) Zn | Zn^{2+} (1.0mol·L^{-1}) ‖ Cu^{2+} (1.0mol·L^{-1}) | Cu (+)，$E^{\ominus}_{Cu^{2+}/Cu}=0.337$ V，$E^{\ominus}_{Zn^{2+}/Zn}=-0.763$ V。

(1) 先向右半电池通入过量 NH_3 气，使游离的 NH_3 浓度达到 1.00mol·L^{-1}，此时测得电动势 $E_1=0.714V$，求 $K^{\ominus}_{稳,[Cu(NH_3)_4]^{2+}}$(假定 NH_3 的通入不改变溶液的体积)。

(2) 然后向左半电池中加入过量 Na_2S，使 $c_{S^{2-}}$ 为 1.00mol·L^{-1}，求算原电池的电动势 E_2(已知 $K^{\ominus}_{sp,ZnS}=2\times10^{-22}$，假定 Na_2S 的加入也不改变溶液的体积)。

(3) 写出新原电池的电极反应和电池反应。

(4) 计算 298.15K 新原电池反应的平衡常数 $K^{\ominus}$ 和 $\Delta G^{\ominus}$。

8. 试通过计算比较$[Ag(NH_3)_2]^+$，$[Ag(CN)_2]^-$氧化能力的相对强弱｛已知 $E^{\ominus}_{Ag^+/Ag}=0.7991$ V，$K^{\ominus}_{f,[Ag(NH_3)_2]^+}=10^{7.40}$，$K^{\ominus}_{f,[Ag(CN)_2]^-}=10^{21.1}$｝。

9. 已知

	$[Co(CH_3)_6]^{2+}$	$[Cr(H_2O)_6]^{2+}$
Δ_0/kJ·mol^{-1}	121	166
E_P/kJ·mol^{-1}	269	281

计算这两个配离子的稳定化能。

10. 计算 1.0L 6.0mol·L^{-1}氨水可溶解多少物质量的 AgI?｛$K^{\ominus}_{稳[Ag(NH_3)_2]^+}=10^{7.40}$，$K^{\ominus}_{sp,AgI}=9.3\times10^{-17}$｝

11. Using values for the logarithms of the successive formation constants $K^{\ominus}_1$, $K^{\ominus}_2$, $K^{\ominus}_3$ and $K^{\ominus}_4$ of 2.27, 2.34, 2.40 and 2.05 for zinc ammines, calculate the fraction of Zn^{2+} in the uncomplexed form in solutions containing 0.01 and 1 mol·L^{-1} free NH_3.

12. 分析某矿物中的 Ca^{2+} 含量，现称取矿样 0.2500g，制成溶液后用 EDTA 标准溶液滴定。EDTA 对 CaO 的滴定度为 0.001 200g·mL^{-1}，测定时消耗 EDTA

25.00mL，计算矿样中 CaO 的质量分数。

13. 今取水样 50.00mL，调 pH=10，铬黑 T 为指示剂，用标准溶液 0.0100 $mol\cdot L^{-1}$ EDTA 滴定，消耗 15.00mL；另取 50.00mL 水样，调节 pH=12，用钙指示剂为指示剂，仍用同样的 EDTA 标准溶液滴定，消耗 10.00mL，计算：(1) 水样中 Ca、Mg 总量，以 $mmol\cdot L^{-1}$表示；(2) Ca 和 Mg 的各自含量，以 $mg\cdot L^{-1}$表示。

14. 称取含 Al 试样 1.000g，需 20.50mL EDTA 标准溶液滴定，而标定30.00 mL EDTA 的浓度，用 0.1000 $mol\cdot L^{-1}$ $CaCl_2$ 溶液 25.00mL，计算试样中 Al_2O_3 的质量分数。

15. 计算 pH=10.00 $[\lg \alpha_{Al(OH)}=17.3]$时，(1) $\alpha_{Y(H)}$；(2) $\lg K'_{AlY}$；(3) 说明 pH=10.00 $c_{Al^{3+}}=0.01mol\cdot L^{-1}$时，$Al^{3+}$ 能否被 EDTA 滴定？($\lg K^{\ominus}_{AlY}=16.1$，$\lg^{OH}_{Al(OH)Y}=8.1$，EDTA 的 $\beta_1^H \sim \beta_6^H$ 分别为：$10^{10.26}$、$10^{16.42}$、$10^{19.09}$、$10^{21.09}$、$10^{22.69}$、$10^{23.59}$)

16. 在 0.020 $mol\cdot L^{-1}$的 Co^{2+}溶液中，加入 pH=10.00 的氨缓冲液，使游离氨浓度为 0.10 $mol\cdot L^{-1}$($Co\text{-}NH_3$ 的 $\lg\beta_1 \sim \lg\beta_6$ 分别为 2.05、3.62、4.61、5.31、5.43、4.75)。

(1) 计算 $\alpha_{Co}[\lg \alpha_{Co(OH)}=1.1]$。

(2) 计算溶液中游离的 Co^{2+}浓度为多少 $mol\cdot L^{-1}$。

(3) 计算 $\lg K'_{CoY}$($\lg K^{\ominus}_{CoY}=16.31$，EDTA 的 $\beta_1^H \sim \beta_6^H$同 15 题)。

17. 若用 0.020$mol\cdot L^{-1}$的 EDTA 滴定 16 题中的 Co^{2+}溶液，计算化学计量点时，

(1) $[Co']$为多少？

(2) $[Co]$为多少？

(3) $[Y]$为多少？

第十二章 主族元素

基本要求

（1）能利用价层电子对互斥理论和杂化轨道理论，判断共价型氢化物、非金属卤化物、含氧酸根离子的空间构型，中心原子的杂化轨道类型。

（2）掌握 O_2、N_2、O_3、SO_2、CO_2、HNO_3、H_2SO_4、B_2H_6、H_2O_2 等分子的结构及成键情况。

（3）掌握氢化物、含氧酸、氢氧化物、卤化物、含氧酸盐性质及其变化规律。氢氧化物及含氧酸的酸碱性强弱要求会用 ROH、鲍林规则解释；氢化物、卤化物的稳定性能用键能、标准生成焓数据解释；对含氧酸及含氧酸盐的热稳定性会用离子极化理论进行解释。

（4）会写表现有关物质重要性质的反应方程式。

重点内容与学习指导

一、卤素

（1）卤素是非金属性最强的元素，单质都具有氧化性，且氧化能力依 F_2、Cl_2、Br_2、I_2 的次序降低。卤离子的还原能力依 F^-、Cl^-、Br^-、I^- 次序增强。

（2）卤素单质的制备反应、与水的作用，都是重要的氧化还原反应。

Cl_2 制备反应：$2NaCl + 2H_2O \xlongequal{电解} 2NaOH + H_2\uparrow + Cl_2\uparrow$

$$MnO_2(s) + 4HCl(浓) \xlongequal{} MnCl_2 + Cl_2\uparrow + 2H_2O$$

$$2KMnO_4 + 16HCl(浓) \xlongequal{} 2MnCl_2 + 2KCl + 5Cl_2\uparrow + 8H_2O$$

Br_2 制备反应：$Cl_2 + 2Br^- \xlongequal[110℃]{pH=3.5} Br_2 + 2Cl^-$（空气吹出 Br_2）

（海水中）

浓 Na_2CO_3 溶液吸收 Br_2：$3CO_3^{2-} + 3Br_2 \xlongequal{} 5Br^- + BrO_3^- + 3CO_2\uparrow$

硫酸酸化，游离出 Br_2：$5Br^- + BrO_3^- + 6H^+ \xlongequal{} 3Br_2 + 3H_2O$

I_2 的制备反应：$2I^- + Cl_2 \xlongequal{} I_2 + 2Cl^-$

但 Cl_2 不能过量，因为 Cl_2 过量可发生下列反应

$$I_2 + 5Cl_2 + 6H_2O = 2IO_3^- + 10Cl^- + 12H^+$$

X_2 与水的反应：

$$X_2 + H_2O = HXO + HX$$

$$(X_2 = Cl_2、Br_2、I_2)$$

$$2F_2 + 2H_2O = 4HF + O_2\uparrow$$

(3) 卤素单质在碱性介质中的两类歧化反应如下

$Cl_2 + 2OH^- \xrightarrow{75℃以下} ClO^- + Cl^- + H_2O$（$Br_2$ 在 50℃以下发生此类歧化反应）

$3Cl_2 + 6OH^- \xrightarrow{75℃以上} ClO_3^- + 5Cl^- + 3H_2O$（$Br_2$ 在 50℃以上，I_2 在任何温度发生此类反应）

与碱性介质中相反，在酸性介质中发生歧化反应的逆反应

$$ClO^- + Cl^- + 2H^+ = Cl_2 + H_2O$$

$$ClO_3^- + 5Cl^- + 6H^+ = 3Cl_2 + 3H_2O$$

(4) 卤化氢的制备。工业上用 H_2 与 Cl_2 气直接合成 HCl。实验室可用浓 H_2SO_4 与 CaF_2、NaCl 的复分解反应制取 HF、HCl。但不能用浓 H_2SO_4 与溴化物、碘化物反应制取 HBr 和 HI，因为浓 H_2SO_4 可将 HBr、HI 氧化为 Br_2、I_2。其反应式为

$$2HBr + H_2SO_4(浓) = Br_2 + SO_2\uparrow + 2H_2O$$

$$8HI + H_2SO_4(浓) = 4I_2 + H_2S\uparrow + 4H_2O$$

实验室可用 PBr_3 PI_3 与水的作用制取 HBr、HI。

$$PX_3 + 3H_2O = H_3PO_3 + 3HX(X = Br、I)$$

(5) HX 性质如下

	HF	HCl	HBr	HI	
酸性	弱酸	强酸	强酸	强酸	→ 增强
对热稳定性					→ 减弱
还原性					→ 增强

卤化氢的酸性、对热稳定性，可用标准生成焓、键能数据解释。标准生成焓代数值越小，键能数值越大，酸性越弱，对热越稳定。

(6) 卤化物的水解。活泼金属的卤化物不水解。不太活泼金属的卤化物遇水生成碱式盐或氧基盐，大部分非金属卤化物发生完全水解。例如

$$BiCl_3 + H_2O \rightleftharpoons BiOCl\downarrow + 2HCl$$

$$SnCl_2 + H_2O \rightleftharpoons Sn(OH)Cl\downarrow + HCl$$

$$PCl_5 + 4H_2O \longrightarrow H_3PO_4 + 5HCl$$

(7) 卤素含氧酸及其盐的性质。以氯的含氧酸及其盐为例，说明其性质递变规律。

稳定性增大↓

HClO	$HClO_2$	$HClO_3$	$HClO_4$
(弱酸)	(中强酸)	(强酸)	(最强无机酸)

酸性增强；稳定性增大；氧化性减弱($HClO_2$ 例外)

——————————→

KClO	$KClO_2$	$KClO_3$	$KClO_4$

氧化性增强↑

(8) ROH 规则和鲍林规则

①ROH 规则。ROH 规则将含氧酸或氢氧化物用通式 R—O—H 表示，R 代表成酸或成碱元素。R—O—H 可看成由 R^{n+}、O^{2-}、H^+ 三种离子组成，R$\overset{①}{—}$O$\overset{②}{—}$H 的酸碱性取决于 R—O—H 在①处断裂还是在②处断裂。若 R^{n+} 与 O^{2-} 之间的吸引力大于 O^{2-} 与 H^+ 之间的吸引力，则 R—O—H 在②处断裂，显酸性；反之，R^{n+} 与 O^{2-} 之间的吸引力小于 O^{2-} 与 H^+ 之间的吸引力，则在①处断裂，R—O—H 显碱性。由于 O^{2-}、H^+ 是不变的，故 R—O—H 从①处还是②处断裂，取决于 R^{n+} 的电荷($n+$)和半径。R^{n+} 电荷越多，半径越小，则 R—O—H 就越易从②处断裂，酸性越强，反之碱性强。若 R^{n+}、O^{2-} 之间和 O^{2-}、H^+ 之间吸引力相当，则两种解离方式都有可能，R—O—H 为两性。例如

HClO　　$HClO_2$　　$HClO_3$　　$HClO_4$

——————————→

氯的氧化值增加，半径减小

因此氯的含氧酸的酸性随着氧化值增加而增强。$HClO_4$ 是最强的无机酸。

②鲍林规则。含氧酸的强度与非羟基氧的数目有关，即非羟基氧的数目越多，酸的强度越大

例如	HClO	$HClO_2$	$HClO_3$	$HClO_4$
非羟基氧数目	0	1	2	3
$K_a^\ominus$	$<10^{-8}$	$10^{-2}\sim10^{-4}$	$\sim10^3$	$\sim10^8$
酸的强度	弱酸	中强酸	强酸	很强

多元含氧酸的逐级电离常数存在如下关系 $K_1^\ominus : K_2^\ominus : K_3^\ominus \approx 1:10^{-5}:10^{-10}$。

(9) 含氧酸及含氧酸盐热稳定性的解释。含氧酸及含氧酸盐热稳定性的解释，可以用离子极化和其结构是否对称来解释。图 12-1 表示 $KClO_3$ 或 $HClO_3$

中，中心离子$\overset{+5}{Cl}$对O^{2-}的极化[图 12－1(a)]。$\overset{+5}{Cl}$对O^{2-}极化，使O^{2-}产生诱导偶极，诱导偶极的负端靠近$\overset{+5}{Cl}$，这样就增加了$\overset{+5}{Cl}$与O^{2-}之间的静电引力。由此可见，中心离子对O^{2-}的极化使含氧酸盐稳定性增加。中心离子R^{n+}电荷越多，半径越小，中心离子对O^{2-}的极化作用越强，含氧酸(盐)就越稳定。

(a) ClO_3^-中$\overset{+5}{Cl}$对O^{2-}的极化　　(b) K^+(或H^+)对O^{2-}的反极化

图 12－1　离子极化对热稳定性的影响

图 12－1(b)表示阳离子对ClO_3^-的反极化。阳离子K^+(或H^+)靠近ClO_3^-时，由于阳离子对O^{2-}极化的偶极方向与$\overset{+5}{Cl}$对O^{2-}极化方向相反，称为反极化。阳离子对O^{2-}的反极化使O^{2-}的偶极矩变小甚至反向，从而消弱了$\overset{+5}{Cl}$与O^{2-}之间的化学键。由此可见，阳离子电荷越多，半径越小，阳离子的反极化越强，含氧酸盐就越不稳定。

例如：氯的含氧酸

$$HClO \qquad HClO_2 \qquad HClO_3 \qquad HClO_4$$

$$\xrightarrow[\text{对热稳定性越来越高}]{\text{中心离子电荷增多，半径减小，对 }O^{2-}\text{ 极化作用增强}}$$

对热稳定性：$KClO_3 > HClO_3$，是由于反极化能力$K^+ < H^+$的缘故。

含氧酸和含氧酸盐的结构对称性越好，则其越稳定。例如：H_3PO_4、H_2SO_4、$HClO_4$及其酸根离子都是四面体构型，对称性好，因此对热稳定性高，而$HClO$、$HClO_2$、$HClO_3$及其盐，结构不对称，对热稳定性就差。

二、氧、硫

1．H_2O_2的性质

1）H_2O_2的不稳定性

H_2O_2不稳定，受热、见光易分解。Mn^{2+}、Fe^{3+}、Cu^{2+}等重金属离子能催化其分解。在H_2O_2溶液中加入少量的焦磷酸盐、锡酸盐、8－羟基喹啉等，可增加其稳定性。H_2O_2的分解反应为

$$2H_2O_2 \longrightarrow 2H_2O + O_2\uparrow \quad \Delta H < 0$$

2）H_2O_2 的弱酸性

H_2O_2 是一个非常弱的酸，可与 $Ba(OH)_2$、$Mg(OH)_2$、$Ca(OH)_2$ 发生中和反应

$$H_2O_2 + Ba(OH)_2 \rightleftharpoons BaO_2 + 2H_2O$$

3）H_2O_2 具有氧化还原性

H_2O_2 既有氧化性，又具有还原性。它当氧化剂时，在酸性介质中还原产物是水，不给反应体系带来杂质。例如

$$\underset{(黑色)}{PbS} + 4H_2O_2 \rightleftharpoons \underset{(白色)}{PbSO_4} \downarrow + 4H_2O$$

$$H_2O_2 + 2I^- + 2H^+ \rightleftharpoons I_2 + 2H_2O$$

$$2Fe^{2+} + H_2O_2 + 2H^+ \rightleftharpoons 2Fe^{3+} + 2H_2O$$

在碱性介质中 H_2O_2 还原产物是 OH^-。

H_2O_2 遇到强氧化剂时，它做还原剂，其氧化产物是 O_2。例如

$$Cl_2 + H_2O_2 \rightleftharpoons 2HCl + O_2 \uparrow$$

$$2MnO_4^- + 5H_2O_2 + 6H^+ \rightleftharpoons 2Mn^{2+} + 5O_2 \uparrow + 8H_2O$$

2. 硫的含氧酸及其盐

硫的含氧酸及其盐种类非常多，根据结构的相似性分为亚硫酸系列、硫酸系列、连硫酸系列、过硫酸系列。根据含氧酸的组成及结构的不同可分为“焦”、“代”、“连”、过酸等类型。

焦硫酸可看成是硫酸分子之间脱水的产物，硫代硫酸 $H_2S_2O_3$ 可看成 H_2SO_4 分子中的 O 被 S 取代的结果，过一硫酸 H_2SO_5 可看成 H_2O_2 中的一个 H 被磺酸基—SO_3H 取代的产物，过二硫酸 $H_2S_2O_8$ 可看成 H_2O_2 中的两个 H 被—SO_3H 取代。连硫酸是硫原子直接键合在一起，如连四硫酸中的 4 个硫键合为—S—S—S—S—。

硫代硫酸盐的主要反应如下

$$Na_2SO_3 + S \xlongequal{\triangle} Na_2S_2O_3$$

$$S_2O_3^{2-} + 2H^+ = SO_2 \uparrow + S \downarrow + H_2O$$

$$S_2O_3^{2-} + 4Cl_2 + 5H_2O = 2SO_4^{2-} + 8Cl^- + 10H^+$$

$$2S_2O_3^{2-} + I_2 = 2I^- + S_4O_6^{2-}$$

$$2Ag^+ + S_2O_3^{2-} = Ag_2S_2O_3 \downarrow$$

白 ⟶ $Ag_2S \downarrow$

黄　棕　黑

$$Ag_2S_2O_3 + H_2O = Ag_2S \downarrow + H_2SO_4$$

$$AgX+2S_2O_3^{2-} = [Ag(S_2O_3)_2]^{3-}+X^-$$
$$(X=Cl、Br)$$

三、氮和磷的重要化合物

由于惰性电子对效应，本族元素的一个重要特点是，从上到下+3价氧化值的化合物稳定性增加，而氧化值+5的化合物稳定性降低。

1. HNO_3 分子的结构和性质

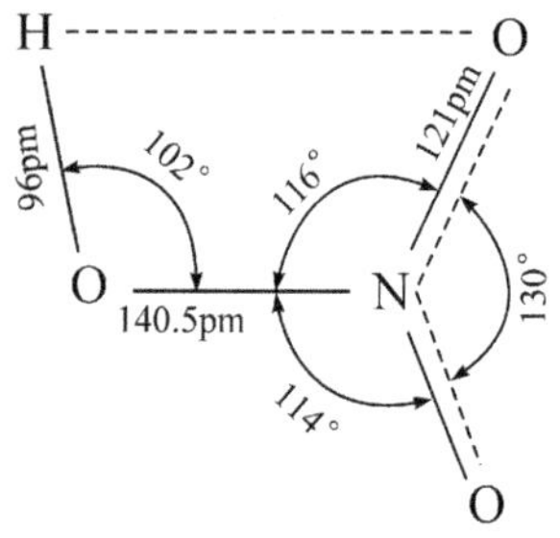

图 12-2　HNO_3 分子的结构图

HNO_3 分子成键的情况为，N原子发生 sp^2 杂化，产生3条 sp^2 杂化轨道。这3条杂化轨道分别与3个氧原子的2p轨道重叠，形成3条 σ 键。N原子有孤电子对的2p轨道、两个非羟基氧有未成对电子的2p轨道，这3条轨道方向一致，相互重叠形成 π_3^4 大 π 键，图12-2中以虚线表示的就是 π_3^4 键。另外，HNO_3 中还存在分子内氢键。O_3、SO_2 中也有 π_3^4 大 π 键，成键情况与 HNO_3 中的 π_3^4 大 π 键相似。

HNO_3 的性质主要表现在氧化性。①HNO_3 与金属的反应，其还原产物与金属的活泼性、HNO_3 的浓度有关。金属越活泼，HNO_3 浓度越稀，HNO_3 被还原的程度也越大。②HNO_3 与非金属的反应，HNO_3 将非金属氧化成含氧酸或氧化物，浓 HNO_3 被还原成 NO_2，稀 HNO_3 被还原为NO。例如

$$6HNO_3(浓)+S \longrightarrow H_2SO_4+6NO_2\uparrow+2H_2O$$
$$2HNO_3(稀)+S = H_2SO_4+2NO\uparrow$$
$$10HNO_3(稀)+3I_2 \longrightarrow 6HIO_3+10NO\uparrow+2H_2O$$
$$5HNO_3(稀)+3P+2H_2O \longrightarrow 3H_3PO_4+5NO\uparrow$$
$$4HNO_3(稀)+3C \longrightarrow 3CO_2\uparrow+4NO\uparrow+2H_2O$$

2. 亚硝酸及其盐

HNO_2 及其盐中，N处于中间价态，故 HNO_2 及其盐既具有氧化性，又具有还原性。例如

$NO_2^- + Fe^{2+} + 2H^+ \xlongequal{} NO\uparrow + Fe^{3+} + H_2O$
$2NO_2 + 2I^- + 4H^+ \xlongequal{} 2NO + I_2 + 2H_2O$　} NO_2^-的氧化性

$5NO_2^- + 2MnO_4^- + 6H^+ \xlongequal{} 2Mn^{2+} + 5NO_3^- + 3H_2O$　（NO_2^-的还原性）

3．磷的含氧酸及其盐

磷的含氧酸有磷酸 H_3PO_4、亚磷酸 H_3PO_3、次磷酸 H_3PO_2、焦磷酸 $H_4P_2O_7$、偏磷酸 HPO_3、多聚磷酸如三聚磷酸 $H_5P_3O_{10}$等，H_3PO_4、H_3PO_3、H_3PO_2 的结构式如下

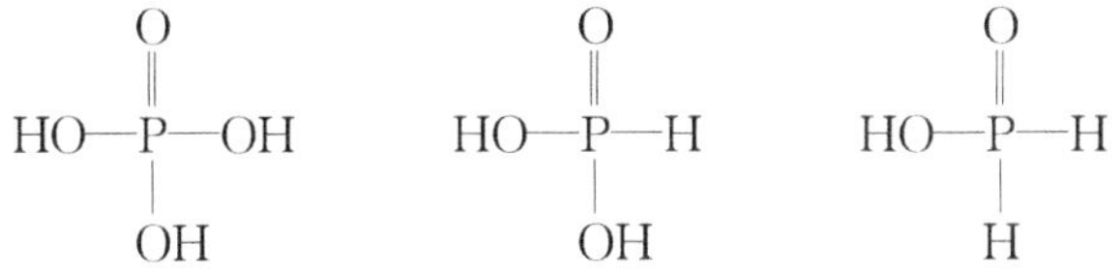

与成酸元素直接键合的 H 原子，在水溶液中不能被电离，一般只有羟基上的 H 原子才能被电离。所以 H_3PO_4 是三元中强酸、H_3PO_3 是二元中强酸、H_3PO_2 是一元中强酸。H_3PO_4 分子之间可以脱水，形成焦磷酸和多聚磷酸。后者均为缩合酸，缩合酸比其简单酸酸性强，且缩合程度越大，其酸性越强。

磷的含氧酸盐有一氢盐、二氢盐、正盐、焦磷酸盐和多聚磷酸盐。一般磷酸正盐和一氢盐（除 K^+、Na^+、NH_4^+盐外）难溶于水，磷酸二氢盐大部分易溶于水。

四、碳的重要化合物

1．CO_2 的价键结构

CO_2 的价键结构式为

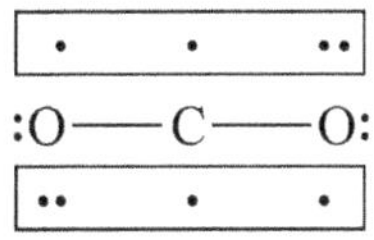

中心原子 C 采用 sp 杂化，这两条 sp 杂化轨道分别与两边 O 中的含单电子的 2p 轨道重叠形成(sp-p)σ 键。C 原子中剩下的两个 2p 单子均与一个 O 原子中的 2p 单电子、另一个 O 原子中 2p 成对电子，形成两个三中心四电子大 π 键，表示为 π_3^4。

2．碳酸盐

1）碳酸盐的水解性

由于 H_2CO_3 为二元弱酸，因而可溶性碳酸盐易水解，如 Na_2CO_3 由于水解呈碱性，为常用的廉价碱。实际工作中可溶性碳酸盐可以同时既作碱，又作为沉淀剂分离某些金属离子。金属离子与碳酸盐一般有三种不同的沉淀产物，这取决于难溶氢氧化物与相应碳酸盐的溶解度相对大小。

溶解度：　　金属氢氧化物<相应碳酸盐，生成氢氧化物

金属氢氧化物>相应碳酸盐，生成碳酸盐

金属氢氧化物≈相应碳酸盐，生成碱式盐

Al^{3+}、Fe^{3+}、Cr^{3+}与$CO_3{}^{2-}$水溶液作用，生成氢氧化物沉淀，放出CO_2，如反应

$$2Fe^{3+}+3CO_3{}^{2-}+3H_2O = 2Fe(OH)_3\downarrow+3CO_2\uparrow$$

Cu^{2+}、Mg^{2+}、Pb^{2+}及Bi^{3+}等与$CO_3{}^{2-}$溶液作用，形成碱式碳酸盐，放出CO_2，如反应

$$2Cu^{2+}+2CO_3{}^{2-}+H_2O = Cu_2(OH)_2CO_3\downarrow+CO_2\uparrow$$

Ca^{2+}、Sr^{2+}、Ba^{2+}、Cd^{2+}、Mn^{2+}及Ag^{+}等与$CO_3{}^{2-}$溶液作用，形成正盐沉淀，如反应

$$Sr^{2+}+CO_3{}^{2-} \rightleftharpoons SrCO_3\downarrow$$

2) 碳酸盐的热稳定性

(1) 热稳定性：$MCO_3>M(HCO_3)_2>H_2CO_3$。

(2) 碱土金属碳酸盐的热稳定性：$BeCO_3<MgCO_3<CaCO_3<BaCO_3$（$M^{2+}$反极化作用越大，$MCO_3$就越不稳定）。

(3) 同一周期碳酸盐及$NH_4{}^{+}$盐的热稳定性：$K_2CO_3>CaCO_3>$过渡金属碳酸盐（如$ZnCO_3$）$>(NH_4)_2CO_3>NH_4HCO_3$。

五、硼的重要化合物

硼的价层电子构型是$2s^22p^1$，价电子数(3)<价层轨道数(4)，称这种原子为缺电子原子。缺电子原子有可能形成缺电子化合物。若中心原子的成键电子对数<价层轨道数，则该化合物称为缺电子化合物。因此，硼的化合物有些是缺电子化合物。硼的重要化合物有B_2H_6、H_3BO_3、硼砂($Na_2B_4O_7\cdot10H_2O$)等。

1. 乙硼烷的结构与性质

乙硼烷的结构为 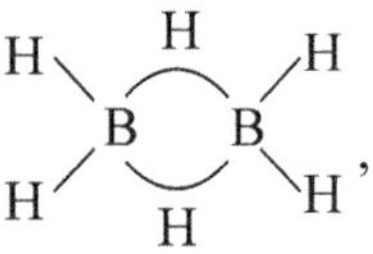， 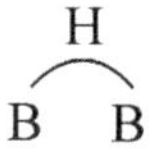 称为氢桥键，因为该键是由3个原子共用两个电子形成的，所以也称为3中心2电子键，符号为3c-2e。乙硼烷中两个硼原子都进行不等性的sp^3杂化。

乙硼烷性质非常活泼，在空气中自燃，遇水水解，且都放出大量热量。因此，可以作为导弹、火箭的高能燃料。因是缺电子化合物，所以可以与许多有孤电子对的物质发生加合反应。但因B_2H_6极毒，实际上应用的是它的衍生物。

2．H_3BO_3 的酸性和水溶性

H_3BO_3 是一个很弱的固体酸，因是缺电子化合物，所以在水中并不电离出 H^+ 离子。其水溶液的弱酸性是这样产生的：具有空轨道的 B 原子，接受 H_2O 电离产生的具有孤电子对的 OH^-，以配位键的形式加合生成$[B(OH)_4]^-$配离子，从而使溶液呈弱酸性，H_3BO_3 为一元弱酸，即

$$B(OH)_3 + H_2O \rightleftharpoons [B(OH)_4]^- + H^+$$

$$K^\ominus = 5.8\times10^{-10}$$

硼酸的晶体结构单位 $B(OH)_3$ 为平面三角形，它们之间靠氢键结合形成六角形的层状对称结构。由于固态 H_3BO_3 中有氢键，其溶解度随温度升高明显增大(冷水中微溶)。

六、碱金属及碱土金属

1．氢化物

碱金属及碱土金属都是 s 区的元素，它们的氢化物都属于盐型氢化物，金属与氢之间的化学键是离子键，H 显－1 价。都是强还原剂，受热分解，与水作用，都放出 H_2 气。例如

$$2NaH \xlongequal{\triangle} 2Na + H_2\uparrow$$

$$NaH + H_2O = NaOH + H_2\uparrow$$

$$TiCl_4 + 4NaH = Ti + 4NaCl + 2H_2\uparrow$$

2．过氧化物与超氧化物

这两族元素与氧作用时，除生成正常氧化物外，大部分能生成过氧化物如 Na_2O_2 和超氧化物如 KO_2。这两种氧化物与 H_2O、酸、CO_2 都能反应，且都放出氧气，是优良的供氧剂。反应式如下

$$Na_2O_2 + 2H_2O = 2NaOH + H_2O_2$$

$$4KO_2 + 4H_2O = 4KOH + 2H_2O_2 + 2O_2\uparrow$$

$$4KO_2 + 2H_2SO_4 = 2K_2SO_4 + 2H_2O_2 + 2O_2\uparrow$$

$$2Na_2O_2 + 2CO_2 = 2Na_2CO_3 + O_2\uparrow$$

七、等电子体原理

CO 与 N_2 均是由两个原子组成，所含电子数均为 14 个，CO 和 N_2 称为等电子体。所谓等电子体是指一类分子或离子，组成它们的原子数相同，所含电子数也相同，则它们互称为等电子体。等电子体常有相似的电子结构，相似的几何构型，有

时在性质上也有许多相似之处。因此，掌握了等电子体原理，对预测一些分子或离子的结构和性质都会有一定的帮助。表 12－1 是一些分子或离子的空间构型、结构式、成键情况。

表 12－1　一些分子或离子的空间构型、结构式或成键情况

等电子体	CO、N_2	NO_2^-，O_3	CO_2、N_2O、N_3^-、NO_2^+	NO_3^-、CO_3^{2-}、BO_3^{3-}
空间构型	直线形	V 形	直线形	平面三角形
成键情况	均有一条 σ 键 两条双电子 π 键	两条 σ 键 一条 π_3^4 键	均有两条 σ 键 两条 π_3^4 键	均有 3 条 σ 键 一条 π_4^6 键
价键结构	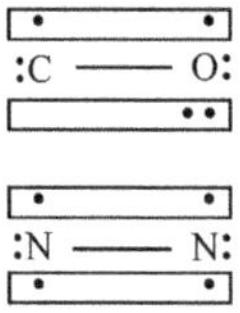	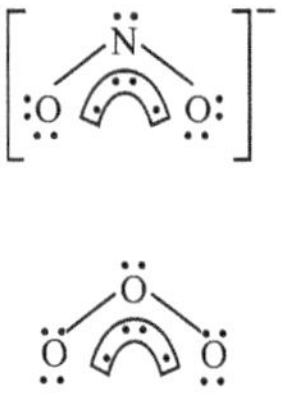	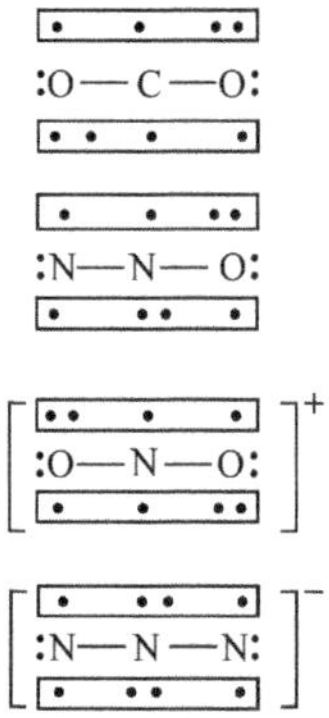	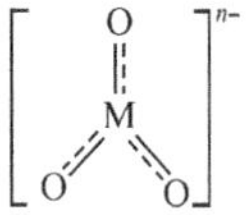 （虚线表示 π_4^6 键 M＝N、C、B）

综 合 练 习

一、选择题

1. 碱金属元素在周期表中是______。
   A. 碱性最强的元素　　B. 不直接生成共价键化合物的元素
   C. 最活泼的金属元素　　D. 上面 3 种说法都对
2. 下列 4 类盐中，氧化能力最强的是______。
   A. 硫酸盐　　B. 硫代硫酸盐
   C. 过硫酸盐　　D. 连多硫酸盐
3. 下列物质热稳定性顺序正确的是______。
   A. $NaHCO_3 < Na_2CO_3 < BaCO_3$　　B. $Na_2CO_3 < NaHCO_3 < BaCO_3$
   C. $BaCO_3 < NaHCO_3 < Na_2CO_3$　　D. $NaHCO_3 < BaCO_3 < Na_2CO_3$
4. 下列含氧酸中氧化能力最强的是______。
   A. HClO　　B. $HClO_2$

C. $HClO_3$　　D. $HClO_4$

5. 在下列分子中具有 3c－2e 键的是______。

A. SO_2　　B. O_3

C. B_2H_6　　D. HNO_3

6. 下列离子中,空间构型不是正四面体的是______。

A. ClO_4^-　　B. PO_4^{3-}

C. NH_4^+　　D. NO_3^-

7. 能将 Na_2S、Na_2S_2、Na_2SO_3、Na_2SO_4 彼此区分开来的一种试剂是______。

A. NaOH　B. HCl　C. $AgNO_3$　D. $CaCl_2$

8. 下列分子中含有 π_3^4 键的是______。

A. HNO_3　B. H_3PO_4　C. $HClO_3$　D. H_2SO_4

二、根据实验现象,判断下列各物质

1. 一种无色透明的钠盐 A 溶于水,在水溶液中加入稀 HCl 有刺激性气体 B 产生,同时有淡黄色沉淀 C 析出。若通 Cl_2 于 A 溶液中,并加入可溶性钡盐,则产生白色沉淀 D。问 A、B、C、D 各为何物? 并写出有关反应方程式。

2. 在经稀 HNO_3 酸化的化合物 A 溶液中加入 $AgNO_3$ 溶液,生成白色沉淀 B;B 能溶解于氨水得一溶液 C;C 中加入稀 HNO_3 时,B 重新析出;将 A 的水溶液以 H_2S 饱和,得一黄色沉淀 D;D 不溶于稀 HCl,但能溶于 KOH 和$(NH_4)_2S_2$;D 溶于$(NH_4)_2S_2$ 时得到溶液 E 和单质硫;酸化 E,析出黄色沉淀 F,并放出一定腐臭气体 G。试标明字母所示物质,并写出有关反应方程式。

3. 有一种白色固体 A,加入油状无色液体 B,可得紫黑色固体 C;C 微溶于水,加入 A 后溶解度增大,成棕色溶液 D;将 D 分成两份,一份中加入一种无色溶液 E;另一份通入气体 F,也变成无色透明溶液;E 溶液遇盐酸变为乳白色浑浊液;将气体 F 通入溶液 E,在所得的溶液中加入 $BaCl_2$ 溶液有白色沉淀,该沉淀物不溶于 HNO_3。问 A、B、C、D、E、F 各为何物? 写出各步反应方程式。

三、Completing and balancing the following chemical equations

1. $Br_2 + CO_3^{2-} \longrightarrow$

2. $Na_2S_2O_3 + I_2 \longrightarrow$

3. $HBr + H_2SO_4$(浓)$\longrightarrow$

4. $AgBr + Na_2S_2O_3 \longrightarrow$

5. $H^+ + S_2O_3^{2-} \longrightarrow$

6. $HI + H_2SO_4$(浓) $\longrightarrow$

7. $B_2H_6 + H_2O \longrightarrow$

8. $CaO_2 + HCl \longrightarrow$

9. $KO_2 + H_2SO_4 \longrightarrow$

10. $Cl_2 + I_2 + H_2O \longrightarrow$

11. $KMnO_4 + H_2O_2 + H_2SO_4 \longrightarrow$

12. $CuSO_4 + Na_2CO_3 + H_2O \longrightarrow$

13. $P + HNO_3$(浓) $\longrightarrow$

14. $H_3BO_3 + H_2O \longrightarrow$

15. $K_2Cr_2O_7 + H_2SO_4 + H_2O_2 \longrightarrow$

16. $HF + SiO_2 \longrightarrow$

17. $BCl_3 + H_2O \longrightarrow$

18. $SnCl_2 + H_2O \longrightarrow$

19. $BiCl_3 + H_2O \longrightarrow$

20. $FeCl_3 + NaCO_3 \longrightarrow$

21. $SnCl_2 + NaCO_3 \longrightarrow$

22. $CaCl_2 + Na_2CO_3 \longrightarrow$

23. $Na_2S_2O_3 + Cl_2 \longrightarrow$

24. $CuS + HNO_3 \xrightarrow{\triangle}$

25. $NO_2^- + I^- + H^+ \longrightarrow$

26. $NH_4^+ + NO_2^- \xrightarrow{\triangle}$

27. $NH_4NO_3 \xrightarrow{210℃}$

28. $(NH_4)_2Cr_2O_7 \xrightarrow{\triangle}$

29. $S + HNO_3$(稀) $\longrightarrow$

30. $Ag^+ + S_2O_3^{2-}$(适量) $\longrightarrow$

31. $Cl_2 + OH^- \xrightarrow{\triangle}$

32. $ClO_3^- + Cl^- + H^+ \longrightarrow$

33. $ClO_3^- + I^- + H^+ \longrightarrow$

34. $KClO_3 \xrightarrow{\triangle}$

35. $H_2S + Fe^{3+} \longrightarrow$

36. $H_2S + Cl_2 + H_2O \longrightarrow$

37. $NaBiO_3(s) + Mn^{2+} + H^+ \longrightarrow$

38. $PbO_2 + Mn^{2+} + H^+ \longrightarrow$

39. $S_2O_8^{2-} + Mn^{2+} + H_2O \xrightarrow{Ag^+}$

40. $PbS + H_2O_2 \longrightarrow$

四、计算题

1. 在 0.30mol·L^{-1}盐酸溶液中含有 0.010mol·L^{-1} $ZnSO_4$ 和 0.020mol·L^{-1} $CdSO_4$，于室温下通入 H_2S 达到饱和时，

(1)是否生成硫化镉和硫化锌沉淀？

(2)沉淀者沉淀完全后溶液中 H^+ 离子和其他残留离子的浓度各是多少？(H_2S 的 $K_{a_1}^{\ominus}=9.5\times10^{-8}$，$K_{a_2}^{\ominus}=1.3\times10^{-14}$，$K_{sp,CdS}^{\ominus}=8.0\times10^{-27}$，$K_{sp,ZnS}^{\ominus}=2\times10^{-22}$)

2. 计算下列反应的平衡常数。

$$ClO^- + H_2CO_3 \rightleftharpoons HClO + HCO_3^-$$

(H_2CO_3 的 $K_{a_1}^{\ominus}=4.45\times10^{-7}$，$K_{a_2}^{\ominus}=4.69\times10^{-11}$，$K_{HClO}^{\ominus}=3.0\times10^{-8}$)

3. 根据下面卤素在酸性介质中的电势图，

$$ClO_4^- \xrightarrow{+1.19} ClO_3^- \xrightarrow{+1.45} Cl^-$$

(1)判断 $4ClO_3^- = 3ClO_4^- + Cl^-$反应是否能自发进行？(2)若能自发进行，该反应的 $\Delta G_{298}^{\ominus}$是多少？

(3)这个反应在 298K 时，标准平衡常数 $K^{\ominus}$是多少？

4. 根据多重平衡规则，利用下列数据

$$Cl_2 + H_2O \rightleftharpoons Cl^- + H^+ + HClO \quad K^{\ominus}=3\times10^{-5}$$

$$HClO \rightleftharpoons H^+ + ClO^- \quad K_a^{\ominus}=3.0\times10^{-8}$$

$$H_2O \rightleftharpoons H^+ + OH^- \quad K_W^{\ominus}=1.0\times10^{-14}$$

计算 $Cl_2 + 2OH^- \rightleftharpoons ClO^- + Cl^- + H_2O$ 的平衡常数 $K^{\ominus}$。

5. 人体血液为缓冲体系(pH=7.40)，起缓冲作用的有 3 组物质，其中 H_2CO_3-HCO_3^- 为最重要的一组。已知[HCO_3^-]∶[H_2CO_3]约为 20∶1，求在血液中 H_2CO_3 的 $K_{a_1}^{\ominus}$值。

第十三章　过 渡 元 素

基 本 要 求

(1) 根据各种元素电势图要求掌握以下内容:①了解各元素的氧化态;②了解各物种的氧化还原特性;③会判断哪些物质能发生歧化反应以及稳定性如何。

(2) 掌握 Cr、Mn、Fe、Co、Ni 的重要化合物性质。

(3) 掌握 Cu、Zn、Cd、Hg 的重要化合物性质。

(4) 掌握 Cu(Ⅰ)与 Cu(Ⅱ),Hg(Ⅰ)与 Hg(Ⅱ)相互转化的条件。

(5) 会写表现有关物质重要性质的反应方程式。

重点内容与学习指导

过渡元素的价层电子构型为 $(n-1)d^{1\sim10}ns^{1\sim2}$。由于价层电子结构的相似性,过渡元素有许多共性。

一、铬的重要化合物

铬的价层电子构型为 $3d^54s^1$,主要氧化值有 +3、+6。其重要化合物有 Cr_2O_3、$Cr(OH)_3$、K_2CrO_4、$K_2Cr_2O_7$ 等。

1. Cr_2O_3

Cr_2O_3 俗称铬绿,性质与 Al_2O_3 相似,为两性氧化物。

制备反应:

$$4Cr+3O_2 \xlongequal{\triangle} 2Cr_2O_3$$

$$(NH_4)_2Cr_2O_7 \xlongequal{\triangle} Cr_2O_3+N_2\uparrow+4H_2O$$

2. $Cr(OH)_3$

$Cr(OH)_3$ 与 $Al(OH)_3$ 性质相似,也为两性氢氧化物。它是难溶、灰绿色的。

$$Cr^{3+}+3OH^- \rightleftharpoons Cr(OH)_3\downarrow$$

$$\underset{(灰绿)}{Cr(OH)_3}+OH^- \rightleftharpoons \underset{(亮绿色)}{[Cr(OH)_4]^-}$$

3．Cr(Ⅲ)盐

1) Cr(Ⅲ)盐的还原性

在碱性介质中，Cr(Ⅲ)盐易被氧化为Cr(Ⅵ)盐。

$$2[Cr(OH)_4]^- + 2OH^- + 3H_2O_2 \xlongequal{\triangle} 2CrO_4^{2-} + 8H_2O$$

(亮绿色)　　　　　　　　(黄色)

但在酸性介质中，Cr(Ⅲ)盐稳定，不易被氧化，只有很强的氧化剂才能将其氧化。例如

$$2Cr^{3+} + 3S_2O_8^{2-} + 7H_2O \xlongequal{Ag^+催化} Cr_2O_7^{2-} + 6SO_4^{2-} + 14H^+$$

2) Cr(Ⅲ)盐的水解性

由于Cr(Ⅲ)为弱碱盐，故Cr(Ⅲ)盐易水解，如

$$2Cr^{3+} + 3S^{2-} + 6H_2O = 2Cr(OH)_3\downarrow + 3H_2S\uparrow$$

$$2[Cr(OH)_4]^- + (x-3)H_2O \xlongequal{\triangle} Cr_2O_3\cdot xH_2O\downarrow + 2OH^-$$

4．Cr(Ⅵ)盐

1) $Cr_2O_7^{2-}$ 和 CrO_4^{2-} 的相互转化

$$Cr_2O_7^{2-} + H_2O \underset{H^+}{\overset{OH^-}{\rightleftharpoons}} 2CrO_4^{2-} + 2H^+$$

(橙红色)　　　　(黄色)

从此平衡式可以看出，在酸性溶液中Cr(Ⅵ)盐主要以 $Cr_2O_7^{2-}$ 离子形式存在。而在碱性溶液中Cr(Ⅵ)盐主要以 CrO_4^{2-} 离子存在。改变介质，平衡将发生移动。

2) $Cr_2O_7^{2-}$ 盐的氧化性

$K_2Cr_2O_7$ 是橙红色晶体，在酸性介质中具有较强的氧化性，其还原产物为 Cr^{3+} 离子。例如

$$Cr_2O_7^{2-} + 6Fe^{2+} + 14H^+ = 2Cr^{3+} + 6Fe^{3+} + 7H_2O$$

$$Cr_2O_7^{2-} + 3H_2O_2 + 8H^+ = 2Cr^{3+} + 3O_2\uparrow + 7H_2O$$

$$Cr_2O_7^{2-} + 6I^- + 14H^+ = 2Cr^{3+} + 3I_2 + 7H_2O$$

3) 重金属铬酸盐的难溶性

铬酸盐的溶解度一般比重铬酸盐的小。由于 $Cr_2O_7^{2-} + H_2O \rightleftharpoons 2CrO_4^{2-} + 2H^+$ 平衡的存在，在重铬酸盐溶液中加入 Ag^+、Ba^{2+}、Pb^{2+} 等离子，得到的是铬酸盐沉淀。反应式如下

$$4Ag^+ + Cr_2O_7^{2-} + H_2O \rightleftharpoons 2Ag_2CrO_4\downarrow + 2H^+$$

(砖红色)

$$2Pb^{2+} + Cr_2O_7^{2-} + H_2O \rightleftharpoons 2PbCrO_4\downarrow + 2H^+$$

(黄色)

$$2Ba^{2+} + Cr_2O_7^{2-} + H_2O \rightleftharpoons 2BaCrO_4\downarrow + 2H^+$$

（黄色）

二、锰的重要化合物

锰的价层电子构型为 $3d^54s^2$，呈现多种氧化态，但比较重要的是 +2、+4、+7 氧化态的化合物。

1．$Mn(OH)_2$ 的性质

$Mn(OH)_2$ 是白色、难溶的中强碱，在空气中易被氧化为 $MnO(OH)$，进一步氧化为 $MnO(OH)_2$

$$4Mn(OH)_2 + O_2 = 4MnO(OH) + 2H_2O$$

$$4Mn(OH)_2 + O_2 + 2H_2O = 4MnO(OH)_2$$

2．MnO_2 的性质

MnO_2 中的 Mn 氧化值为 +4，处于 Mn 的最高氧化值 +7 和最低氧化值中间，因而 MnO_2 既具有氧化性（见与浓 HCl、浓 H_2SO_4 的反应），又具有还原性（见碱性中与 O_2 和 $KClO_3$ 的反应）

$$MnO_2 + 4HCl(\text{浓}) = MnCl_2 + Cl_2\uparrow + 2H_2O$$

$$2MnO_2 + 2H_2SO_4(\text{浓}) = 2MnSO_4 + O_2\uparrow + 2H_2O$$

注意：MnO_2 与浓 HCl 反应放出氯气；与浓 H_2SO_4 反应放出氧气，MnO_2 本身均被还原为二价锰。

$$2MnO_2 + 4KOH + O_2 \xlongequal{\text{熔融}} 2K_2MnO_4 + 2H_2O$$

$$3MnO_2 + 6KOH + KClO_3 \xlongequal{\text{熔融}} 3K_2MnO_4 + KCl + 3H_2O$$

3．Mn(Ⅱ)盐

虽然 Mn^{2+} 具有较低的氧化值，但由 $E^{\ominus}_{MnO_4^-/Mn^{2+}} = 1.51V$ 可知，Mn^{2+} 还原能力很弱，只有 PbO_2、过硫酸盐、$NaBiO_3$ 等强氧化剂可将其氧化为紫红色的 MnO_4^- 离子。

$$2Mn^{2+} + 5PbO_2 + 4H^+ = 2MnO_4^- + 5Pb^{2+} + 2H_2O$$

$$2Mn^{2+} + 5NaBiO_3 + 14H^+ = 2MnO_4^- + 5Bi^{3+} + 5Na^+ + 7H_2O$$

$$2Mn^{2+} + 5S_2O_8^{2-} + 8H_2O \xlongequal[\triangle]{Ag^+\text{催化}} 2MnO_4^- + 10SO_4^{2-} + 16H^+$$

以上反应均可用于定性鉴定 Mn^{2+}，但 Mn^{2+} 不可过量，因为过量的 Mn^{2+} 会与所生成的 MnO_4^- 反应，而见不到 MnO_4^- 的紫红色。

$$2MnO_4^- + 3Mn^{2+} + 2H_2O = 5MnO_2\downarrow + 4H^+$$

4. MnO_4^- 盐

高锰酸盐中最重要的是 $KMnO_4$。$KMnO_4$ 是暗紫色晶体，是强氧化剂，稳定性差。在不同的介质中 $KMnO_4$ 均可作氧化剂，所不同的是介质不同，$KMnO_4$ 被还原的产物不同：在酸性介质中 MnO_4^- 被还原剂还原为 Mn^{2+}（浅粉色，稀时近乎无色）；在强碱性介质中（pH＞13.5），MnO_4^- 过量时，MnO_4^- 被还原剂还原为绿色的 MnO_4^{2-} 离子；中性或弱碱性介质中 MnO_4^- 被还原为 MnO_2。例如

$$2MnO_4^- + 5SO_3^{2-} + 6H^+ = 2Mn^{2+} + 5SO_4^{2-} + 3H_2O$$

$$2MnO_4^- + 3SO_3^{2-} + H_2O = 2MnO_2\downarrow + 3SO_4^{2-} + 2OH^-$$

$$2MnO_4^- + SO_3^{2-} + 2OH^- = 2MnO_4^{2-} + SO_4^{2-} + H_2O$$

分析中，$KMnO_4$ 常用作为标准溶液测定还原性物质的浓度，其中标定 $KMnO_4$ 的基准物常用 $Na_2C_2O_4$，其标定反应为

$$2MnO_4^- + 5C_2O_4^{2-} + 16H^+ = 2Mn^{2+} + 10CO_2\uparrow + 8H_2O$$

若用 $KMnO_4$ 测定 H_2O_2，则测定反应为

$$2MnO_4^- + 5H_2O_2 + 6H^+ = 2Mn^{2+} + 5O_2\uparrow + 8H_2O$$

三、Fe、Co、Ni 的重要化合物

Fe、Co、Ni 为Ⅷ族元素，它们的价层电子构型分别为 $3d^64s^2$、$3d^74s^2$、$3d^84s^2$，由于最外层电子数均为 2，只是次外层的 3d 电子数不同，而且它们的原子半径相近，故 Fe、Co、Ni 的性质相近，尤其是 Co、Ni 性质更相近。

由于 Fe、Co、Ni 的 3d 电子数均超过了半充满的 5 个，因而若失去 d 电子，也只能失去一个 d 电子（只有 Fe 有很不稳定的 FeO_4^{2-} 离子），故 Fe、Co、Ni 常见的氧化值为＋2、＋3。它们都有＋2 氧化值的氧化物、氢氧化物和盐。但是对于＋3 氧化值的化合物，Fe、Co、Ni 均有氧化物和氢氧化物，而 Co 只有＋3 氧化值的固态盐（水溶液中由于 Co^{3+} 的强氧化性而不存在），Ni 则无＋3 氧化值的固态盐，当然水溶液中更不存在 Ni^{+3} 盐。所以当 Co_2O_3、Ni_2O_3 及 CoO(OH)、NiO(OH) 与 HCl、H_2SO_4 反应时分别放出 Cl_2、O_2，而＋3 氧化值的 Co、Ni 被还原为 Co^{2+}、Ni^{2+}。

1. ＋3 氧化值的 Fe、Co、Ni 氧化物和氢氧化物与 HCl、H_2SO_4 的反应

$$Co_2O_3 + 6HCl = 2CoCl_2 + Cl_2\uparrow + 3H_2O$$

$$Ni_2O_3 + 6HCl = 2NiCl_2 + Cl_2\uparrow + 3H_2O$$

$$Fe_2O_3 + 6HCl = 2FeCl_3 + 3H_2O$$

$$Fe(OH)_3 + 3HCl = 2FeCl_3 + 3H_2O$$

$$2CoO(OH) + 2Cl^- + 6H^+ = 2Co^{2+} + Cl_2\uparrow + 4H_2O$$

$$4CoO(OH)+8H^{+}(由\ H_2SO_4\ 提供)═4Co^{2+}+O_2\uparrow+6H_2O$$

$$2NiO(OH)+2Cl^{-}+6H^{+}═2Ni^{2+}+Cl_2\uparrow+4H_2O$$

$$4NiO(OH)+8H^{+}(由\ H_2SO_4\ 提供)═4Ni^{2+}+O_2\uparrow+6H_2O$$

2. $M(OH)_2$ 的还原性及 $Fe(OH)_3$、$CoO(OH)$、$NiO(OH)$ 的氧化性、酸碱性。

$Fe(OH)_2$ 为白色沉淀，但其在空气中易被氧化为红棕色的 $Fe(OH)_3$

$$4Fe(OH)_2+O_2+2H_2O═4Fe(OH)_3$$

$Co(OH)_2$ 为粉红色沉淀，它在空气中缓慢氧化为棕黑色的 $CoO(OH)$，也能被 H_2O_2 氧化为 $CoO(OH)$。反应如下

$$4Co(OH)_2+O_2═4CoO(OH)\downarrow+2H_2O$$

$$2Co(OH)_2+H_2O_2═2CoO(OH)\downarrow+2H_2O$$

$Ni(OH)_2$ 为绿色沉淀，它不能被空气的氧氧化，也不能被 H_2O_2 氧化，只能在强碱性介质中，被 ClO^-、Br_2、Cl_2 等强氧化剂氧化为黑色的 $NiO(OH)$。反应如下

$$2Ni(OH)_2+ClO^-═2NiO(OH)\downarrow+H_2O+Cl^-$$

$$2Ni(OH)_2+Br_2+2OH^-═2NiO(OH)\downarrow+2Br^-+2H_2O$$

因而可见

$$\xrightarrow[\text{还原性依次减弱}]{Fe(OH)_2、Co(OH)_2、Ni(OH)_2}$$

$$\xrightarrow[\text{氧化性依次增强}]{Fe(OH)_3、CoO(OH)、NiO(OH)}$$

$Fe(OH)_2$ 和 $Co(OH)_2$ 略显两性，新沉淀的 $Fe(OH)_3$ 也显两性，其他的氢氧化物为碱性。

3. Fe、Co、Ni 的配合物

1) 氨合物

Fe^{2+}、Fe^{3+} 与氨水反应产物不是氨合物，而是氢氧化物 $Fe(OH)_2$ 和 $Fe(OH)_3$。

Co^{2+}、Ni^{2+} 与过量氨水反应产物是氨合物。

$$Co^{2+}+6NH_3\cdot H_2O═[Co(NH_3)_6]^{2+}+6H_2O$$

但是土黄色的 $[Co(NH_3)_6]^{2+}$ 在空气中很容易被氧化为暗红色的 $[Co(NH_3)_6]^{3+}$

$$4[Co(NH_3)_6]^{2+}+O_2+2H_2O═4[Co(NH_3)_6]^{3+}+4OH^-$$

$$Ni^{2+}+6NH_3\cdot H_2O═[Ni(NH_3)_6]^{2+}+6H_2O$$

2) 氰合物

Fe^{2+}、Fe^{3+}、Co^{2+}、Ni^{2+} 与 CN^- 分别形成 $[Fe(CN)_6]^{4-}$、$[Fe(CN)_6]^{3-}$、$[Co(CN)_6]^{4-}$、$[Co(CN)_6]^{3-}$、$[Ni(CN)_4]^{2-}$ 等配离子。$K_3[Fe(CN)_6]$ 为深红色晶

体,俗名赤血盐。$K_4[Fe(CN)_6]$为黄色晶体,俗名黄血盐。$K_3[Fe(CN)_6]$和$K_4[Fe(CN)_6]$分别用来鉴定Fe^{2+}和Fe^{3+}离子,均生成蓝色沉淀

$$xK^+ + xFe^{2+} + x[Fe(CN)_6]^{3-} = [KFe(CN)_6Fe]_x\downarrow(蓝)$$

$$xK^+ + xFe^{3+} + x[Fe(CN)_6]^{4-} = [KFe(CN)_6Fe]_x\downarrow(蓝)$$

3) 硫氰合物

硫氰合物中最重要的是Fe^{3+}、Co^{2+}和SCN^-的反应,用于鉴定Fe^{3+}和Co^{2+}离子。但要注意的是SCN^-和Fe^{3+}、Co^{2+}配位时N为配位原子

$$Fe^{3+} + nSCN^- \rightleftharpoons [Fe(NCS)_n]^{3-n} \quad (n=1\sim6)$$

(血红色)

$$Co^{2+} + 4SCN^- \rightleftharpoons [Co(NCS)_4]^{2-}(丙酮和戊醇中稳定)$$

(宝石蓝色)

(水溶液中不稳定)

以上两反应分别用于Fe^3和Co^{2+}的鉴定反应。

4) Ni^{2+}的鉴定

在Ni^{2+}的氨性溶液中,加入丁二酮肟,生成鲜红色沉淀二丁二酮肟合镍(Ⅱ),用于定性鉴定Ni^{2+}离子。

四、铜、银、锌、镉、汞的重要化合物

铜、银、锌、镉、汞是ds区的元素。铜银为ⅠB元素,价层电子构型为$(n-1)d^{10}ns^1$;锌、镉、汞为ⅡB元素,价层电子构型为$(n-1)d^{10}ns^2$。ⅠB的+1氧化值的阳离子与ⅡB的+2氧化值的阳离子均为18电子构型,因而极化力和变形性都很大,故它们的二元化合物具有明显的共价特征,如CuCl、CuI、AgI、Hg_2Cl_2、$HgCl_2$等,且它们的氢氧化物和盐不稳定易分解。

1. 氧化物和氢氧化物

1) 氢氧化物的生成

向可溶性Cu^{2+}、Cd^{2+}、Zn^{2+}盐溶液中分别加入NaOH溶液,则可发生以下反应

$$Cu^{2+} + 2OH^- = Cu(OH)_2\downarrow(蓝)$$

$$Zn^{2+} + 2OH^- = Zn(OH)_2\downarrow(白)$$

$$Cd^{2+} + 2OH^- = Cd(OH)_2\downarrow(白)$$

但是向可溶性Ag^+、Hg^{2+}、Hg_2^{2+}溶液中,分别加入NaOH溶液,则得到的不是它们的氢氧化物,而是氧化物

$$2Ag^{+}+2OH^{-}=\!=\!=Ag_2O\downarrow+H_2O$$

（暗棕色）

$$Hg^{2+}+2OH^{-}=\!=\!=HgO\downarrow+H_2O$$　（$Hg(OH)_2$ 从未制得过）

（黄色）

$$Hg_2^{2+}+2OH^{-}=\!=\!=HgO\downarrow+Hg\downarrow+H_2O$$　（歧化反应）

2) $Cu(OH)_2$、$Zn(OH)_2$、$Cd(OH)_2$ 的酸碱性

$Cu(OH)_2$、$Zn(OH)_2$ 均为两性氢氧化物，溶于酸和过量的碱中，即

$$Cu(OH)_2+2OH^{-}=\!=\!=[Cu(OH)_4]^{2-}$$

$$Zn(OH)_2+2OH^{-}=\!=\!=[Zn(OH)_4]^{2-}$$

$Cd(OH)_2$ 也显两性，但酸性很弱，仅缓慢溶于热而浓的强碱中，即

$$Cd(OH)_2+2OH^{-}\overset{\triangle}{=\!=\!=}[Cd(OH)_4]^{2-}$$

$Cu(OH)_2$、$Zn(OH)_2$、$Cd(OH)_2$ 均溶于氨水中，即

$$Cu(OH)_2+4NH_3=\!=\!=[Cu(NH_3)_4]^{2+}+2OH^{-}$$

$$Zn(OH)_2+4NH_3=\!=\!=[Zn(NH_3)_4]^{2+}+2OH^{-}$$

$$Cd(OH)_2+4NH_3=\!=\!=[Cd(NH_3)_4]^{2+}+2OH^{-}$$

2. 重要的盐类

Cu、Ag、Zn、Cd、Hg 的盐类很多，这里只给予重点介绍。

1)银盐

①银盐的水溶性。可溶性银盐有 $AgNO_3$、AgF、$AgClO_4$、$Ag[BF_4]$等。大部分银盐不溶于水，而且其沉淀物，显示不同的颜色。例如

银盐	$AgCl\downarrow$	$AgBr\downarrow$	$AgI\downarrow$	$Ag_2S\downarrow$	Ag_2CrO_4	$AgPO_3\downarrow$	$Ag_2CO_3\downarrow$	$Ag_3PO_4\downarrow$
颜色	白	浅黄	黄	黑	砖红	白	白	黄

②银盐的热稳定性。许多 Ag(Ⅰ)的化合物对光是敏感的。例如，AgCl、AgBr、AgI 见光按下式分解

$$AgX\xrightarrow{光}Ag+\frac{1}{2}X_2\quad(X=Cl、Br、I)$$

一般 Ag(Ⅰ)的化合物，加热到不太高的温度就会分解，如

$$2Ag_2O\overset{300℃}{=\!=\!=}4Ag+O_2\uparrow$$

$$2AgNO_3\overset{440℃}{=\!=\!=}2Ag+2NO_2\uparrow+O_2\uparrow$$

2)$HgCl_2$ 和 Hg_2Cl_2

为了说明 $HgCl_2$ 和 Hg_2Cl_2 的性质，见表 13-1 所示。

表 13-1 $HgCl_2$ 和 Hg_2Cl_2 的性质

分子式	$HgCl_2$	Hg_2Cl_2
分子结构式 几何构型 Hg 的杂化类型	Cl—Hg—Cl 直线形 sp	Cl—Hg—Hg—Cl 直线形 sp
俗名	升汞(能升华)	甘汞(味略甜)
毒性 用途	剧毒 外科(曾)作消毒剂	少量无毒 电极、泻剂、利尿剂
水溶性	略溶于水 为弱电解质	难溶于水
和氨水的反应	$HgCl_2+2NH_3 \longequal Hg(NH_2)Cl\downarrow+NH_4Cl$ (白色)	$Hg_2Cl_2+2NH_3 \longequal Hg(NH_2)Cl\downarrow+Hg\downarrow+NH_4Cl$ (白色) (黑色)
和 $SnCl_2$ 的反应	$2HgCl_2+Sn^{2+}+4Cl^- \longequal$ $Hg_2Cl_2\downarrow+[SnCl_6]^{2-}$ (白色)	$Hg_2Cl_2+Sn^{2+}+4Cl^- \longequal$ $2Hg\downarrow+[SnCl_6]^{2-}$
相互转化关系	$HgCl_2+Hg \underset{光}{\overset{研磨}{\rightleftharpoons}} Hg_2Cl_2$	

3) $Hg(NO_3)_2$ 和 $Hg_2(NO_3)_2$

$Hg(NO_3)_2$ 和 $Hg_2(NO_3)_2$ 性质对比见表 13-2 所示。

表 13-2 $Hg(NO_3)_2$ 和 $Hg_2(NO_3)_2$ 的性质

分子式	$Hg(NO_3)_2$	$Hg_2(NO_3)_2$
水溶性	均为离子化合物易溶于水	
水解反应	$2Hg(NO_3)_2+H_2O \longequal$ $HgO\cdot Hg(NO_3)_2\downarrow+2HNO_3$ (白色)	$Hg_2(NO_3)_2+H_2O \longequal Hg_2(OH)NO_3\downarrow+HNO_3$ (浅黄色)
和 KI 的反应	$Hg^{2+}+2I^- \longequal HgI_2\downarrow$ (橘红色) $HgI_2+2I^- \longequal [HgI_4]^{2-}$ (无色)	$Hg_2^{2+}+2I^- \longequal Hg_2I_2\downarrow$ (浅绿色) $Hg_2I_2+2I^- \longequal [HgI_4]^{2-}+Hg\downarrow$ (无色) (黑色)
和氨水的反应	$2Hg(NO_3)_2+4NH_3+H_2O \longequal$ $HgO\cdot NH_2HgNO_3\downarrow+3NH_4NO_3$ (白色)	$2Hg_2(NO_3)_2+4NH_3+H_2O \longequal$ $HgO\cdot NH_2HgNO_3\downarrow+3NH_4NO_3+2Hg$ (白色) (黑色)
相互关系	$Hg(NO_3)_2+Hg \overset{振荡}{\longequal} Hg_2(NO_3)_2$	

3. Cu(Ⅰ)和 Cu(Ⅱ)的相互转化

Cu 的价层电子构型为 $3d^{10}4s^1$，因而 Cu^+ 的价层电子结构为 $3d^{10}$；Cu^{2+} 的价层电子结构为 $3d^9$。从结构上分析 Cu(Ⅰ)和 Cu(Ⅱ)相比，应该是 Cu(Ⅰ)稳定。但是,在酸性水溶液中又易发生 $2Cu^{+} \rightleftharpoons Cu^{2+} + Cu$ 的歧化反应,那么到底是Cu(Ⅰ)化合物稳定还是Cu(Ⅱ)化合物稳定呢?

(1) 固态时Cu(Ⅰ)化合物稳定。这可以通过下列两个反应说明

$$4CuO \xlongequal{\triangle} 2Cu_2O + O_2 \uparrow$$

$$2Cu + S(过量) \xlongequal{\triangle} Cu_2S$$

(2)酸性水溶液中Cu(Ⅱ)化合物稳定。这可以通过在酸性水溶液中 Cu^{2+} 的歧化反应说明

$$2Cu^{2+} \rightleftharpoons Cu^{2+} + Cu$$

为什么结构上稳定的 Cu^{+} 在酸性水溶液中却容易转化为结构上不如 Cu^{+} 稳定的 Cu^{2+} 呢? 这可以从以下3个方面考虑。

①$2Cu^{+} \rightleftharpoons Cu^{2+} + Cu$ 的平衡常数 $K^{\ominus} = 10^{6.12}$ 相当大,因而 $2Cu^{+} \rightleftharpoons Cu^{2+} + Cu$ 反应趋势大。

②从Cu的电势图上看更直观。

$$E_A^{\ominus}/V: Cu^{2+} \xrightarrow{\quad 0.153 \quad} Cu^{+} \xrightarrow{\quad 0.521 \quad} Cu$$

$E^{\ominus}_{右} > E^{\ominus}_{左}$,故 Cu^{+} 发生歧化。

③Cu^{2+} 比 Cu^{+} 放出的水合热多。Cu^{2+} 由于所带电荷比 Cu^{+} 多,半径比 Cu^{+} 小,故 Cu^{2+} 的水合焓($-2100kJ \cdot mol^{-1}$)比 Cu^{+}($-593kJ \cdot mol^{-1}$)的绝对值大,即水合时放出热量多,故 Cu^{2+} 比 Cu^{+} 在水溶液中更稳定。

由于在酸性水溶液中 Cu^{2+} 比 Cu^{+} 稳定,故 Cu_2O 与 H_2SO_4 发生以下反应

$$Cu_2O + H_2SO_4 \xlongequal{\quad} CuSO_4 + Cu \downarrow + H_2O$$

(3)Cu^{2+} 转化为 Cu^{+} 的反应。如果 Cu^{2+} 的水溶液中存在还原剂、沉淀剂和配位剂,使 Cu^{+} 以沉淀或配离子的形式存在,那么减小了溶液中的 Cu^{+} 的浓度,因而 $2Cu^{+} \xlongequal{\quad} Cu^{2+} + Cu$ 的平衡就会由于 Cu^{+} 浓度减小而向左移动。因而发生以下反应

$$Cu^{2+} + Cu + 4Cl^{-} \xlongequal{\triangle} 2[CuCl_2]^{-}$$

$$[CuCl_2]^{-} \xlongequal{冲稀} CuCl \downarrow + Cl^{-}$$

$$2Cu^{2+} + 4I^{-} \xlongequal{\quad} 2CuI \downarrow + I_2$$

$$Cu_2O + 2HCl \xlongequal{\quad} 2CuCl \downarrow + H_2O$$

4. Hg(Ⅰ)和Hg(Ⅱ)的相互转化

(1)在酸性水溶液中,易发生 $Hg^{2+} + Hg \rightleftharpoons 2Hg_2^{2+}$ 反应。

这从汞的电势图可以得到解释

$$E_A^{\ominus}/V:\ Hg^{2+}\ \overset{0.920}{\text{——}}\ Hg_2^{2+}\ \overset{0.789}{\text{——}}\ Hg\quad (Hg^{2+}\text{—}Hg:\ +0.855)$$

因为 $E_{左}^{\ominus}>E_{右}^{\ominus}$，故发生歧化反应的逆反应，即 Hg^{2+} 易氧化 Hg 而生成 Hg_2^{2+}［注意：由于 Hg^+ 不稳定，故两两结合成 Hg_2^{2+}，Hg_2^{2+} 离子中的 Hg(Ⅰ)次次外层、次外层和外层分别具有 32、18、2 电子的稳定结构］。例如

$$Hg(NO_3)_2+Hg\xlongequal{振荡}Hg_2(NO_3)_2$$

(2)当加入沉淀剂，配位剂时，Hg_2^{2+} 转化为 Hg(Ⅱ)化合物。例如

$$Hg_2^{2+}+2OH^-=HgO\downarrow+Hg\downarrow+H_2O$$

$$Hg_2^{2+}+4I^-=[HgI_4]^{2-}+Hg\downarrow$$

$$Hg_2^{2+}+S^{2-}=HgS\downarrow+Hg\downarrow$$

$$Hg_2Cl_2+2NH_3=Hg(NH_2)Cl\downarrow+Hg\downarrow+NH_4Cl$$

这是由于沉淀剂和配位剂的加入降低了 $Hg^{2+}+Hg\rightleftharpoons Hg_2^{2+}$ 平衡中的 Hg^{2+} 的浓度，使平衡向左即 Hg_2^{2+} 歧化反应的方向移动。

5. 铜、银、锌、镉、汞的硫化物

1) 硫化物的颜色

CuS↓	Ag_2S↓	ZnS↓	CdS↓	HgS↓
(黑色)	(黑色)	(白色)	(黄色)	(黑色)

2)硫化物的溶解性

上述硫化物均不溶于水。ZnS 溶于稀 HCl；CdS 溶于浓 HCl；CuS、Ag_2S 溶于浓 HNO_3；HgS 溶于王水和饱和 Na_2S 溶液，各溶解反应如下

$$ZnS+2H^+=Zn^{2+}+H_2S\uparrow$$

$$CdS+4HCl(浓)=H_2[CdCl_4]+H_2S\uparrow$$

$$3CuS+8HNO_3\xlongequal{\triangle}3Cu(NO_3)_2+3S\downarrow+2NO\uparrow+4H_2O$$

$$3Ag_2S+8HNO_3=6AgNO_3+3S\downarrow+2NO\uparrow+4H_2O$$

$$3HgS+2HNO_3+12HCl=3H_2[HgCl_4]+3S\downarrow+2NO\uparrow+4H_2O$$

$$HgS+Na_2S(饱和)=Na_2[HgS_2]$$

五、离子颜色

1. 水合离子

过渡元素水合离子，绝大部分都有颜色，见表 13－3 所示。

表 13-3 过渡元素水合离子的颜色

d电子数	水合离子	水合离子颜色
d^0	$[Sc(H_2O)_6]^{3+}$	无色
d^1	$[Ti(H_2O)_6]^{3+}$	紫色
d^2	$[V(H_2O)_6]^{3+}$	绿色
d^3	$[Cr(H_2O)_6]^{3+}$	蓝紫色
d^4	$[Mn(H_2O)_6]^{3+}$	红色
d^5	$[Fe(H_2O)_6]^{3+}$	淡紫色
d^6	$[Fe(H_2O)_6]^{2+}$	淡绿色
d^7	$[Co(H_2O)_6]^{2+}$	粉红色
d^8	$[Ni(H_2O)_6]^{2+}$	绿色
d^9	$[Cu(H_2O)_6]^{2+}$	蓝色
d^{10}	$[Zn(H_2O)_6]^{2+}$	无色

从表 13-3 可以看出，中心离子为 d^0、d^{10}构型的水合离子无色，其余构型的水合离子都有颜色。这是因为 d^0、d^{10}构型时，d 电子不发生 d-d 跃迁，不吸收可见光，可见光全部穿过溶液或散射开来，因此无色。

d^1～d^9 构型的水合离子都有色，这是因为 d 电子发生 d-d 跃迁时，吸收了可见光（波长在 730～400nm 之间）中一部分，其余部分透过或散射出来，人们看到的就是这部分透过或散射出来的光，也就是物质的颜色。例如：$[Ni(H_2O)_6]^{2+}$，d-d 跃迁时绿色的光吸收很少，基本都透过$[Ni(H_2O)_6]^{2+}$溶液，因此$[Ni(H_2O)_6]^{2+}$呈现绿色。

2. 含氧酸根离子

某些含氧酸根离子具有一定颜色。例如，CrO_4^{2-} 为黄色，MnO_4^- 为紫色，VO_4^{3-} 为淡黄色。它们的颜色被认为是由电荷迁移引起的。上述离子中的金属元素都处于最高氧化态，形式电荷分别为 Cr^{6+}、Mn^{7+}、V^{5+}，都具有 d^0 构型。它们都具有较强的夺取电子的能力。这些含氧酸根离子吸收一部分可见光的能量后，氧负离子的电荷会向金属离子转移，伴随着电荷迁移，这些离子就呈现出没有吸收的光的颜色。

六、两性氢氧化物

前面已经介绍了一些两性氢氧化物，现总结如表 13-4 所示。

表 13-4 两性氢氧化物与酸、碱的作用

两性氢氧化物	与酸作用	与碱作用
$Zn(OH)_2$		
$Cu(OH)_2$		
$Be(OH)_2$	$M(OH)_2+2H^+ \longrightarrow M^{2+}+2H_2O$	$M(OH)_2+2OH^- \longrightarrow [M(OH)_4]^{2-}$
$Sn(OH)_2$		
$Co(OH)_2$		
$Cd(OH)_2$		
$Fe(OH)_2$		$Fe(OH)_2+4OH^- \longrightarrow [Fe(OH)_6]^{4-}$
$Al(OH)_3$		
$Cr(OH)_3$	$M(OH)_3+3H^+ \longrightarrow M^{3+}+3H_2O$	$M(OH)_3+OH^- \longrightarrow M(OH)_4^-$
$Sb(OH)_3$		$Sb(OH)_3+3OH^- \longrightarrow SbO_3^{3-}+3H_2O$
$Pb(OH)_2$	$Pb(OH)_2+2H^+ \longrightarrow Pb^{2+}+2H_2O$	$Pb(OH)_2+OH^- \longrightarrow Pb(OH)_3^-$
$Fe(OH)_3$	$Fe(OH)_3+3H^+ \longrightarrow Fe^{3+}+3H_2O$	$Fe(OH)_3+3OH^- \xrightarrow{\triangle} [Fe(OH)_6]^{3-}$
$Sn(OH)_4$	$Sn(OH)_4+4H^+ \longrightarrow Sn^{4+}+4H_2O$	$Sn(OH)_4+2OH^- \longrightarrow [Sn(OH)_6]^{2-}$

$Fe(OH)_3$、$Cd(OH)_2$、$Co(OH)_2$、$Fe(OH)_2$ 均略显两性，刚制备出来的氢氧化物微溶于热而浓的强碱。

七、常见化合物的俗名

类别	俗名	主要化学成分
钾的化合物	黄血盐	$K_4[Fe(CN)_6] \cdot 3H_2O$
	赤血盐	$K_3[Fe(CN)_6]$
	灰锰氧	$KMnO_4$
	苛性钾	KOH
钠的化合物	食盐	NaCl
	硼砂	$Na_2B_4O_7 \cdot 10H_2O$
	苏打、纯碱	Na_2CO_3
	小苏打	$NaHCO_3$
	大苏打、海波	$Na_2S_2O_3 \cdot 5H_2O$
	苛性钠、烧碱、火碱	NaOH
	硫化碱	Na_2S
	芒硝	$Na_2SO_4 \cdot 10H_2O$
	水玻璃	$Na_2O \cdot 2.45SiO_2$
	红矾钠	$Na_2Cr_2O_7 \cdot 2H_2O$

续表

类别	俗名	主要化学成分
钙的化合物	石灰石、大理石、方解石、白垩	$CaCO_3$
	电石	CaC_2
	消石灰、熟石灰	$Ca(OH)_2$
	生石灰	CaO
	石膏	$CaSO_4 \cdot 2H_2O$
	漂白粉	$Ca(OCl)Cl$
镁的化合物	卤盐	$MgCl_2$
	滑石	$3MgO \cdot 4SiO_2 \cdot H_2O$
	光卤石	$KCl \cdot MgCl_2 \cdot 6H_2O$
铝的化合物	矾土、钢玉、红宝石	Al_2O_3
	绿宝石	$3BeO \cdot Al_2O_3 \cdot 6SiO_2$
	明矾、铝矾	$K_2Al_2(SO_4)_4 \cdot 24H_2O$
锌的化合物	闪锌矿	ZnS
	锌矾、白矾	$ZnSO_4 \cdot 7H_2O$
	锌钡白	$ZnS+BaSO_4$
铁的化合物	赤铁矿	Fe_2O_3
	磁铁矿	Fe_3O_4
	黄铁矿	FeS_2
	摩尔盐	$(NH_4)_2SO_4 \cdot FeSO_4 \cdot 6H_2O$
	绿矾	$FeSO_4 \cdot 7H_2O$
铬的化合物	铬绿	Cr_2O_3
	铬矾	$KCr(SO_4)_2 \cdot 12H_2O$
	铬黄	$PbCrO_4$
	红矾钾	$K_2Cr_2O_7$
铅的化合物	红铅、铅丹	Pb_3O_4
	黄铅	PbO
	铅白	$2PbCO_3 \cdot Pb(OH)_2$
汞的化合物	甘汞	Hg_2Cl_2
	升汞	$HgCl_2$
	朱砂	HgS
铜的化合物	铜矾、胆矾	$CuSO_4 \cdot 5H_2O$
	铜绿	$Cu_2(OH)_2CO_3$
硅的化合物	石英、水晶、玛瑙、砂子、硅胶	SiO_2
砷的化合物	砒霜、白砒、信石	As_2O_3
	雄黄	As_2S_2 或 As_4S_4
	雌黄	As_2S_3

综合练习

一、选择题

1. 在 $CrCl_3$ 和 $K_2Cr_2O_7$ 混合溶液中加入过量的氢氧化钠溶液，下列离子对浓度最大的是______。

A. Cr^{3+} 和 $Cr_2O_7^{2-}$　　B. $[Cr(OH)_4]^-$ 和 $Cr_2O_7^{2-}$

C. Cr^{3+} 和 CrO_4^{2-}　　D. $[Cr(OH)_4]^-$ 和 CrO_4^{2-}

2. 下列电极反应中，标准电极电势最小的是______。

A. $Cu^{2+}+e \rightleftharpoons Cu^+$　　B. $Cu^{2+}+Cl^-+e \rightleftharpoons CuCl$

C. $Cu^{2+}+Br^-+e \rightleftharpoons CuBr$　　D. $Cu^{2+}+I^-+e \rightleftharpoons CuI$

3. 下列氢氧化物中能溶于氨水的是______。

A. $Fe(OH)_3$　　B. $Zn(OH)_2$

C. $Cr(OH)_3$　　D. $Fe(OH)_2$

4. $KMnO_4$ 在强碱性介质中还原产物是______。

A. $Mn(OH)_2$　　B. MnO_2

C. MnO_4^{2-}　　D. $MnO(OH)$

5. 能将 Mn^{2+} 氧化为 MnO_4^- 的物质是______。

A. PbO_2　　B. H_2O_2　　C. $K_2Cr_2O_7$　　D. $FeCl_3$

6. 下列各组离子中，都能在氨水中形成氨合物的是______。

A. Fe^{3+}、Cr^{3+}、Mn^{2+}　　B. Co^{2+}、Ni^{2+}、Cu^{2+}

C. Cu^{2+}、Fe^{2+}、Cd^{2+}　　D. Mg^{2+}、Zn^{2+}、Ag^+

7. 下列氢氧化物呈明显两性的是______。

A. $Cd(OH)_2$　　B. $Cr(OH)_3$　　C. $Mn(OH)_2$　　D. $Ni(OH)_2$

8. 某溶液与 Cl^- 作用，生成白色沉淀，再加入氨水时沉淀又变黑，则该溶液中可能存在______离子。

A. Pb^{2+}　　B. Hg^{2+}　　C. Hg_2^{2+}　　D. Bi^{3+}

9. 能将 Cu^{2+}、Zn^{2+}、Hg^{2+}、Fe^{3+}、Hg_2^{2+}、Co^{2+} 这 6 种离子彼此区分开来的试剂是______。

A. NaOH　　B. NaCl　　C. KSCN　　D. KI

10. 既溶于 NaOH 溶液又溶于氨水的氢氧化物是______。

A. $Cr(OH)_3$　　B. $Zn(OH)_2$　　C. $Fe(OH)_3$　　D. $Al(OH)_3$

二、填空题

1. 在 $HgCl_2$ 中，Hg 原子采取________杂化轨道与 Cl 原子成键，分子构型为________。$HgCl_2$ 和 Hg 一起研磨，可以形成________。$HgCl_2$ 和适量 $SnCl_2$ 反应，其被还原为________；与过量 $SnCl_2$ 作用，其被还原为________。

2. 在酸性溶液中，能将 Mn^{2+} 离子氧化为 MnO_4^- 的氧化剂有________、________和________。

3. 在 $Mn(OH)_2$、$Cr(OH)_3$、$Cu(OH)_2$、$Fe(OH)_2$ 氢氧化物中，明显呈两性的是____________。

4. 在 Na^+、Mg^{2+}、Fe^{3+}、Ag^+、Co^{2+}、Cd^{2+}、Mn^{2+} 中，与氨水作用能形成配合物的离子有__________。

5. 在 $Cr_2(SO_4)_3$ 水溶液中，加入适量 NaOH 溶液得到________灰绿色沉淀，继续加入 NaOH 溶液使其过量，沉淀转化为亮绿色________的溶液，继续加入 H_2O_2 并加热时转化为黄色的________溶液，其离子反应式为________________，再继续加入 H_2SO_4，溶液转化为橙色的________溶液，其离子反应式为______________，再继续加入 H_2O_2 时，放出________气体，其离子反应式为__________。

6. 能使 HgS 溶解的物质有________和________溶液。

7. 可用于鉴定 Cu^{2+} 的试剂是________，它的水溶液与 Cu^{2+} 反应，形成________色沉淀。

8. 在无色硝酸 A 盐溶液中加入 NaOH，生成黄色沉淀 B，若加入 KI 则生成橘红色沉淀 C，若再加入过量 KI 溶液则生成无色溶液 D，则 A、B、C、D 4 种物质的化学式分别是________、________、________、________。

三、是非题

1.（　）CoO(OH)、NiO(OH)、$Fe(OH)_3$ 与 HCl 反应，发生的都是氧化还原反应。

2.（　）在一未知溶液中加入 KSCN 和丙酮，若不出现蓝色，就能证明溶液中不存在 Co^{2+}。

3.（　）Cr(Ⅲ)配位数为 6 的配合物，d 电子全都分布在 t_{2g}轨道上，e_g 轨道全空。

4.（　）$CrCl_3$ 溶液中加入 Na_2S 溶液，将得到黑色 Cr_2S_3 沉淀。

5.（　）H_3PO_2 是一元中强酸，H_3PO_3 是二元中强酸。

6.（　）$K_3[Fe(CN)_6]$和 $K_4[Fe(CN)_6]$配合物都是顺磁性的。

7.（　）$HgCl_2$ 是强电解质，在水溶液中完全电离。

8.（　）Co^{3+} 盐不如 Co^{2+} 盐稳定，所以 $[Co(NH_3)_6]^{2+}$ 比 $[Co(NH_3)_6]^{3+}$ 配离子稳定。

9.（　）Co_2O_3 与浓 HCl 反应，可得到 $CoCl_3$。

10.（　）$K_2Cr_2O_7$ 溶液中加入 $Pb(NO_3)_2$ 溶液，可得到 $PbCr_2O_7$ 沉淀。

四、计算题

1. 已知 $[Co(CN)_6]^{3-}$ 的 $K_f^\ominus = 10^{64}$，$[Co(CN)_6]^{4-}$ 的 $K_f^\ominus = 10^{19.09}$，$E^\ominus_{Co^{3+}/Co^{2+}} = 1.82V$

试计算 $E^\ominus_{[Co(CN)_6]^{3-}/[Co(CN)_6]^{4-}}$，并说明 Co^{3+}、Co^{2+}、$[Co(CN)_6]^{3-}$ 和 $[Co(CN)_6]^{4-}$ 中，哪一种是强氧化剂？哪一种是强还原剂？

2. 在 $0.1mol \cdot L^{-1}$ 的 Fe^{3+} 溶液中加入足够的铜屑，室温下反应达到平衡，求 Fe^{3+}，Fe^{2+} 和 Cu^{2+} 的浓度（$E^\ominus_{Cu^{2+}/Cu} = 0.337V$，$E^\ominus_{Fe^{3+}/Fe^{2+}} = 0.771V$）。

3. 已知下列反应的平衡常数 $K^\ominus = 10^{0.68}$。

$$Zn(OH)_2(S) + 2OH^- \rightleftharpoons [Zn(OH)_4]^{2-} \qquad K_1^\ominus = 10^{0.68}$$

$$Zn^{2+} + 2OH^- = Zn(OH)_2 \downarrow$$

结合有关数据，计算 $E^\ominus_{[Zn(OH)_4]^{2-}/Zn}$ 的值[$E^\ominus_{Zn^{2+}/Zn} = -0.763V$，$K^\ominus_{sp,Zn(OH)_2} = 1.2 \times 10^{-17}$]。

4. 已知：$[AuCl_2]^- + e \rightleftharpoons Au + 2Cl^- \quad E^\ominus = 1.15V$，$E^\ominus_{Au^+/Au} = 1.68V$

$[AuCl_4]^- + 2e \rightleftharpoons [AuCl_2]^- + 2Cl^- \quad E^\ominus = 0.93V$，$E^\ominus_{Au^{3+}/Au^+} = 1.41V$

结合有关电对的 $E^\ominus$ 值，计算 $[AuCl_2]^-$ 和 $[AuCl_4]^-$ 的稳定常数 $K^\ominus_稳$。

5. $0.10mol \cdot L^{-1}$ 的 Cr^{3+} 溶液，如使其不发生水解，则溶液中 H^+ 的最低浓度为多少？{已知：$[Cr(H_2O)_6]^{3+} + H_2O \rightleftharpoons [Cr(OH)(H_2O)_5]^{2+} + H_3O^+$；$K^\ominus = 1.0 \times 10^{-4}$}

6. 根据有关 $E^\ominus$ 值，计算 $[H^+] = 1.0 \times 10^{-3} mol \cdot L^{-1}$ 时，Mn^{3+} 能否歧化为 MnO_2 和 Mn^{2+}。并计算此歧化反应的平衡常数 $K^\ominus$（$E^\ominus_{MnO_2/Mn^{3+}} = 0.95V$，$E^\ominus_{Mn^{3+}/Mn^{2+}} = 1.51V$）。

7. 已知 $K^\ominus_{f,Cu(CN)_4^{3-}} = 2.0 \times 10^{30}$，$K^\ominus_{sp,Cu_2S} = 2 \times 10^{-48}$，$K^\ominus_{a,HCN} = 6.2 \times 10^{-10}$，$K^\ominus_{a_1,H_2S} = 9.5 \times 10^{-8}$，$K^\ominus_{a_2H_2S} = 1.3 \times 10^{-14}$。问 $[Cu(CN)_4]^{3-}$ 溶液中通入 H_2S 至饱和，写出反应方程式，计算其标准平衡常数。

8. 已知汞元素标准电势图如下：

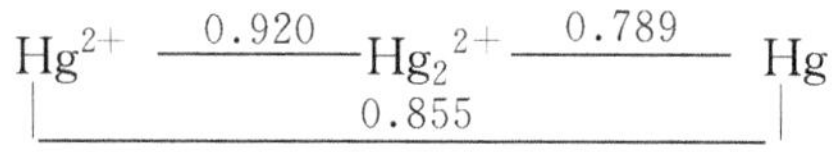

$$Hg^{2+} \xrightarrow{\quad 0.920 \quad} Hg_2^{2+} \xrightarrow{\quad 0.789 \quad} Hg$$

（下方：0.855，整体连接 Hg^{2+} 到 Hg）

$K_{sp,HgS}^{\ominus}=2\times10^{-52}$，$K_{sp,Hg_2S}^{\ominus}=1.0\times10^{-47}$。计算 $E_{HgS/Hg_2S}^{\ominus}$ 和 $E_{Hg_2S/Hg}^{\ominus}$。判断在 $Hg(NO_3)_2$ 溶液中加入 S^{2-} 时能否得到 Hg_2S 沉淀。

五、根据实验现象，判断下列各物质

1. 将少量某钾盐溶液 A 加到一硝酸盐溶液 B 中，生成浅绿色沉淀 C；将少量 B 加到 A 中则生成无色溶液 D 和灰黑色沉淀 E；将 D 和 E 分离后，在 D 中加入无色硝酸盐 F，可生成桔红色沉淀 G；F 与过量的 A 反应则生成 D；F 与 E 反应又生成 B。试确定各字母所代表的物质，写出有关的反应方程式。

2. 某粉红色晶体溶于水，其水溶液（A）也呈粉红色。向（A）中加入 NaOH，得到蓝色沉淀（B）；再加入 H_2O_2 溶液，得到棕色沉淀（C），（C）与浓盐酸反应生成蓝色溶液（D）和黄绿色气体（E）；将（D）用水稀释又变为溶液（A）；（A）中加入 KSCN 晶体和丙酮后得到天蓝色溶液（F）。试确定各字母所代表的物质，并写出有关反应的方程式。

六、写出并配平下列转化反应的各步反应方程式，写出各步反应的实验现象

1. $Cr^{3+} \underset{②}{\overset{①}{\rightleftharpoons}} Cr(OH)_3 \underset{④}{\overset{③}{\rightleftharpoons}} [Cr(OH)_4]^- \overset{⑤}{\longrightarrow} CrO_4^{2-} \underset{⑦}{\overset{⑥}{\rightleftharpoons}} Cr_2O_7^{2-} \underset{⑨}{\overset{⑧}{\rightleftharpoons}} Cr^{3+}$

$\overset{⑩}{\downarrow}$

Ag_2CrO_4

2. $MnO_4^{2-} \underset{②}{\overset{①}{\rightleftharpoons}} MnO_4^- \underset{④}{\overset{③}{\rightleftharpoons}} Mn^{2+} \underset{⑥}{\overset{⑤}{\rightleftharpoons}} Mn(OH)_2 \overset{⑦}{\longrightarrow} MnO(OH)_2$

$\overset{⑨}{\downarrow} \qquad \overset{⑧}{\uparrow}$

MnO_2

3. $KFe[Fe(CN)_6]$

$Fe(OH)_2 \overset{①}{\longrightarrow} Fe(OH)_3 \underset{③}{\overset{②}{\rightleftharpoons}} Fe^{3+} \overset{④}{\uparrow} \overset{⑦}{\longrightarrow} [Fe(NCS)_n]^{3-n} \overset{⑧}{\longrightarrow} [FeF_6]^{3-}$

$\overset{⑤}{\updownarrow}\overset{⑥}{}$

$Fe^{2+} \overset{⑨}{\longrightarrow} KFe[Fe(CN)_6]$

4. $CoCl_2 \cdot 6H_2O \underset{②}{\overset{①}{\rightleftharpoons}} CoCl_2 \underset{④}{\overset{③}{\rightleftharpoons}} Co(OH)_2 \overset{⑤}{\longrightarrow} CoO(OH) \overset{⑥}{\longrightarrow}$

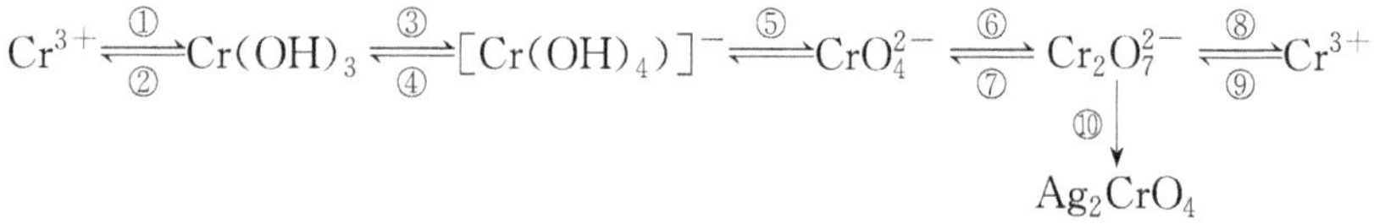

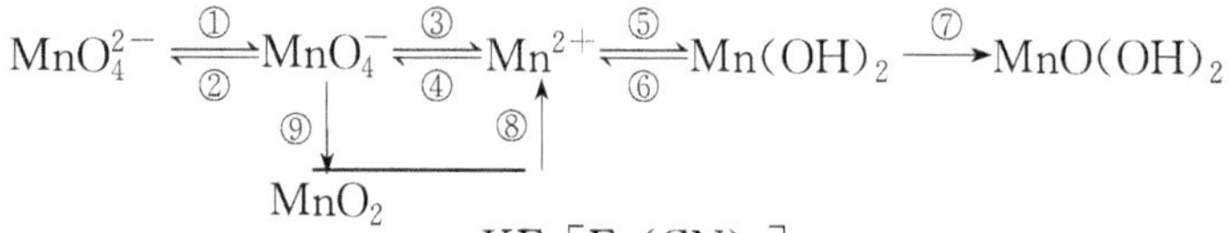

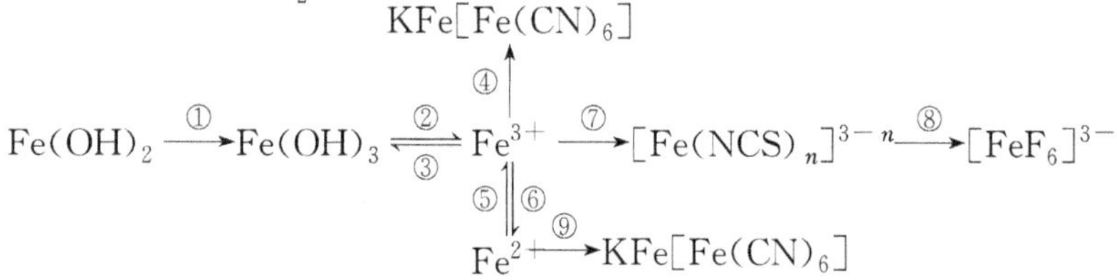

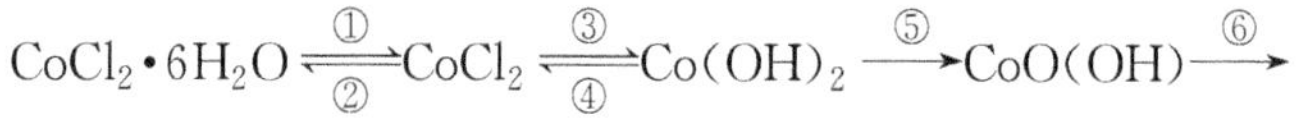

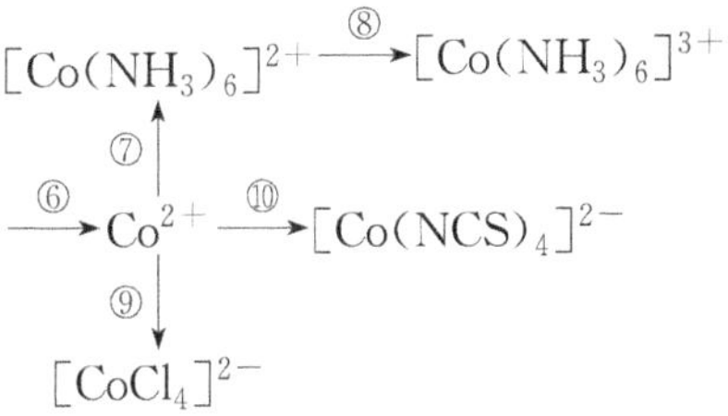

$$[Co(NH_3)_6]^{2+} \xrightarrow{\text{⑧}} [Co(NH_3)_6]^{3+}$$

$$\xrightarrow{\text{⑥}} Co^{2+} \xrightarrow{\text{⑩}} [Co(NCS)_4]^{2-}$$

⑦ ↑ ⑨ ↓

$$[CoCl_4]^{2-}$$

5. $Ni^{2+} \underset{\text{②}}{\overset{\text{①}}{\rightleftharpoons}} Ni(OH)_2 \xrightarrow{\text{③}} NiO(OH) \xrightarrow{\text{④}} Ni^{2+} \xrightarrow{\text{⑤}} [Ni(NH_3)_6]^{2+} \xrightarrow{\text{⑥}} Ni^{2+}$

⑦ ↓

$$Ni(OH)_2$$

6. $Hg_2^{2+} \xrightarrow{\text{③}} HgO \underset{\text{⑦}}{\overset{\text{④}}{\rightleftharpoons}} Hg^{2+} \xrightarrow{\text{⑤}} HgI_2 \xrightarrow{\text{⑥}} [HgI_4]^{2-}$

HgS ①↑ ②↓ $Hg_2I_2 \downarrow$

7. $S \xrightarrow{\text{①}} Na_2SO_3 \xrightarrow{\text{②}} Na_2S_2O_3 \xrightarrow{\text{③}} Ag_2S_2O_3 \downarrow \xrightarrow{\text{④}} [Ag(S_2O_3)_2]^{3-}$

⑤ ↓ ⑦ ↓

$$Na_2SO_4 \xrightarrow{\text{⑥}} NaHSO_4 \qquad Ag_2S \xrightarrow{\text{⑧}} S$$

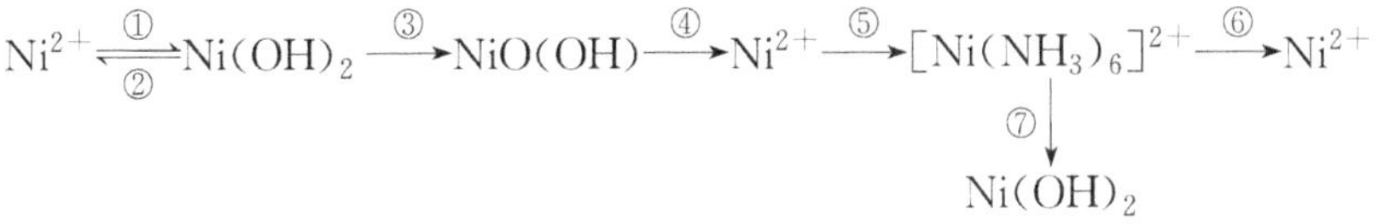

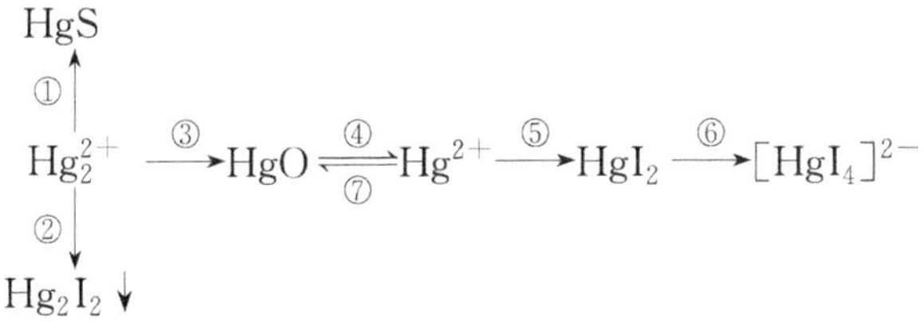

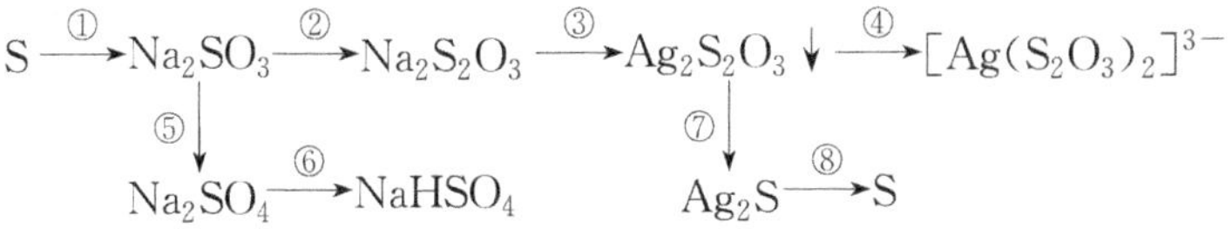

七、Completing and balancing the following chemical equations

1. $HgCl_2 + SnCl_2(过量) \longrightarrow$ 2. $NiO(OH) + HCl(浓) \longrightarrow$

3. $CoO(OH) + H_2SO_4(稀) \longrightarrow$ 4. $Cr^{3+} + S^{2-} + H_2O \longrightarrow$

5. $Hg_2^{2+} + I^-(过量) \longrightarrow$ 6. $Cu^{2+} + I^- \longrightarrow$

7. $Cu_2O + H_2SO_4 \longrightarrow$ 8. $[Co(NH_3)_6]^{2+} + O_2 + H_2O \longrightarrow$

9. $Mn^{2+} + MnO_4^- + H_2O \longrightarrow$ 10. $MnO_2 + H_2SO_4(浓) \longrightarrow$

11. $Ni(OH)_2 + Br_2 + OH^- \longrightarrow$ 12. $Fe^{3+} + NH_3 \cdot H_2O \longrightarrow$

13. $Hg_2Cl_2 + NH_3 \longrightarrow$ 14. $Ag^+ + OH^- \longrightarrow$

15. $Cd(OH)_2 + NH_3 \cdot H_2O \longrightarrow$ 16. $KMnO_4 + Na_2SO_3 + H_2SO_4 \longrightarrow$

17. $[Cu(NH_3)_2]^{2+} + S^{2-} \longrightarrow$ 18. $K_2Cr_2O_7 + AgNO_3 \longrightarrow$

19. $CoCl_2 + HCl(浓) \longrightarrow$ 20. $HgS + Na_2S \longrightarrow$

八、Write balanced equations for the following reactions

(a) a melf of MnO_2 in KOH is oxidized by air to potassium manganate K_2MnO_4;
(b) manganate ion is oxidized to permanganate ion by chlorine in alkaline solution.

综合练习参考答案

第一章　实验数据的误差与结果处理

一、1.　D　　2.　B　　3.　C

二、1.　仪器误差、试剂误差、方法误差、操作误差。

2.　二位、四位

3.　$\mu=\bar{x}\pm\frac{ts}{\sqrt{n}}$;减小;增大;标准偏差;$\sqrt{\frac{d_1{}^2+d_2{}^2+d_3{}^2+\cdots+d_n{}^2}{n-1}}$

4.　统计分布　正态分布

5.　(1)0.35　保留　　(2)0.46　舍去　　(3)0.64　舍去

三、1. √　2. √　3. ×　4. ×　5. √　6. ×　7. ×　8. ×　9. √　10. √

四、1.　37.34%,37.38%,0.30%,0.11%,0.29%,0.13%,0.35%

2.　20.03%,(20.00%,20.06%),(20.01%,20.05%)

3.　1.2%,7.6±0.1,有

4.　否

5.　4.1,1.4,6.4,23,28,16

6.　(1) 35.51　(2) 1.49

7.　(1) 二位　(2) 四位　(3) 四位　(4) 四位

8.　(1)　0.1031　　0.1032　　0.1033　　0.1040

$$Q=\frac{0.1040-0.1033}{0.1040-0.1031}=0.78>0.76$$

0.1040 应舍去。

(2)　$\bar{c}=\frac{0.1031+0.1032+0.1033}{3}=0.1032(\text{mol}\cdot\text{L}^{-1})$

d　　−0.0001　　0.0000　　+0.0001

(3)　$s=\sqrt{\frac{0.0001^2+0+0.0001^2}{3-1}}=1.0\times10^{-4}$

$$\mu=\bar{c}\pm\frac{ts}{\sqrt{n}}=0.1032\pm\frac{9.925\times1.0\times10^{-4}}{\sqrt{3}}=0.1032\pm0.0006$$

9.　略

10.　0.04%　0.06%

11.　略

12.　略

13.　保留

14.　60.74%　0.10%　0.16%

15.　无

第二章　气体和溶液

1. 1.14kg

2. P_4

3. N_2:50Pa O_2:105Pa H_2:450Pa 总压力:605Pa

4. O_2:46.3kPa H_2:92.7kPa

5. CH_4:75.3% H_2:21.5% N_2:3.2%

6. (1). 12mol·L^{-1},0.22 (2) 16mol·L^{-1},0.40 (3) 15mol·L^{-1},0.29

7. 7.3×10^2mL

8. 720

9. 5.76×10^3g mol^{-1}

第三章 化学热力学基础

一、1. C 2. D 3. B 4. D 5. C 6. B 7. D 8. C 9. C 10. B

二、1. $\Delta_r H_m^\ominus<0$ $\Delta_r S_m^\ominus<0$

2. -257.84kJ·mol^{-1}; 3.3×10^{45}; -348.3kJ·mol^{-1}; -90.46kJ·mol^{-1}; -318.3kJ·mol^{-1}; -58.43kJ·mol^{-1}

3. 不大 $\Delta G_T^\ominus=\Delta H_{298}^\ominus-T\Delta S_{298}^\ominus$

4. $\Delta_r G_m=\Delta_r G_m^\ominus+2.303RT\lg\dfrac{(p_{SO_3}/p^\ominus)^2}{(p_{SO_2}/p^\ominus)^2(p_{O_2}/p^\ominus)}$

5. 孤立;>0;最大

6. <0 最小 最小自由能原理

三、1. × 2. × 3. × 4. × 5. √ 6. √ 7. √ 8. × 9. × 10. ×

四、1. (1) 460J (2) 885J

2. 166.5kJ·mol^{-1}

3. (1) 5.1×10^8 (2) -216.7kJ·mol^{-1}

4. (1) $\Delta G_{298}^\ominus=50.58$kJ·$mol^{-1}$;不自发 (2) $\Delta G_{1000}^\ominus=-67.33$kJ·$mol^{-1}$ $K_{1000}^\ominus=3284$

5. (1) 953.7K (2) 2.61 (3) 0.633;111.84kJ·mol^{-1};不自发

6. $\Delta G_{1500}^\ominus=-120.19$kJ·$mol^{-1}$;自发

7. 90.25kJ·mol^{-1}

8. 600K $CaCO_3$ MgO CO_2;1200K MgO CaO CO_2;
$T_{逆转,CaCO_3}=1122K$; $T_{逆转,MgCO_3}=600K$

9. $\Delta_r H_m^\ominus=-373.24$kJ·$mol^{-1}$;$\Delta_r S_m^\ominus=-98.9$J·$mol^{-1}$·$K^{-1}$;$\Delta_r G_m^\ominus=-343.78$kJ·$mol^{-1}$;
$T_{逆转}=3.77\times10^3K$

10. (1) -393.51kJ·mol^{-1} (2) -1206.9kJ·mol^{-1}

11. (1) -1266.48kJ·mol^{-1} (2) 4.87×10^{228}

第四章 化学反应速率与化学平衡

一、1. A 2. B 3. A 4. B 5. C 6. A 7. B 8. B 9. C 10. C 11. B

二、1. 增大;

2. $v=kc_{ICl}\cdot c_{H_2}$;2 级;$E_{b,逆}=242$kJ·mol^{-1};

3. -102.6kJ·mol^{-1}

4. $k_正$ 不变；$v_正$ 增大；$k_正$ 增大；$K^\ominus$增大；$k_逆$ 增大；$\Delta H^\ominus$不变；$K^\ominus$不变

5. 小于；降低；逆

6. 大；大；$\frac{E_a}{2.303R}\left(\frac{T_2-T_1}{T_1T_2}\right)$

7. $<$　　不变

三、1. ×　2.√　3.√　4.×　5.√　6.×　7.×　8.×　9.×　10.√　11.√

四、1. (1) $v_正=kc_A^2\cdot c_B$　(2) 3 级　(3) $k=5(\text{mol}\cdot\text{L}^{-1})^{-2}\cdot\text{min}^{-1}$

2. $k_{700}=19.6\text{mol}^{-1}\cdot\text{L}\cdot\text{s}^{-1}$

3. 3.1×10^{-2}

4. 0.12

5. 4.3×10^{-2}

6. (1) 1.33　(2)37.8%　(3)压力增大，平衡向气态分子数减小的方向移动，解离百分数减小。

7. 1∶22

8. (1) 5.36　(2) $-9.40\text{kJ}\cdot\text{mol}^{-1}$　(3) $-115\text{kJ}\cdot\text{mol}^{-1}$

9. 1.6

10. 0.35

11. (1) 26kPa　52kPa　(2) $p_{NH_3}=p_{H_2S}=0.96\text{Pa}\ll26\text{kPa}$ 平衡不能存在

12. $p_{CO_2}>0.96\text{kPa}$

13. $K^\ominus=7.4\times10^{-2}$　$p_{CO}=27\text{kPa}$

14. $J=1.6$　$J<K^\ominus$反应向正方向进行，有更多 HI 气体生成。

15. (1) $K^\ominus=1.6\times10^{-4}$　(2) 1343.3kPa　(3)15%　(4)略

第五章　酸碱平衡

一、1.A、C　2.A、C　3.C、D　4.A　5.B　6.B　7.C　8.C

9.B　10.A　11.C、D　12.C　13.B、D　14.D

二、1. 2.87　2. 11.13　3. 9.24　4. 11.66

5. $NH_3\cdot H_2O$-NH_4Cl

6. 9.2×10^{-4}

7. 0.10　1.3×10^{-3}　均为 10mL

8. HAc　NH_4NO_3　NH_4Ac　NaAc　NaCN　Na_2CO_3

9. H_3PO_4　HPO_4^{2-}

10. H_3O^+　OH^-

11. $[H_3PO_4]+[H^+] = [NH_3]+[HPO_4^{2-}]+2[PO_4^{3-}]+[OH^-]$

NH_4^+、$H_2PO_4^-$、H_2O

12. $pK_a^\ominus$ 和 $pK_b^\ominus$　Ca/Cs 和 C_b/Cs(或 Ca/C_b 和 C_b/Ca)

13. 12.67

14. 2.10×10^{-5}　1.67×10^{-10}　6.23×10^{-8}

15. $\delta_{H_3PO_4}=\frac{[H^+]^3}{[H^+]^3+K_{a_1}^\ominus[H^+]^2+K_{a_1}^\ominus K_{a_2}^\ominus[H^+]+K_{a_1}^\ominus K_{a_2}^\ominus K_{a_3}^\ominus}$

$$\delta_{PO_4^{3-}}=\frac{K_{a_1}^{\ominus}K_{a_2}^{\ominus}K_{a_3}^{\ominus}}{[H^+]^3+K_{a_1}^{\ominus}[H^+]^2+K_{a_1}^{\ominus}K_{a_2}^{\ominus}[H^+]+K_{a_1}^{\ominus}K_{a_2}^{\ominus}K_{a_3}^{\ominus}}$$

16. 3.1～4.4　红　黄

17. pH=7.82±1

18. 6.74　9.70　8.22　酚酞

19. (1) 甲胺　(2) 5.97　(3) 甲基红

20. (1) HF　(2) 7.93　(3) 中性红

21. HAc　H_3BO_3

22. 不能　能

23. 粉红　淡粉　黄　橙　$V_1>V_2$　$V_1<V_2$

$$\frac{c_{HCl}\cdot V_1\times 105.99}{m_s\times 1000}\times 100\%$$

$$\frac{c_{HCl}\cdot (V_1-V_2)\times 40.00}{m_s\times 1000}$$

24. Na_2CO_3　$Na_2B_4O_7\cdot 10H_2O$　0.38～0.57　$H_2C_2O_4\cdot 2H_2O$　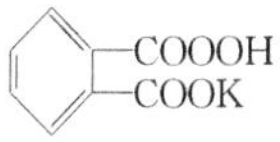

25. 略

三、1.×　2.×　3.×　4.√　5.√　6.√　7.×　8.√　9.√　10.√

四、1. 20.7mL　26.75g

2. 35.7g

3. (1) $6.2\times10^{-21}mol\cdot L^{-1}$　(2) $4.8\times10^{-8}mol\cdot L^{-1}$

4. (1)9.24　(2)8.77　(3)9.72

5. $[NH_4^+]=0.16mol\cdot L^{-1}$　$[OH^-]=8.8\times10^{-6}mol\cdot L^{-1}$

6. $4.66\times10^{-3}mol\cdot L^{-1}$　pH=2.33

7. pH=7.21

8. 95.34%

9. 99.58%

10. 23.68%

11. $w_{NaCO_3}=55.40\%$　$w_{NaHCO_3}=7.05\%$

12. 0.57%

13. pH=9.67

14. (1)pH=8.34　(2)pH=3.91

15. $V_{NH_4Cl}=189.2mL$　$V_{NH_3}=10.8mL$

第六章　沉淀溶解平衡

一、1.C　2.C　3.C　4.C、D　5.A　6.A　7.C　8.A、B　9.C　10.A　11.C　12.B、D　13.B

二、1. 7.1×10^{-7}

2. 1.7×10^{-4}　3.4×10^{-4}

3. $K^{\ominus}=\frac{K_{sp,Mg(OH)_2}^{\ominus}}{(K_{NH_3\cdot H_2O}^{\ominus})^2}$

4. 4.9×10^{3}
5. 降低　增大
6. 3.53～4.18
7. AgI　5.2×10^{-9}
8. 4.0×10^{4}
9. 4.5×10^{-8}　4.2×10^{-12}　同离子效应　小
10. 莫尔　分步沉淀　大　1.1×10^{-2}
　6.5～10.5　6.5　$HCrO_4^-$　10.5　AgOH　Ag_2O

三、1.×　2.×　3.×　4.√　5.√　6.√　7.×　8.√　9.×　10.√　11.√　12.√

四、1. (1) $J=8.75\times10^{-10}>K^{\ominus}_{sp,Mn(OH)_2}$有 $Mn(OH)_2$ 沉淀生成。
　(2) $J=3.1\times10^{-15}<K^{\ominus}_{sp,Mn(OH)_2}$无 $Mn(OH)_2$ 沉淀生成。
2. (1)1.9×10^{-4}　(2)2.7×10^{-7}　(3)2.6×10^{-5}
3. 9.36g
4. $[OH^-]$　$3.4\times10^{-11}\sim1.3\times10^{-5}mol\cdot L^{-1}$
　pOH　10.47　4.89
　pH　3.53　9.11
5. $[S^{2-}]$　$6\times10^{-30}\sim5\times10^{-21}mol\cdot L^{-1}$
　$[H^+]>0.16mol\cdot L^{-1}$
6. $c_{HAc}=2.1\times10^{-2}mol\cdot L^{-1}$
7. $[S^{2-}]=2\times10^{-12}mol\cdot L^{-1}$　$[OH^-]=1.2\times10^{-6}mol\cdot L^{-1}$　$J=1.4\times10^{-13}$先生成 MnS 沉淀
8. $8.20\times10^{-4}mol\cdot L^{-1}$
9. $3.2\times10^{-3}mol\cdot L^{-1}$
10. (1) $6.7\times10^{-3}mol\cdot L^{-1}$　(2) $4.5\times10^{-6}mol\cdot L^{-1}$

第七章　氧化还原反应

一、1. C　2.B　3.D　4.B　5.D　6.B　7.B　8.B　9.A、B　10.C　11.A

二、1. 正；负
2. $MnO_2+4HCl(浓)=MnCl_2+Cl_2\uparrow+2H_2O$
3. Cu^{2+}；Mg
4. 0.45V
5. 1.152V　7.86×10^{41}
6. MnO_4^-；H_2O_2
7. $(-)Pt,Cl_2(p)|Cl^-(c_1)||MnO_4^-(c_2),H^+(c_3),Mn^{2+}(c_4)|Pt(+)$
8. 0.521V；　6.1×10^{-7}
9. 大
10. (1)降低　(2)不变　(3)降低　(4)降低
11. (1) $2MnO_4^-+10I^-+16H^+=2Mn^{2+}+5I_2+8H_2O$
　$2MnO_4^-+3Mn^{2+}+2H_2O=5MnO_2\downarrow+4H^+$
　(2) $2MnO_4^-+10I^-+16H^+=2Mn^{2+}+5I_2+8H_2O$　$I_2+I^-=I_3^-$

(3) $Cu_2O + H_2SO_4 = CuSO_4 + Cu\downarrow + H_2O$

12. $E^{\ominus}_{IO_3^-/HIO} = 1.13V$; HIO; H_2O_2; H_2O; IO_3^-

13. −0.225V

14. $E^{\ominus}_{Ca_3(PO_4)_2/Ca} = E^{\ominus}_{Ca^{2+}/Ca} + \frac{0.0592}{6}\lg K^{\ominus}_{sp,Ca_3(PO_4)_2}$

15. 0.20V

16. $H_2C_2O_4 \cdot 2H_2O$, $Na_2C_2O_4$, As_2O_3, $(NH_4)_2Fe(SO_4)_2 \cdot 6H_2O$; $Na_2C_2O_4$; 0.27～0.40g

17. ①温度:75～85℃;②酸度:0.5～1.0mol·L^{-1};③速度:要慢,尤其是开始时;自身指示剂

18. $K_2Cr_2O_7$, KIO_3, $KBrO_3$; 0.098～0.147g

三、略

四、1. E=1.388V 2. E=0.95V 3. E=0.1776V

五、略

六、略

七、1. (1) 3.58×10^{-4};(2) 0.582V

2. (1) 0.090V;(2) 2.98;(3) 0.549V;能氧化

3. (1) 0.508V;(2) 1.19×10^{33};(3) 4.76 倍

4. 0.49V;−0.45V

5. 5.0×10^{-6}

6. 2.4×10^{-27}mol·L^{-1}

7. 能;4.2×10^{-5}

8. (1) 能;(2) 能;(3) MO^{2+};(4) 能;(5) 稳定

9. 不能;3.4×10^{-36}

10. 33.18%,42.69%,47.44%,45.85%

11. 1.03V

12. 0.9797mol·L^{-1}

第八章 原子结构

一、1.C、D 2.A 3.C 4.B、D 5.A 6.A、B 7.C 8.C
9.B 10.A 11.A 12.C、D 13.C 14.C、D 15.D 16.B、C
17.B 18.B 19.A 20.C 21.C

二、1. $3d^54s^2$;Mn;ⅦB;d;金属;+7

2. F;Cs

3. 32;18

4. $3d^54s^1$;$4d^55s^1$;$5d^46s^2$

5. 共价;金属;范德华

6. $3d^54s^1$; 3; 2; −2、−1、0、+1、+2 中的 3 个 $+\frac{1}{2}$(或均$-\frac{1}{2}$)

7. IB;$3d^{10}4s^1$;Cu;ds

8. Hg;Br

9. 前一;4f;5d;[Xe]$4f^{14}5d^{10}6s^26p^2$

10. 19

11.　二;四;六;八;121

12.

原子序	电子分布式	周期	族	区	价层电子构型	最高氧化值	金属、非金属
21	$1s^22s^22p^63s^23p^63d^14s^2$	四	ⅢB	d	$3d^14s^2$	+3	金属
53	$[Kr]4d^{10}5s^25p^5$	五	ⅦA	p	$5s^25p^5$	+7	非金属
38	$[Kr]5s^2$	五	ⅡA	s	$5s^2$	+2	金属
83	$[Xe]4f^{14}5d^{10}6s^26p^3$	六	ⅤA	p	$6s^26p^3$	+5	金属

13.　略

三、1.√　2.×　3.×　4.√　5.√　6.×　7.×　8.×　9.√　10.×　11.×　12.×　13.×　14.×　15.×　16.×　17.√　18.√　19.√　20.√　21.√

第九章　分子结构

一、1.C　2.B　3.C　4.B、D　5.B、C　6.B、D　7.D　8.B　9.A　10.C、D　11.B、C　12.A　13.B　14.D　15.D　16.A　17.A、D

二、1.头碰头　肩并肩　2.X—H……Y中X、Y电负性大、半径小，Y有孤对电子;有方向性，有饱和性。　3.F、O、N　电负性　4.色散力、诱导力、取向力、氢键。

5.

原子个数与电子数相同　　等电子体

N_2价键结构式　　CO的价键结构式

6.σ　π

7.　1　1　180°　8.色散力　9.色散力、诱导力　10.自旋方向相反未成对、有方向性、有饱和性，无方向性、无饱和性　11.色散力、诱导力、取向力;氢键　12.NaF>NaCl>NaBr>NaI　13.NH_3　14.SbH_3

三、1.×　2.×　3.×　4.√　5.×　6.×　7.×　8.√　9.×　10.×

四、

分子或离子	价层电子对数 VP	成键电子对数 BP	孤电子对数 LP	中心原子杂化轨道	分子或离子的空间构型
CO_3^{2-}	3	3	0	sp^2	平面三角形
SF_6	6	6	0	sp^3d^2	正八面体
ClF_3	5	3	2	sp^3d	T形
PCl_5	5	5	0	sp^3d	三角双锥
$SiCl_4$	4	4	0	sp^3	正四面体
CO_2	2	2	0	sp	直线形

续表

分子或离子	价层电子对数 VP	成键电子对数 BP	孤电子对数 LP	中心原子杂化轨道	分子或离子的空间构型
SO_3	3	3	0	sp^2	平面三角形
CS_2	2	2	0	sp	直线形
NF_3	4	3	1	sp^3	三角锥
BCl_3	3	3	0	sp^2	平面三角形
XeF_4	6	4	2	sp^3d^2	平面正方形
CH_4	4	4	0	sp^3	正四面体
NH_3	4	3	1	sp^3	三角锥
H_2O	4	2	2	sp^3	角折形
SO_4^{2-}	4	4	0	sp^3	正四面体
PO_4^{3-}	4	4	0	sp^3	正四面体
NH_4^+	4	4	0	sp^3	正四面体
NO_3^-	3	3	0	sp^2	平面三角形
ClO_2^-	4	2	2	sp^3	角折形
IF_5	6	5	1	sp^3d^2	四棱锥
XeF_2	5	2	3	sp^3d^2	直线形

第十章 晶体结构

1. 略

2. $K_2S_2O_8$:三斜晶系　　$FeSO_4 \cdot 7H_2O$:单斜晶系

$CsCl$:立方晶系　　TiO_2:四方晶系　　Sb :三方晶系

3. $3.96 \times 10^4\ g \cdot L^{-1}$

4. 略

5. 略

6. (1)、(2)以离子键强弱来解释

(3) MgO、CaO、SrO、BaO 熔点变化规律以离子键强弱来解释,BeO 反常现象以离子极化观点来解释

(4)、(5)、(6) 均以离子极化的观点来解释

7. (1) 极化能力由弱到强(从附加极化方面考虑)

(2) 极化能力由弱到强(因负离子变形性越来越大)

(3) 极化能力由弱到强(从电子构型考虑)

第十一章 配位化合物及配位平衡

一、略

二、1.B　2.A　3.D　4.C　5.C　6.C　7.A　8.B　9.C　10.A

三、1. $[CoCl_2(NH_3)_3(H_2O)]^+$，Co^{3+}，Cl^-、NH_3，H_2O，6，Cl^-，离子键，氯化二氯·三氨·一水合钴(Ⅲ)。

2. 外、内，sp^3d^2、d^2sp^3，均为正八面体，5.92，1.73。

3. (1)< (2)< (3)<

4. 内轨，内轨，d^2sp^3，d^2sp^3

5. Cu^{2+}

6. $\frac{1}{2}(pc_M^{sp}+\lg K'_{MY})$，$\frac{1}{2}c_{M_{初}}$

7. $\lg c_M K'_{MY} \geqslant 6$

8. $\Delta \lg K \geqslant 6$

9. 配位掩蔽法、沉淀掩蔽法、氧化还原掩蔽法

10. 紫红色，橙，红色或酒红色，8～10

11. 直接滴定法、间接滴定法、返滴定法、置换滴定法

12. $\lg K'_{MIn} \pm 1$

13. ①在滴定的 pH 范围内，In 和 MIn 颜色明显不同；②MIn 足够稳定，但 $K^{\ominus}_{MIn} < K^{\ominus}_{M-EDTA}$；③MIn 易溶于水；④In 稳定，便于储存、使用

14. 纯 Zn、Cu 以及 ZnO、$CaCO_3$、$MgSO_4 \cdot 7H_2O$ 等

四、1.× 2.× 3.√ 4.√ 5.× 6.× 7.× 8.√ 9.× 10.×

五、1. $J=1.0\times10^{-6}$有 AgCl 沉淀；$J=1.0\times10^{-12}$无 AgCl 沉淀。

2. $J=c_{(Cu^{2+})}c^2_{(OH^-)}=1.2\times10^{-17}$，有 $Cu(OH)_2$ 沉淀生成。

3. $E^{\ominus}_{[Co(NH_3)_6]^{3+}/[Co(NH_3)_6]^{2+}}=0.02V$

4. 由于 $E^{\ominus}_{[Cu(NH_3)_4]^{2+}/Cu}=-0.036V < E_{O_2/OH^-}=0.54V$，故不能用铜器储存 $1.0mol \cdot L^{-1}$的 $NH_3 \cdot H_2O$。

5. (1)$10^{6.44}$， (2)$10^{-13.14}$

6. (1) 1.05×10^9 (2) 2.43×10^{41}

7. (1) $K^{\ominus}_{稳,[Cu(NH_3)_4]^{2+}}=1.1\times10^{13}$

(2) $E_2=1.356V$

(3)(+) $[Cu(NH_3)_4]^{2+}+2e \rightleftharpoons Cu+4NH_3$

(−) $Zn+S^{2-}-2e \rightleftharpoons ZnS\downarrow$

$[Cu(NH_3)_4]^{2+}+Zn+S^{2-} \rightleftharpoons Cu+4NH_3+ZnS\downarrow$

(4) $K^{\ominus}=6.95\times10^{45}$，$\Delta G^{\ominus}=-261.7kJ \cdot mol^{-1}$

8. 氧化能力：$[Ag(NH_3)_2]^+ > [Ag(CN)_2]^-$ {$E^{\ominus}_{[Ag(NH_3)_2]^+/Ag}=0.361V$ $E^{\ominus}_{[Ag(CN)_2]^-/Ag}=-0.450V$}

9. $-96.8kJ \cdot mol^{-1}$，$-99.6kJ \cdot mol^{-1}$

10. $2.9\times10^{-4}mol$

11. 0.087，8.7×10^{-10}

12. 12.00%

13. $3mmol \cdot L^{-1}$ $80.16mg \cdot L^{-1}$ $24.31mg \cdot L^{-1}$

14. 8.71%

15. (1)$10^{0.45}$ (2)2.45 (3)不能

16. (1)$10^{2.12}$ (2)1.5×10^{-4} (3)13.74

17. (1)1.3×10^{-8} (2)1.0×10^{-10} (3)4.6×10^{-9}

第十二章 主族元素

一、1.C 2.C 3.D 4.B 5.C 6.D 7.B 8.A

二、1. A.$Na_2S_2O_3$

B.SO_2

C.S

D.$BaSO_4$

$S_2O_3^{2-}+2H^+\longrightarrow SO_2\uparrow+S\downarrow+H_2O$

$5H_2O+S_2O_3^{2-}+4Cl_2\longrightarrow 2SO_4^{2-}+8Cl^-+10H^+$

$Ba^{2+}+SO_4^{2-}\longrightarrow BaSO_4\downarrow$

2. A.$AsCl_3$ E.$(NH_4)_3AsS_4$

B.AgCl F.As_2S_5

C.$[Ag(NH_3)_2]Cl$ G.H_2S

D.As_2S_3

有关反应式如下

$$Ag^++Cl^-\longrightarrow AgCl$$

$$AgCl+2NH_3\longrightarrow[Ag(NH_3)_2]^++Cl^-$$

$$2AsCl_3+3H_2S\longrightarrow As_2S_3\downarrow+6HCl$$

$$As_2S_3+6OH^-\longrightarrow AsO_3^{3-}+AsS_3^{3-}+3H_2O$$

$$As_2S_3+3S_2^{2-}\longrightarrow AsS_4^{3-}+S\downarrow$$

$$2AsS_4^{3-}+6H^+\longrightarrow As_2S_5\downarrow+3H_2S\uparrow$$

3. A.KI B. 浓 H_2SO_4 C.I_2 D.KI_3E.$Na_2S_2O_3$ F.Cl_2

$$8KI+5H_2SO_4(浓)=\!=\!=4I_2+H_2S\uparrow+4K_2SO_4+4H_2O$$

$$I_2+KI=\!=\!=KI_3$$

$$I_2+2S_2O_3{}^{2-}=\!=\!=2I^-+S_4O_6{}^{2-}$$

$$I_2+5Cl_2+6H_2O=\!=\!=2IO_3{}^-+10Cl^-+12H^+$$

$$S_2O_3{}^{2-}+2H^+\rightleftharpoons S\downarrow+SO_2\uparrow+H_2O$$

$$S_2O_3{}^{2-}+4Cl_2+5H_2O\rightleftharpoons 2SO_4{}^{2-}+8Cl^-+10H^+$$

三、略

四、1. (1)有 CdS 沉淀,无 ZnS 沉淀($J_{CdS}=2.8\times10^{-23}$ $J_{ZnS}=1.4\times10^{-23}$)

(2) $[H^+]=0.34mol\cdot L^{-1}$,$[Cl^-]=0.3mol\cdot L^{-1}$,$[SO_4{}^{2-}]=0.03mol\cdot L^{-1}$,

$[S^{2-}]=1.1\times10^{-21}mol\cdot L^{-1}$,$[Zn^{2+}]=0.01mol\cdot L^{-1}$,$[Cd^{2+}]=7.3\times10^{-6}mol\cdot L^{-1}$

2. $K^\ominus=14.8$

3. (1) $E^\ominus_{ClO_3{}^-/Cl^-}>E^\ominus_{ClO_4{}^-/ClO_3{}^-}$,说明 $ClO_3{}^-$可以发生歧化反应。

(2)$\Delta_rG_m^\ominus=-150.5kJ\cdot mol^{-1}$

(3) $K^\ominus=2.38\times10^{26}$

4. $K^\ominus=9\times10^{15}$

5. 8.0×10^{-7}

第十三章 过渡元素

一、1.D 2.A 3.B 4.C 5.A 6.B 7.B 8.C 9.A 10.B

二、1. sp,直线形,Hg_2Cl_2,Hg_2Cl_2,Hg

2. PbO_2,$NaBiO_3$,$(NH_4)_2S_2O_8$

3. $Cr(OH)_3$,$Cu(OH)_2$

4. Ag^+,Cd^{2+},Co^{2+}

5. $Cr(OH)_3$,$[Cr(OH)_4]^-$,CrO_4^{2-},

$2[Cr(OH)_4]^- + 3H_2O_2 + 2OH^- \longequal 2CrO_4^{2-} + 8H_2O$

$Cr_2O_7^{2-}$,$2CrO_4^{2-} + 2H^+ \rightleftharpoons Cr_2O_7^{2-} + H_2O$,$O_2$,

$Cr_2O_7^{2-} + 3H_2O_2 + 8H^+ = 2Cr^{3+} + 3O_2\uparrow + 7H_2O$

6. 王水,浓 Na_2S

7. $K_4[Fe(CN)_6]$,红褐色

8. A.$Hg(NO_3)_2$

B.HgO

C.HgI_2

D.$[HgI_4]^{2-}$

三、1.× 2.× 3.√ 4.× 5.√ 6.× 7.× 8.× 9.× 10.×

四、1. Co^{3+}是强氧化剂,$[Co(CN)_6]^{4-}$是强还原剂,$E^{\ominus}_{[Co(CN)_6]^{3-}/[Co(CN)_6]^{4-}} = -0.839V$

2. $[Cu^{2+}] = 0.05mol \cdot L^{-1}$,$[Fe^{3+}] = 1.0 \times 10^{-9} mol \cdot L^{-1}$,$[Fe^{2+}] = 0.10 mol \cdot L^{-1}$。

3. $E^{\ominus}_{[Zn(OH)_4]^{2-}/Zn} = -1.28V$

4. $K^{\ominus}_{稳,[AuCl_2]^-} = 8.97 \times 10^8$,$K^{\ominus}_{稳,[AuCl_4]^-} = 1.48 \times 10^{25}$

5. $10mol \cdot L^{-1}$

6. $E^{\ominus}_{MnO_2/Mn^{3+}} = 0.24V$,能歧化,$K^{\ominus} = 1.21 \times 10^9$。

7. $2[Cu(CN)_4]^{2-} + 7H_2S = Cu_2S + 6HS^- + 8HCN \quad K^{\ominus} = 5.2 \times 10^{-3}$

8. $E^{\ominus}_{HgS/Hg_2S} = -0.75V$

$E^{\ominus}_{Hg_2S/Hg} = -0.60V \quad E^{\ominus}/V: HgS \xrightarrow{-0.75} Hg_2S \xrightarrow{-0.60} Hg$ 不能生成 Hg_2S

五、根据实验现象,判断下列各物质

1.A.KI

B.$Hg_2(NO_3)_2$

C.Hg_2I_2

D.$[HgI_4]^{2-}$

E.Hg

F.$Hg(NO_3)_2$

G.HgI_2

$Hg_2^{2+} + 2I^- \longrightarrow Hg_2I_2\downarrow$

$Hg_2^{2+} + 4I^-$(过量)$\longrightarrow [HgI_4]^{2-} + Hg\downarrow$

$[HgI_4]^{2-} + Hg^{2+} \longrightarrow 2HgI_2\downarrow$

$Hg^{2+} + 4I^- \longrightarrow [HgI_4]^{2-}$

$Hg + Hg(NO_3)_2 \longrightarrow Hg_2(NO_3)_2$

2.A.$CoCl_2$

B.$Co(OH)_2$

C.CoO(OH)

D.$[CoCl_4]^{2-}$

E.Cl_2

F.$[Co(NCS)_4]^{2-}$

$Co^{2+} + 2OH^- \longrightarrow Co(OH)_2 \downarrow$

$2Co(OH)_2 + H_2O_2 \longrightarrow 2CoO(OH) \downarrow + 2H_2O$

$2CoO(OH) + \underbrace{6H^+ + 10Cl^-}_{\text{(浓 HCl)}} \longrightarrow 2[CoCl_4]^{2-} + Cl_2 \uparrow + 4H_2O$

$Co^{2+} + 4SCN^- \xrightarrow{\text{丙酮}} [Co(NCS)_4]^{2-}$

六、略

七、略

八、略